普通高等教育"十二五"规划教材（高职高专教育）

大学生心理素质培养与发展

DAXUESHENG XINLI SUZHI PEIYANG YU FAZHAN

主　编　曹　坚　向晓蜜
副主编　黄徐姝
编　写　杜英杰　熊真春　辛晓亚
主　审　周一平

中国电力出版社
CHINA ELECTRIC POWER PRESS

内 容 提 要

本书为普通高等教育“十二五”规划教材（高职高专教育）。全书共八章，主要内容包括：幸福积极的心理人生、健全积极的人格特质、正确积极的自我意识、科学积极的情绪管理、主动积极的人际交往、崇高积极的性爱观、乐观积极的挫折应对、社会技能与个人发展。

本书可作为高职高专院校、成人高校和本科院校举办的二级职业技术学院、民办高校心理健康教育课程的教材和学生自学的辅助读物，也可供其他相关人员学习参考。

图书在版编目（CIP）数据

大学生心理素质培养与发展 / 曹坚，向晓蜜主编. —北京：中国电力出版社，2011.6（2014.7 重印）

普通高等教育“十二五”规划教材. 高职高专教育

ISBN 978-7-5123-1904-2

Ⅰ. ①大…　Ⅱ. ①曹…　②向…　Ⅲ. ①大学生－心理素质—素质教育—高等职业教育－教材　Ⅳ. ①B844.2

中国版本图书馆 CIP 数据核字（2011）第 137380 号

中国电力出版社出版、发行

（北京市东城区北京站西街 19 号　100005　http://www.cepp.sgcc.com.cn）

北京市同江印刷厂印刷

各地新华书店经售

*

2011 年 6 月第一版　　2014 年 7 月北京第四次印刷

787 毫米×1092 毫米　16 开本　13.5 印张　328 千字

定价 **23.00** 元

前　言

心理学走近我们可能会经历三重角色。最开始的时候，如果凡事能加入一点“心理学”，则被视为是一种时髦前卫，正像如今在很多人看来，看心理医生仍然是一种奢侈另类的消费，此阶段心理学被人们视为一种奢侈的“装饰品”；随着社会的进步、时光的辗转，我们越来越觉得，我们的生活若融入一些“心理学”可能会更加的五光十色，于是，心理学立刻成为我们生活的一种“调味品”；当社会发展到让我们生活的脚步想停都很困难的时候，我们发现我们的生活已经离不开心理学了，于是心理学就成了一种生活“必需品”。大学生心理健康教育在高校的实施状况相对应地也经历了从无课—选修课—必修课这样三个不同阶段。

重庆电力高等专科学校高度重视学生心理健康教育教学工作，自 2002 年教育部下发《普通高等学校大学生心理健康教育工作实施纲要（试行）》以来，一直将“大学生心理健康教育”作为大学生的必修课。在近十年的教学过程中，我们完成了本课程课程标准的编写和审定、教学目标和计划的制订、教学内容的组织和精品课程的建设等相关工作，并在此过程中参考和借鉴了国内同行编写的相关教材。

多年心理健康教育一线教学经验告诉我们，一本好的心理健康教育教材应具备以下特点：

首先是知识性。大学生心理健康教育的教学对象是非心理学专业学生，而且学时数少，因此，内容的选择就需要做一些权衡。“深浅合适”是一个看起来不是标准的标准，但我们坚持认为教材的内容还是要有一定的心理学底蕴，决不能流于表面，拒绝口号、口水话。所以本书的编写过程中在各相应的章节中都有对应的经典心理理论的阐述和介绍。虽不系统，但也能起到抛砖引玉的作用。

其次是实用性。我们坚信心理健康教育的重点在于预防和引导，因此本教材在编写理念上以积极心理学的思想为指导，每一专题的内容也符合积极心理的要求。

再次是趣味性。很多心理健康教育教材从体系结构到内容文字都非常生涩，这当然跟心理学学科特征有一定的关系，但心理学是一门生活的科学，可以让它生动起来。因此本教材在内容安排上，对于一些难理解的概念和理论都加入了“学习材料”这一部分，一方面加深读者对所学内容的理解，另一方面提高读者阅读的兴趣。

最后是针对性。本教材编写过程中，作者充分贯彻了将心理学理论知识与大学生的实际生活密切结合这一理念，从幸福心理、健全人格、正确自我、乐观情绪、主动的人际、崇高的性爱观、积极挫折应对及社会技能与个人成长等角度出发，既有心理学学科的知识性和科学性，又充满趣味性地进行介绍和讲解，将会使读者真正地体会到“心理学离我们的生活很近”。

本书共分八章，按 16 学时安排。本书由重庆电力高等专科学校曹坚、向晓蜜主编，黄徐姝副主编，杜英杰、熊真春、辛晓亚编写。具体分工是：第一章、第二章、第六章、第八章由曹坚和辛晓亚编写，第三章、第四章、第七章由向晓蜜和杜英杰编写，第五章由黄徐姝和熊真春编写。全书由曹坚统稿，周一平主审。

限于编者水平，书中疏漏和不足之处在所难免，恳请读者和同行专家、学者批评指正。

编　者
2011 年 5 月

目　录

第一章　幸福积极的心理人生

教学目标

（1）阐释心理、积极、幸福和幸福体验的实质；

（2）介绍心理学的研究对象、积极心理学的缘起、研究内容和核心观点；

（3）帮助理解心理和幸福的内涵，能应用幸福的策略获得幸福体验。

学习目标

（1）识记心理学、心理现象、心理过程、个性倾向性、个性心理特征等概念；

（2）学会用“积极心理”视角认识和评价自身；

（3）理解幸福和幸福的内涵；

（4）掌握幸福的策略，收获幸福的心理体验。

基本概念

心理学　心理现象　心理过程　认识过程　情感过程　意志过程　个性倾向性　个性心理特征　心理实质　积极　幸福　幸福感

引　言

斯芬克司之谜

狮身人面女怪斯芬克司卧在路旁，凡是过路人必须猜谜：“什么东西在早晨用四条腿走，中午用两天腿走，晚上用三条腿走？”如果答不出，来的人便被斯芬克司一口吞下。一日，俄狄浦斯从此经过，听过谜语，朗声说到：“那就是人啊！人在婴儿时用四肢爬行，稍长后用两条腿走路，老年时用手杖帮助行走。”斯芬克司见谜底被揭穿，大吼一声，撞下山去。

这个古老神话最发人深省的地方在于：当俄狄浦斯喊出“那就是人”的时候，刚刚揭破的谜底立即化为一个新的谜面——人是什么？关于人有许多说法。莎士比亚把人称作“宇宙的精华，万物的灵长”，是因为人能思考、求知。康德认为，“人是有限理性存在者”，人的“有理性”是人之为人的规定性之一。马克思则指出，“人是一切社会关系的总和”，认为人的社会性是人的根本属性。纵观人类有史以来的求知活动，不外乎四个方面的探索，即探讨人与神的关系，主要是宗教学和哲学；探讨人与物的关系，主要是自然科学；探讨人与人的关系，主要是社会科学；探讨人与己的关系，那就是心理学。

第一节　心理与心理学

心理学有着自己独特的求知对象，是人类求知的主要领域。它几乎有着和人类一样悠远的过去，可以说，凡是有人参与的地方，就有心理学。那么心理的本质究竟是什么呢？

一、心理的本质

心理是什么？对于没有心理学基础的人而言，每个人都能说上一点点，但又没有人能完全说得清楚。所以，生活中人们习惯于将心理仅看作是人类内心的所思所想。其实也没有错，但始终不够精确。随着生命科学的不断进步，人类逐渐掀开了“心理”的神秘面纱。

（一）脑是心理的器官

在古代，由于认识的局限，长期以来认为心脏是心理的器官。就算是在今天，人们总还是习惯地抚摸着自己的胸口说出“平心而论”四个字。所以，迄今人们仍然把人的精神活动俗称心理活动。汉字中有关精神活动的字也大多带“心”字，如想、思、怒、悲等。随着生理及解剖学科的发展，人们才逐步认识到心理活动与心脏没有直接关系，而是与大脑存在关系密切。随着医学经验的积累，人们越来越清楚地认识到，当人的头部受到损伤时，精神活动就不正常；而人的心脏有病时，对心理活动产生的影响不大。

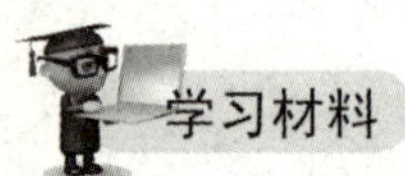

一个著名的颅骨

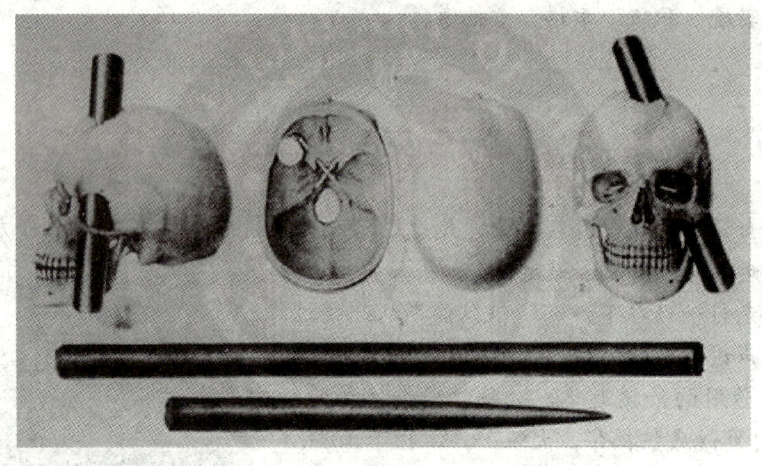

1848年，一次偶然的事故使一根1英寸厚、3.5英尺长的铁棍穿过了一个名叫菲尼亚斯•盖奇的年轻铁路工人的头部。从图中可以看出，这根铁棍（现今仍与盖奇的颅骨一起在哈佛大学展览）从盖奇的左眼下方穿入，从头顶穿出，毁掉了他的大部分前额叶。让人感到不可思议的是，盖奇竟从这次损伤中活了下来，并且保持着讲话、思考和记忆的能力。但是根据这起事故的报告，他的朋友们抱怨说他“不再是盖奇了”。在一种双面人（Jekyll-and-Hyde）的转换中，他从一位温和、友善、有效率的工作者变成了一个满口脏话、坏脾气、靠不住、不能维持一份稳定的工作或坚持完成一项计划的蠢人。老板不得不开除他，他也将自己贬低为马戏团里为吸引人而表演的展品。

直到1984年，汉纳（Hanna）和安东尼奥 • 达玛西奥（Antonio.Damasio）及其同事将盖奇的颅骨同使用MRI（磁共振成像）技术扫描的普通人的颅骨进行了对比，才绘制出铁棍可能的轨迹。该研究证实，盖奇的头部损伤可能出现在前额叶区。许多其他有关脑损伤的案例支持了大多数科学家从盖奇病例中得到的结论：额叶的一些区域与情绪处理和理性决策及树立目标制定并执行计划的能力有关。

（二）心理是脑的机能

从进化史看，生物进化到一定阶段才产生脑和神经。它们又在进化的不同阶段，才产生了相应的、不同水平的心理现象，这就是心理的原始表现形态。那些对脑研究的结论都证明了脑是心理的器官，心理是脑的机能。著名的俄国生理学家巴甫洛夫（Ivan Pavlov）创立了高级神经活动学说。他提出并进一步证实了心理是脑的机能，是一种反射活动，也是神经系统的重要机能之一。

爱因斯坦的大脑之谜

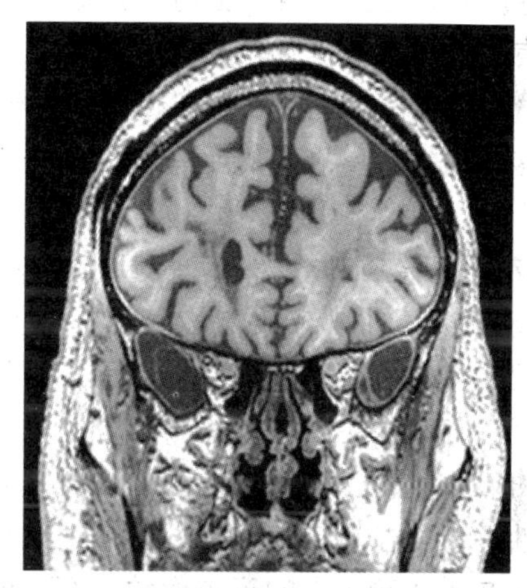

1955 年 4 月 18 日凌晨 1:15，人类最伟大的科学家爱因斯坦在普林斯顿医院停止呼吸。病理科主任哈维医师（Thomas S.Harvey）马上做了一件事，他取得了爱因斯坦长子汉斯的同意，将爱因斯坦的脑子取出，留给科学界做研究。根据哈维的记录，爱因斯坦的脑子重 1230 克，低于男人的平均值，并不出众（数学王子高斯的脑子就比较符合我们对天才的期望，重 1492 克，比平均值稍高）。然后，他将整个脑子切成 240 块，每一块的位置都有详细记录。最后，他找上宾州大学一位他信任的实验室技师，进一步处理那些脑块，并选择代表脑子各个部位的脑块，制作一组切片，固定在供显微镜观察的玻璃片上。于是，爱因斯坦的大脑分别装进了 10 个储存组织学切片的盒子及两个大玻璃瓶中。哈维将切片分送给他认识或信任的研究人员。

但直到 1985 年，第一篇爱因斯坦大脑的研究报告才问世。这篇报告由美国加州大学柏克利分校的神经科学家戴蒙（Marian Diamond）教授领衔完成。她的团队检验了四块爱因斯坦大脑的皮质，分别代表左右前额叶上段与顶叶下段，并以另外 11 人的大脑皮层作对照组。他们发现，在爱因斯坦的左顶叶，神经元与神经胶质细胞的比例小于常人。神经胶质细胞是神经元的支援细胞。根据过去的研究，哺乳类神经元与神经胶质细胞比例，从小鼠到人有逐步降低的趋势。有些学者因而推测，神经元执行的功能越复杂，越需要神经胶质细胞的支持。也就是说，在哺乳类中，神经元与神经胶质细胞比例可当作反映智力的量表。此外，从神经解剖学来说，顶叶下段皮质是听觉、视觉、触觉信息汇聚之处。神经心理学病例显示，顶叶下段受伤后，病人就无法进行复杂的思考，阅读、写字、计算能力都受损。作者再从爱因斯坦的日常研究方式所获成果，推论他的思考模式基本上反映了顶叶下段皮质的功能，因此爱因斯坦的革命性成就，与这个组织学发现有因果关联了。

第二篇研究论文发表于 1996 年，作者是阿拉巴马大学柏明顿分校神经学助理教授安德森（Britt Anderson）。他发现，爱因斯坦的右前额叶皮质（运动区）比对照组薄，可是皮质中的神经元数量与对照组无异。换言之，爱因斯坦的大脑皮质中，神经元密度较高。这个发现有什么意义？安德森医师推论，这表示爱因斯坦脑皮质神经元有较佳的传讯效率，因而可以解释爱因斯坦的超卓天才。

最幸运的研究者是加拿大汉米尔顿麦克马斯特大学的维特森博士（Sandra Witelson）。虽然哈维只给了她 19 块爱因斯坦的大脑，可是哈维将大脑切开之前拍摄的照片与记录也借给了她。因此她得以研究爱因斯坦大脑的整体形态。维特森指出，爱因斯坦大脑的顶叶异常发达，在形态上也有特异之处，例如侧脑裂并不明显，特别是左半球。因此顶叶下段皮质中的神经元易于相互联系，我们的视觉一空间认知、数学思考、运动知觉极端依赖大脑顶叶下段皮质，爱因斯坦在这些认知域中表现的超卓智力也许与他顶叶下段不寻常的形态有关。

（三）客观事物是心理的源泉，心理是客观现实的反映

1. 人的心理对客观现实具有依存性

脑是心理的器官，说明一切心理活动只有依附于脑器官及其机能才能实现，但这并不是说人脑本身就会自动产生心理现象。心理是人脑对客观现实的主观反映，按其形式说是主观的，但按其内容来说却是客观的。因为大脑反映的外界事物或现象，是由外部事物决定的。此外，客观性还表现在它实际上是一种神经过程，并通过人的外部各种行为表现出来。

客观现实是不依赖于人的意志而独立存在的，包括自然界和社会环境。而对人的心理和行为具有直接影响的则是人类生存的周围环境，即人的现实社会生活条件。

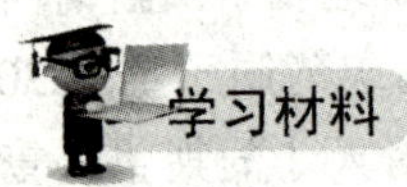

印度狼孩的故事

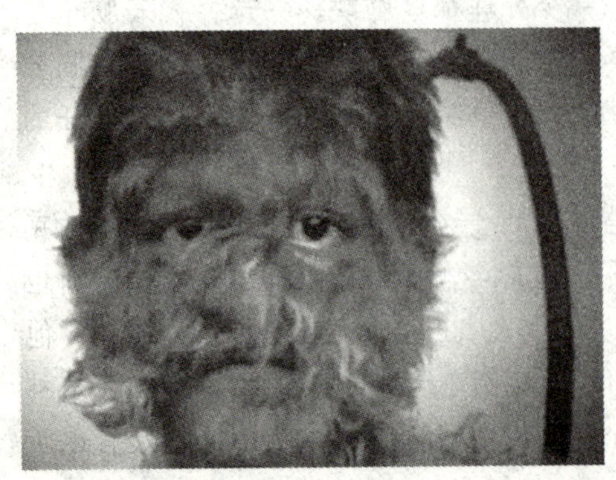

1920 年，在印度加尔各答东北的一个名叫米德纳波尔的小城，人们常见到有一种“神秘的生物”出没于附近森林。一到晚上，就有两个用四肢走路的“像人的怪物”尾随在三只大狼后面。后来人们打死了大狼，在狼窝里终于发现这两个“怪物”，原来是两个裸体的女孩。其中大的年约七八岁，小的约两岁。这两个小女孩被送到米德纳波尔的孤儿院去抚养，还给她们取了名字，大的叫卡玛拉，小的

叫阿玛拉。

在孤儿院里，人们首先对她们进行了身体检查，发现她们虽然营养不良，身体的生物系统是正常的。人们还发现这两个狼孩虽然长得与人一样，但行为举止却完全和狼一样。她们白天睡觉，夜晚活动，常常像狼那样号叫，她们用四肢爬着走路，用手直接抓食物送到嘴边吃。于是研究者就在人类的正常社会环境里对其进行训练，教她们识字，教她们学习人类的基本行为方式和生活技能。然而，阿玛拉不幸死亡，卡玛拉在四年之后（大约十一二岁）才开始能够讲一点点话，智力水平仅相当于一个普通的婴儿的智力水平；12 岁时学会 6 个单词；14 岁时学会走路；15 岁时学会 45 个单词，并能用手吃饭，用杯子喝水；17 岁时死去。

上述故事中的“狼孩”虽然具备产生人的心理的生物基础，但为什么没有相应的人的心理和行为呢？显然是由其生活环境直接造成的。人和动物不同，人不是生活在纯自然的环境中，而是生活在一定的社会环境中。社会环境包括社会规范及各种社会关系等，社会环境对人的影响是广泛的，因此，人的正常的心理功能是离不开人的社会环境及社会实践的。

2. 人的心理反映具有主动性

“反映”本来就是一种物理事实，如人们照镜子，镜子里面和外面的事物是一样的。但是，心理反映不像照镜子，并不是外面是什么，反映出来就是什么。不同的人，甚至是同一个人在不同情况下，对同一事物所产生的映像，除随当时的处境和过去经历而转移外，还随人的需要而转移。所以，人脑对客观现实的反映是有主动性的。

人的心理的主动性表现在人对现实的认知总是通过个体的主观世界的折射而实现。这是因为客观事物不断在人脑中形成各种映像后又会留下痕迹，痕迹的不断积累，构成人们绚丽多彩的主观世界。因此，人们对当前事物的反映就不会完全像镜子照物那样机械、呆板，必然要受到个人的知识经验、个性及个人当前的心理状态和环境等各种因素的影响，在不同程度上带有个人的主体特点。

3. 人的心理反应具有能动性

人对客观事物的认知不是消极被动的，而是积极能动的，是在从事各种实践活动过程中发生的。这种认知不仅受到客观事物的影响，而且还积极地作用于客观现实，把外界事物转化成主观的东西，又通过实践活动使主观见之于客观。

二、心理学的性质和任务

有人以为心理学就是研究自己如何认识自己、认识别人。大众更是乐此不疲地重复如此印象：学过心理学的人应该非常擅长察言观色、揣摩他人心理，很能看穿他人的心事，洞悉他人的动机。实际上，心理学的研究范围并不只限于对个性或人际关系的探讨，凡是我们日常生活中的大小行为都是心理学家关心的对象。随着自然科学的发展，社会也不断进步，心理学逐渐发展成为一门内容丰富、分支众多的科学，在日常生活、教育、生产、商业等领域都有广泛运用。既然心理学如此流行、重要，那么有必要先了解一下心理学的学科性质。

（一）心理学的性质

心理学是一门研究人的行为和心理活动规律的科学，兼具自然科学和社会科学的双重性质。心理学一词来源于希腊文，意思是“关于灵魂的科学”。灵魂在希腊文中也有气体或呼吸的意思，因为古代人们认为生命依赖于呼吸，呼吸停止，生命就完结了。随着科学的发展，心理学的对象由灵魂改为心灵。直到19世纪初，德国哲学家、教育学家赫尔巴特才首次提出心理学是一门科学。而原先，心理学属于哲学范畴，后来才从哲学的襁褓中分离出来。科学的心理学不仅对心理现象进行描述，更重要的是对心理现象进行说明，以揭示其发生发展的规律。1879年，德国哲学家、心理学家冯特（W. Wundt）在莱比锡建立了世界上第一个心理学实验室，标志着心理学成为一门独立的学科。

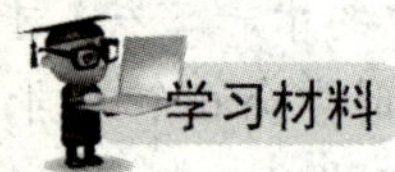

对心理学的偏见

（1）心理学就是研究如何看出人心的吗？

错：心理学家的工作就是揣测人心，然后猜测人们会怎么做；学习心理学的人都能看出对方心里想什么。

对：虽然心理学家常常通过观察人的外显行为来推测内心活动，但心理学家再有经验也不能一眼就看穿人心。他们要研究人的感觉、知觉、记忆、思维、情绪和意志等如何产生、发展，受哪些因素影响，相互之间有什么关系。

（2）心理学就是心理咨询吗？

错：那些咨询中心、心理门诊、心理咨询热线等就是心理学，它们用来帮助遇到困扰的求助者。

对：心理咨询只是心理学的一个分支，它的对象是正常人，目的在于帮他们排除内心的困扰。如果来访者的心理偏差比较严重，那么他们则需要向临床心理学家或精神病学家寻找治疗的方案。

（3）心理学家都懂催眠术吗？

错：心理学家常常需要用到催眠术，所以催眠术是他们必备的技能。

对：由于大多数心理学家的工作不涉及催眠疗法的运用，所以他们没有催眠师的技能。他们通常采用更为严谨的科研方法，如实验法和行为观察法。

（二）心理学的任务

首先，心理学的任务就是要探索心理规律，即有某种条件出现，必然会有某种心理现象产生。比如，记外语单词，通常会出现这样一种现象：刚记住的，一小时之内忘了很多，一天之后忘掉的比第一个小时少；随着时间推移，忘的越来越少。这就是记忆的心理规律。

其次，心理学探讨影响心理的因素。概括起来主要有三类因素：一是环境的因素，即人所接触到的事物的变化；二是机体（人的身体）因素，如体温高低，内脏活动异常都会影响人的心理；三是心理因素，如心境好坏对个体现时心理的影响。

最后，心理学还要揭示心理产生和发展的机制。比如认知心理学用“人类信息加工模型”来表示人的心理过程和结构，并与计算机作类比。认知心理学家还用反应时的长短来推论信息加工的简单和复杂程度等。

三、心理学的研究对象

现代心理学认为人的心理是一个复杂的系统，心理现象是心理活动的表现形式并将其分为心理过程和个性心理，结构如下图所示。

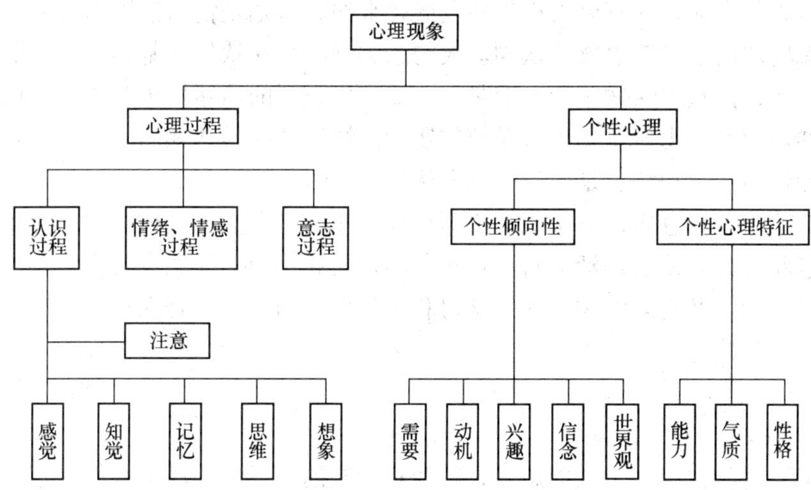

（一）心理过程

1. 认知过程

认知过程（Cognitive Process）是人脑通过感觉、知觉、记忆、思维、想象等形式，认知客观事物的特性、联系或关系的心理过程。感觉和知觉在生活中无处不在并以抱团的形式出现，但二者内涵存在差异。感觉是客观事物直接作用于人的感觉器官，在人脑中所产生的对事物的个别属性的认知。例如，听到声音、看到光亮和颜色、尝到滋味等。而知觉是客观事物直接作用于人的感觉器官后，人脑对客观事物整体的认知。

比如对一个事物，人们通过视觉器官感觉到其圆圆的形状、红红的颜色，通过嗅觉器官感觉到它的气味，通过品尝感觉到它的滋味，通过触摸感觉到它的软硬，综合以上便形成了对苹果的知觉。记忆则是对过去经历过的事物的再认或回忆，是人脑对过去经验的认知。思维是在人的心理过程中比较复杂的现象，是人脑对客观事物的本质属性积极归类的认知，它凭借人类特有的语言，通过分析综合来判断事物的本质及其发生发展的规律。人们不仅能直接感知事物，记忆过去感知过的事物，简单概括地认知事物的本质属性和规律，还可以把过去在脑中认知的事物的表象，进行重新加工改造创造出一种新形象，这就是想象。它与思维活动密切联系，属于人的高级认知活动。

2. 情绪情感过程

在认知过程进行过程中，人们总是按照自己的某种需要去认知和反映客观事物。那么，人的需要否能实现，目的能否达到，总会伴随着产生一种态度上的体验。如满足了需要、达到了目的，则产生一种愉快、肯定、积极的体验；反之则产生一种不愉快、否定消极的态度体验。这种由于需要是否满足而产生的态度上的体验，就是情绪情感过程。情绪是比较短暂的体验，而情感是比较稳定和持久的体验。

3. 意志过程

人通过认知过程对外界客观事物有所知，与此同时，由于需要的满足与否，对外界客观事物还有所感。有所知和有所感并不是最终目的，最终目的还是要有所为。人在改造世界的过程中总是带有一定的目的性，为了实现既定目的就会涉及克服困难。这种为了实现目的而克服困难的活动构成了心理过程中的意志过程。

认知、情绪情感和意志过程是既有区别又有联系的心理活动的三个方面。一方面，人的情绪情感和意志是在认知的基础上产生和发展起来的。认知是情绪情感和意志的前提，人对客观事物的态度取决于对该事物的认知，人的意志行动是在认知的基础上、在情绪情感的推动下产生的。所以，只有认知正确、深刻，才能产生强烈的情绪情感和坚强的意志。另一方面，人的情绪情感和意志对认知也有重要的影响。情绪情感是认知的动力，意志使人的认知不断深入。而情绪情感和意志是衡量一个人认知水平的重要标志。

认知、情绪情感和意志过程构成了心理过程，然而，在心理过程发生的时候，还总是伴随着一种注意状态，它是心理活动对一定对象的指向和集中。注意本身不是心理过程，它是人们从事各种活动、获得新知识、提高学习和工作效率的基础，是人们在认知客观事物过程中不可缺少的心理状态。

（二）个性心理

1. 个性倾向性

个性倾向性是指决定一个人的态度、行为和积极的选择性的动力系统。它是人的个性结构中最活跃的因素，是一个人进行活动的基本动力。它较少受生理、遗传等先天因素的影响，主要是在后天的培养和社会化的过程中形成的。

个性倾向性主要包括需要、动机、兴趣、理想、信念、世界观。需要是有机体内部的一种不平衡状态，它是人的行为的动力基础，是人脑对生理和社会需求的反映。人从事任何活动都有一定的原因，这个原因就是动机。它是在需要刺激下直接推动人进行活动的内部动力。兴趣是人力求认知和趋向某种事物并与肯定情绪相联系的个性倾向。它是在需要基础上，在活动中发生发展起来的。理想是一个人对未来可能实现的奋斗目标的向往和追求。它是人对未来的一种设想，往往和目前的行动不直接联系。信念是指一个人坚信某种观点并以之支配自己行动的个性倾向。一个人只有有了坚定的信念，才能使自己的个性具有主动性和积极性。世界观是一个人对整个世界的根本看法，它处于最高层次，对理想和信念有支配和导向作用。它是人的行为的最高调节器，制约着人的整个心理面貌。

2. 个性心理特征

个性心理特征是一个人身上经常表现出来的本质的、稳定的心理特点，这种稳定的心理特征是个性倾向性稳固化和概括化的结果。它包括能力、气质和性格。能力是人们表现出来的解决问题可能性的个性心理特点，是完成任务、达到目标的必备条件。气质是指在人的活动中，心理活动发生时力量的强弱、变化的快慢和均衡程度等稳定的动力特征。它是在人的生理素质的基础上和在后天条件的影响下形成的。性格是指一个人对客观现实的稳固态度及其在与之适应的行为方式中所表现出来的稳定的心理特征，它在个性中具有核心意义。

心理过程和个性心理是密切联系着的。一方面，个性是通过心理过程形成和发展起来的，并在心理过程中得以表现。没有对客观世界的认知，没有对外界事物的积极的情绪情感体验，没有对客观现实的积极改造的意志行动，个性就无法形成。另一方面，个性一旦形成后调节和支配心理过程的进行。能力不同的人，对事物的认知水平可能有所不同。性格不同的人，常常表现出不同的行为方式。因此，心理过程和个性心理是既区别，又有联系的统一整体，二者构成同一心理现象的两个不同方面。

第二节 积极与积极心理学

心理学家艾宾浩斯曾经说过："心理学有着长久的过去，但是却只有很短的一段历史。"的确，心理学从哲学中分离出来作为一门独立的科学，只是一百多年的事。在心理学发展的百余年时间里，一直存在着许多的矛盾和冲突。心理学应该研究什么？意识还是行为？心理学应该为哪些人服务？是普通的人群，还是异常人群？等等这些问题一度困扰着心理学家，他们探索答案，部分人各执己见，于是心理学历史上就出现了以行为主义、精神分析和人本主义等学派为代表的观点纷争。随着社会发展，心理学学科的壮大，这些问题的答案也在不断变迁。

几十年后，战争的硝烟已经逐渐消散，经济逐步恢复和发展，人们的生活水平也在不断提高。人们拥有更充分的自由、更好的物质享受、更好的教育、更丰富的娱乐。照理说，人们应该比过去更加幸福，可事实却恰恰相反，人们开始有了巨大的工作和生活压力，很多人焦虑、抑郁，感到生活不幸福。在20世纪末的10年研究中，心理学家开始关注对心理疾患的预防。研究者们发现，人类的一些积极健康的心理品质，如勇气、乐观、信仰、希望等，对于地域心理疾患起到了很大的缓冲作用。因此研究人性的积极方面，研究人类积极健康的心理品质，并探索如何增强年轻人这些品质，帮助人们不断发展自己，从而在根本上让人们的生活更加幸福、快乐。这样，心理学的研究就会更有意义。

一、积极

积极是相对于消极而言的，积极是一种生活态度，积极的情绪和生活态度是人生的智慧，积极的力量对于自己而言是正向和健康的力量、对于他人而言是正向的建设性的。

（一）何谓积极

"积极"（positive）一词来源于拉丁文字"positum"，原意是指"实际而具有建设性的"或"潜在的"意思，因而现代意义上的"积极"既包括人外显的积极、也包括人潜在的积极，而当代心理学中所谓的"积极"，一般是指"正向的"或"主动的"含义。

（二）积极心理

人们对积极理解有习惯上的思维。人们倾向于认为，积极是指一个人通过努力取得了成功，取得了显赫社会地位或经济地位，谈到积极首先想到社会精英，如名演员、企业家、首富、体育健将等。其实，这种积极不是指人的内在的积极，而是外在积极。积极心理所指的积极是人的一种出色的心理素质和生活态度。

我们每一个人的活动其实都是为了适应周围环境的一种自我表达方式。为了获得生存和发展，我们就必须要应对生活中面临的一些挑战。一方面，如果我们平时总是主动用积极的行为来应对面临的问题，就会形成具有积极性质的应对系统；一旦形成积极性质的应对系统之后，这个系统反过来会促使我们在今后采取更多的积极行为。而如果我们平时总是主动用消极行为来应对面临的问题，就会形成具有消极特性的应对系统；消极特性的应对系统又会促使我们在今后获取更多的消极行为。另一方面，每个人应对问题的方式背后一定存在一个与之相应的情感支持系统，假如一个人从来没有体验过爱、安全或胜任等，他就很难产生或保持一种积极的应对模式。从这个角度来看，也可以说，正是某种情感在支撑着我们的应对问题的模式。

二、积极心理学的研究

在二战之前，心理学有三个不同的使命，分别是治疗心理疾病、使人类的生活更加丰富充实、鉴别并培养高智商。积极心理学的目标是，实现从消极心理学到积极心理学模式的转换、实现从修复心理疾病到构建人类的积极品质的转变。

（一）积极心理学

积极心理学是指利用心理学目前已比较完善和有效的实验方法与测量手段，来研究人类的乐观、希望等积极健康的心理品质的一个心理学思潮；倡导用一种积极的心态来解读心理现象和心理问题，激发出人们潜在的积极力量和品质，使人们更多地体验幸福，学会建立起高质量的个人生活和社会生活。因此，综合以上，积极心理学（Positive Psychology）是致力于研究人的发展潜力和美德等积极品质的一门科学。

积极心理学的研究对象是普通人群，它要求心理学家用一种更加开放的、欣赏性的眼光去看待人类的潜能、动机和能力等，探索人类幸福和快乐的奥秘，并帮助人们获得快乐和幸福。积极心理学研究人类的积极品质，关注人类的生存与发展，同时也研究人类的幸福体验和幸福观。

（二）研究内容

2000 年，塞利格曼（Seligman）和契克岑特米哈伊在《积极心理学导论》中指出，积极心理学的主要研究范畴有三个方面：积极经验、积极特质和积极环境。

具体就研究对象而言，积极心理学的研究分为三个层面：

1. 积极经验

在主观层面上，研究积极的主观体验：幸福感和满足（对过去）、希望和乐观主义（对未来）及快乐和幸福感（对现在），包括它们的生理机制，及获得的途径。

2. 积极特质

在个人的层面上，是研究积极的个人特质，包括爱的能力、工作的能力、勇气、人际交往技巧、对美的感受力、毅力、宽容、创造性、关注未来、灵性、天赋和智慧等。目前这方面的研究集中于获得这些品质的原因，以及这些品质对个体获得成功和幸福的影响作用。

3. 积极环境

在群体的层面上，研究公民美德（如有责任感、有职业道德、乐于助人、有礼貌、宽容），以及有利于个体形成这些美德的社会环境因素，包括健康的家庭、关系融洽的社区、有效能的学校、有社会责任感的媒体等。

（三）主要观点

（1）积极心理学充分尊重以人为本的思想，倡导积极参与的人性，把培育人的积极品质作为目标。关注的主题有沉浸体验、希望与乐观、情绪智力、天赋、创造力与智慧等。

（2）强调每个人的积极力量，用开放和欣赏的眼光看待每一个人。直到 19 世纪 70 年代末，人们都把乐观看成一种心理缺陷，是不成熟的标志和个性的弱点。但是当人们对个体的前提做出公平的评价时，认为乐观是心理健康、成熟与强大的标志。

（3）提倡对问题做出积极的解释，使得人们或社会从中获得积极参与的意义。从某种程度上讲，积极参与和消极都掌握在自己手里，关键是我们关注什么。

（4）积极的意义是相对的，它不是一个固定结果和最后结局；积极是一个行为过程，包括过程的体验。这里的积极不进行两个人之间的比较，而是指人自己主观上的感受，包括一个人的认知、情绪和行为，积极是与自己的过去感受相比。

尼奇的启发——积极心理学诞生

父亲在自己屋前的花园里割草，他的小女儿尼奇在一边玩着。这位父亲是一个做事很认真、很专注的人，即使在他割草的时候也是如此。他的女儿则显得天真活泼，她在父亲的身边又唱又跳，还不时地把父亲割下的草抛向天空。父亲对女儿尼奇的行为不耐烦了，于是对着尼奇大声地训斥了一声。

尼奇一声不响地走开了，可不久她又回到花园，并且一本正经地对父亲说："爸爸，我想和你谈谈。"

"可以呀，尼奇。"爸爸回答说。

"爸爸，你还记得我在过5岁生日之前的情况吗？你常说我在3岁到5岁之间是一个经常爱抱怨和哭诉的人，那时的我经常要对许多事抱怨和哭诉，也不管这些事是要紧的还是无关紧要的。但当我过了5岁的生日后，我就下决心不再就任何事对任何人抱怨和哭诉了，这是我长这么大做过的最难的一件事。不过我发现，当我不再抱怨和哭诉时，你也会停止对我吼叫和训斥。"

女儿尼奇的这番话使这位父亲非常吃惊，他没想到自己小小的女儿居然明白如此深奥的道理——停止抱怨，积极生活。他开始自我反省——反省自己对女儿、对生活、对职业的态度和行为，并得出如下结论：首先，他觉得抚养孩子并不是一味地呵斥和纠正孩子的不当行为，而是要理解孩子的心，要多与孩子交流。孩子本身具有的积极力量，要对孩子的这种积极的力量进行培养和鼓励。唯有如此，孩子才能真正克服自己的缺点，并取得进步。其次，他发现自己的生活方式有待改进。因为他总是生活在消极的阴影里，总是用消极的方式去对待他人的缺点和不足，他总是抱怨生活的不幸与不公，抱怨、挑剔他人的不足，这让他的生活很不开心。也许换一种积极的方式去对待生活、对待他人，自己的生活状态会有所改善。再次，女儿尼奇的这番话还使他对自己从事的职业产生了新的认识。

这位父亲就是美国心理学会前主席塞利格曼。正是女儿尼奇的一番话，塞利格曼开始构想发起一场新的心理学运动——一种关注人的积极力量和积极潜力的心理学运动：积极心理学运动。

第三节 幸福与幸福体验

人们一直在思考，什么是幸福：有充裕的物质？有很多的金钱？有美满的爱情？有高尚的思想？

那么多的人，都在追求幸福，幸福的标准自然各不相同。事业、爱情、财富、时间、快乐、友谊、健康、理想……这都是人们所谓的幸福。不同的人对幸福的理解和诠释不同。

一、幸福是什么？

幸福概念的涵盖面极广，其研究涉及哲学、心理学、社会学、伦理学和经济学等众多学科。早在古希腊、罗马时代，先哲们就在探求什么是幸福、人类幸福的途径有哪些等问题。千百年来，无数东西方哲人都涉猎过这个问题，但众说纷纭、各执己见，一直没有定论。

时至今日，幸福仍然是一个"每个人都知道其含义，但无人能精确定义"的概念。芸芸众生，谁能真正地为幸福定义。似乎每个人都有自己独特的理解，每个人都按照各自的方式去追求幸福。生活拮据时觉得丰衣足食是幸福，病魔缠身时觉得无病无痛是幸福，然而，当你身强体壮地过着衣食无忧的生活的时候，你仍然觉得不够幸福……

幸福在英语中有Happiness、Well-being、Psychological Well-being、Subjective Well-being等各种各样的称谓，有的学者认为可以通用，通常译为"幸福感"或"主观幸福感"。由于这些事物的高度日常生活化，人们的理解有些混乱。现将幸福分类如下：

以外界标准界定的幸福。认为幸福基于观察者的价值体系和标准，而不是基于行动者的主观判断。如亚里士多德将价值看作判断标准。

以情绪体验界定的幸福。认为幸福就是愉快的情绪体验，可通过比较积极的情感和消极情感何者占优势来判断。

个体自我评价的幸福。认为幸福是评价者个人对其生活质量的整体评估。这就是本章所要介绍的主观幸福观。

目前理论界关于幸福的定义，可以把幸福的定义归结为两种基本类型：快乐论与实现论。

（一）快乐论

快乐论以快乐就是幸福为其核心命题，认为幸福就是快乐的主观心理体验。人的一生都在追求幸福，不管是现在的幸福还是将来的幸福，不管是物质的享受还是精神的快乐。追求快乐、避免痛苦是人类的本性。不论我们对快乐如何理解，我们所追求的都是我们认为快乐的东西，而不是与之相反。基于此，心理学发展出以迪纳（Diener）等为代表的主观幸福感（Subjective Well-Being，SWB）研究范式。主观幸福感主要研究人们如何评价他们的生活状况，它有三个组成部分：生活满意、令人愉快的感情和低水平不愉快的情感。这个领域研究不仅涉及临床病理状态，而且也涉及人们长期幸福感水平差异。生活评价可以是以认知的形式，例如人们对整体生活或具体生活层面的有意识评价和判断；但也可能以感情的形式，在体验生活中不愉快或者愉快的情绪。因此，幸福感就是人们生活满意和高频率愉快、低频率的不愉快。或者说，不幸福就是人们对其生活不满意，体验很少的愉快及大量的不愉快。

（二）实现论

实现论（Eudemonic）认为幸福不仅仅是快乐，而是人的潜能的实现，是人的本质的实现与显现。幸福是客观的，不以自己主观意志转移的自我完善、自我实现、自我成就，是自我潜能的完美实现。基于此，心理学家发展出心理幸福感（Psychology Well-Being）的概念，简称 PWB 研究途径。

他们从理论和操作两方面定义 PWB，认为 PWB 能促进感情和生理健康。虽然经验的研究表明，不同的生活空间其“幸福生活”的标准与性质有差异，但是对生活目的的追求及与他人的友好关系是人的健康中最重要的特征。

综合两派的观点，可以把幸福定义为幸福感是一种积极向上的体验，可以通过心理测试来把握。幸福感大致可以从三个方面来加以把握。

1. 满意感

情绪的产生有赖于需要满足与否，当人的需要得到满足时就会产生满意、愉快、快乐与幸福等不同程度的情绪体验；当需求受到阻碍，人们往往会产生不满、愤恨、气愤等不同程度的情绪体验；当人们需要的、珍视的东西失去时，就会产生痛苦、悲哀、压抑、苦恼等不同程度的情绪体验；当人们受到威胁、安全需要得不得满足时，就会产生恐惧、害怕、担心、忧虑等不同程度的情绪体验。

马斯洛将人的需要分为生物性的需要与精神性的需要。生物性的需要包括对食物、水、空气、排泄、睡眠、性等的需要。精神性的需要包括人对安全的需要，对友谊、爱与归属等的社会性需要，对自尊、自我认同的需要及实现自己潜能的需要。任何需要的满足所产生的直接后果就是满意、快乐与幸福。需要满足的层次论就是人生幸福的层次论，它揭示了人对幸福的需要是各不相同的。

童　　年

小时候，生活在农村的我记得：上三年级的时候，班里开始有同学使用钢笔。那个能吸水的笔能写出蓝色或黑色的字，可是这种未被普及的东西，我是断不敢向父母提出要求的。直到有一天在县城工作的父亲把一支粉色钢笔给我的时候，那一刻的欢喜雀跃，那一幕把玩粉色钢笔的场景终不能让我忘怀。诸如这样的第一次还有春节的一件新衣、期末考试后的一张奖状……总之，儿时的记忆中充满了幸福。

跨越时空的变迁，今天我们的物质生活有了极大的改善。今天的孩子可以享用高档的文具，可以穿漂亮的衣服，可以一周一次肯德基。但是大多数孩子会因为一款高档玩具没有得到或是生日礼物不够华丽而觉得自己不够幸福，原因是他们很少有满足感。

2. 快乐感

快乐感来源于积极乐观的情绪。许多事情都能带给人快乐，依据心理学上的谚语这样说：如果你想快乐一小时，打个盹；如果你想快乐一天，去钓鱼；如果你想快乐一个月，去结婚；

如果你想快乐一生，去帮助别人。

3. 价值感

幸福感的较高表现是价值感，它是在满意感与快乐感同时具备的基础上，增加了个人发展的因素，比如目标价值、成长进步等，从而使个人潜能得到发挥。真正意义上的幸福感与西方的享乐主义不同，享乐主义只追求享乐的过程，缺乏更有价值的目标。

需要层次理论表明，当一个人达到需要的最高层次——自我实现时，其自我的潜能充分发挥，由此产生的幸福感就是人精神上最大的幸福感，这种幸福被马斯洛称为“高峰体验”。由于人的潜能发挥是没有止境的，所以人对幸福的追求也是没有终点的。

二、幸福的内涵

幸福是一种主观的情感体验，不同的人会有不同的感觉。因此，不同的专家从各自的研究角度，罗列出了各自的幸福公式。

（一）塞缪尔森（Samuelsson）的幸福方程

美国经济学家塞缪尔森曾经给出过一个关于幸福的方程：幸福＝效用 / 欲望。

效用是人们消费某种物品或先于某种服务所得到的满足程度。欲望是一种缺乏的感觉与求得满足的愿望，也就是说，欲望是不足之感与求足之愿的统一，两者缺一都不能称为欲望。欲望的特点是其无限性，一种欲望满足之后又会产生其他的欲望，永远没有满足的时候。而幸福是人们付出劳动的目的，也是人们消费与享受的结果。这个公式告诉我们，幸福感类似于满足感，它实际上是现实的生活状态与心理期望状态的一种比较；两者的落差越大，则幸福感越差。

第一，幸福感是主观的，因人而异，因环境而异。每个个体的家庭背景、生长环境、生活经历的不同，个人欲望大小不一。不同的人在消费同一种物品或享受完全相同的服务时所得到的满足程度即效用也是完全不相同的。所以，效用和欲望都是人们的主观感受。同一个人对同一事物，在不同的时间、地点、不同的环境，会有完全不同的感受。例如，同样一元钱对乞丐来说很重要，而对富翁来说，则幸福感就差得多。当人生病住院时，觉得健康就是幸福；当人孤独时，觉得有家就是幸福；当人饥饿时，觉得有片面包就是幸福；当人手头拮据时，觉得有点钱就是幸福。然而，无病之人不知生病的痛苦，有家之人不知孤独为何物，有钱之人不知无钱的苦恼，饱汉不知饿汉饥。

第二，欲望相对固定时，效用值与幸福值成正比。即效用值越大，幸福值越大。需要说明的是效用值不是效用数量的绝对增加。

第三，如果没有了欲望或效用，也就没有幸福可谈。孩子对于苹果的欲望在吃的时候得到满足，有幸福感，这就叫爱吃。如果你能控制他吃，保持它的欲望，一天让他吃一个，他很高兴；三天让他吃一个，等于是奖励；五天吃一个，他会像过节。而如果母亲因为孩子爱吃，买来一筐让他吃，随着他吃的苹果数量的增加，边际效用的不断降低，到边际效用为零时，孩子不再爱吃苹果。

该幸福公式启发我们：每个人在自己所处的社会经济条件与环境面前，需要把自己内心的欲望与外界现实调和起来。既然条件与环境是客观的，人不是要去改变外在局面，而是改变自己，去适应环境。

（二）塞利格曼（Seligman）的幸福法则

美国著名心理学家塞利格曼提出了一个幸福的公式：总幸福指数=先天的遗传素质+后天

的环境+你能主动控制的心理力量。其英文的表达：H=S+C+V。

看了一部喜剧电影，或者吃了一顿美食，这是暂时的快感；而幸福感是指令你感到持续幸福的、稳定的幸福感觉，它包括你对你的现实生活的总体满意度和你对自己的生命质量的评价，是指你对自己生存状态的全面肯定。这个总体幸福取决于三个因素：一是一个人先天的遗传素质；二是环境事件；三是你能控制的心理力量。

先天遗传影响幸福感。幸福怎样能与先天的东西有联系呢？研究证明：一个人的心情可能受到父母的遗传影响，如天生具有抑郁倾向，整日闷闷不乐，其实没有什么坏事情来烦他们，可就是不快乐；对生活中消极性和阴暗面却十分敏感，易被不好的事情所感染，甚至遇到好事也不能使他们快乐。这就是遗传的影响。

心理学家调查了 22 个平日具有抑郁心情但曾经中过彩票大奖的人。当中奖事件过去之后，他们很快地回到了从前的抑郁状态，又觉得不幸福了。但令人欣慰的是，天性乐观的人，暂时性创伤事件对他们的消极影响也是短暂的，不幸事件的几个月后，他们又回到了从前的正常状态。乐天派人的情绪是稳定的。福布斯的前 100 名富人仅比中等收入者稍微幸福一点，也就再次证明了，幸福不完全和财富成正比。贫穷是社会经济发展的产物，和人的心理健康程度没关系，所以只要有一个健康、平衡的心态，即使贫穷也是幸福的。

最幸福的人的标志是他们都十分愿意与人分享生活，他们虽然形形色色，但是他们的社交很广泛，朋友很多。这样的人无疑是快乐的，因为他们的痛苦和欢乐都有人分享，心理负担就不那么重了，自然就快乐了。如果你想幸福不如选择以下环境：拥有美满的婚姻和丰富你的社交，多交朋友。

幸福的秘诀在于我们的精神世界，而不是物质生活。

令人神魂颠倒的多巴胺

休斯敦市贝勒医学院理论神经科学中心的研究人员 P．瑞德·蒙塔古博士等人，与赛吉诺瓦斯基博士等人合作，进行了蜜蜂体内多巴胺系统工作模拟实验。因为蜜蜂的大脑中只有一个多巴胺神经元，易于研究。

在不同的季节蜜蜂能够在不断变化的光线下，从不同角度和距离辨认出有花蜜的花。在一个花园里可能会有数十种形状和大小上都非常相似的花朵，但只有其中的一两种花朵有花蜜，蜜蜂能够迅速地判断出有花蜜的花朵，并将信息传递给其他伙伴。

蜜蜂如何做到这一点的呢？实验心理学家莱斯里·瑞尔博士在伊利诺伊大学建立了一个封闭环境，地面上放满了人造花，事先在每朵花中放置不同数量的糖，然后观察蜜蜂的行为。在一次实验中，瑞尔博士放置了蓝、黄两种颜色的花。只有 1/3 的蓝花中有大量的糖，而其他蓝花则没有，有 2/3 的黄花中含有少量的糖，其他黄花也未含糖。蓝花和黄花中糖的总量是一样多的。

蜜蜂会采取哪种方式来获取糖呢？它会选择回报高的蓝花吗？那样它将会以最少的劳动获得最多的糖，但它就须耐心地尝试那些“空”花。或者蜜蜂会选择较为“安全”的方式，即选择黄花。当然这得付出更多劳动。

研究结果显示，蜜蜂在 85%的时间里都选择了黄花。可见，在寻求奖赏的过程中，它们不愿冒险。

这一令人惊奇的发现，促使科学家们想进一步探明蜜蜂是如何计算奖赏回报的。为此，蒙塔古博士、赛吉诺瓦斯基博士与麻省理工学院的彼得·戴安博士合作制造了一个计算机虚拟蜜蜂。这个蜜蜂具有一个模拟多巴胺系统，可以用来解释真正的蜜蜂行为。

每当虚拟蜜蜂落在一朵花上时，它的多巴胺系统就会启动。像在大多数动物体内一样，多巴胺神经元静息时的信号是稳定的，处于基线水平。当它被激活，信号发送就加快；当它被抑制，则信号活动停止。

虚拟蜜蜂的神经元设计可以发生三种简单的反应。如果糖比预计值多（蜜蜂根据以往与该花外表相似的其他花的糖量来确定预计值），神经元的信号反射就活跃。多巴胺增多即表明了糖的增多，蜜蜂瞬间掌握了新情况。如果糖比预计的少，多巴胺神经元就停止信号发射。到达大脑其他部位的多巴胺突然减少，表明蜜蜂得到信息，尽量避免重蹈刚才的覆辙。如果糖量与期待的相同，神经元的活动将不发生变化，蜜蜂也就得不到新的信息。赛吉诺瓦斯基博士说，这一简单的预测模式，为蜜蜂行为的起因提供了一种解释，即多巴胺神经元“记住”了刚刚发生的事情，正在等待着将要发生的一切，看看下一次的奖赏是多是少。当多巴胺神经元遇到一个“空”花时，它就使蜜蜂的大脑处于一种多巴胺神经元抑制状态。在经历了之前的奖赏所激发的多巴胺释放而产生的愉悦感之后，蜜蜂是无法忍受如此之多的空花的。所以它们宁愿采取一种安全的做法而选择黄花，从而使收获的次数增多，虽然每次的收获比较小，或没有收获。

赛吉诺瓦斯基博士说，这个模式与我们目前对人类行为及大脑的了解也是一致的。赛吉诺瓦斯基博士对该系统的工作原理如此解释：来自外界的感官信息及对这些信息的反应共同流入大脑。你所看到、触摸到、感觉到、闻到、尝到、听到及想象到的东西，共同缔造了种种感知状态，它们每时每刻都在发生着变化。对不同感知状态，大脑还保存以往亲身经历的记忆。它们中有一些是所谓的“好”的，你想再次得到；另一些则是你想避免的。

赛吉诺瓦斯基博士说，现在发生的和你曾经体验过的事物，这两种因素都会输入多巴胺系统。然后，遵从一种简单的规则，多巴胺系统把大脑中对奖赏的期望与现实加以比较。

如果现状比期望的好，多巴胺就被释放到大脑的各个部位，从而鼓励了这样的行为，以获得更多奖赏。如果现状比期望的少，就不发出多巴胺信号，而同时大脑中其他能够阻止该行为的系统则被激活。在这两种情况下，只有当多巴胺系统对你所处的感知状态做出评价，你才会采取进一步的行动。

（三）幸福的策略

人为什么会有幸福的感受？人又在什么时候会产生幸福感？幸福到底是客观存在还是主观感受？这些都是涉及心理层面的问题。

1. 社会比较

“所有的幸福来源于比较，所有的痛苦也来源于比较”。我们总是把自己和别人作横向比较，当自我感觉优于他人时，我们就会感到幸福；反之则感觉痛苦。幸福的人常常向下比较，关注比自己更差的人的数目；而不幸福的人，常常向上比较，关注比自己更优秀的人。积极的社会比较能够激发个人的内在潜力和动机，促进个人较好的成长；反之消极的社会比较会让人产生自卑，产生不幸。

2. 适应

除了横向的比较外，我们还会以自己为比较对象作纵向比较，如果觉得现在比过去更好，就会感到幸福。但问题是人会很快适应现状，幸福感会很快消失，由此人们会产生适应性的痛苦，这也是人不幸福的主要原因。

3. 期望与目标的满足

幸福感产生于需要的满足与目标的实现。可能存在三种情况：

（1）当能力一定时，幸福与目标是成反比的。也就是你要求得越多，定的目标越高，你就会越不幸福；目标相应的定得小一些，能力所及，那么就幸福多一些。

（2）当目标一定时，幸福与能力是成正比的。时常听人羡慕有同学找到好工作了、有同学被评为学校风云人物了等，心里酸水直冒，感觉自己的日子怎么这么没劲、这么不幸福呢？其实如果你明白这个幸福与能力呈正比的道理，你就大可不必嫉妒人家了。

（3）当幸福一定时，能力必然是与目标成正比的。为什么无论贫贱和高贵都有相同的幸与不幸？人们常说知足常乐，不知足者常悲。这个知足，实际上就是对一个目标的期望。往往是期望值越高，失望就会越大，尤其当你能力不足的时候。幸福与否实际都是你的一种心态。一个蜷在公园一角吃饱肚子后眯眼晒太阳的乞丐，他的幸福感也许要比那些在空调房里数着钞票的大亨来得容易些，因为他的目标仅仅是温饱。人们对幸福的看法往往是掺杂了太多金钱地位的比较，反而忽视了幸福的真正含义。

快乐的招数

关于快乐，美国加州大学心理学家桑雅 • 吕波密斯基（Sonja Lyubomirsky）根据研究结果，提出八项具体可行的做法。

一、心存感激

每周记下三五件令你感恩的事件。这些可以是俗事（你的牡丹花盛开了），也可以是更具意义的事（小孩开始学走路了）。保持鲜活，内容愈常更换愈好。

二、时时行善

可以是随机的（排队时，让赶时间的人排你前面）、或有系统地（每周日固定送晚餐给老年邻居）对朋友或陌生人行善，会让自己感觉很慷慨、很有能力，也会赢得别人的笑脸、赞许及仁慈回馈。这些都会让人感觉快乐。

三、品尝乐趣

多注意美好的事物，例如草莓的甜美、阳光的和煦。心理学家建议，不妨将快乐时光如照相一般“印存脑海中”，在痛苦时回味。

四、感谢良师

如果有人在人生的十字路口予以指引，要赶快致谢。越详尽越好，最好是亲自答谢。

五、学习宽恕

对伤害与误解你的人，就放下怒气与怨恨写封信给对方表示宽恕。无法宽恕他人会让自己停在积怨与心怀报复上，宽恕则能让你继续前行。

六、爱家爱友

对生活满意与否，其实与钱财、头衔、甚至健康关系不大。最重要的因素是坚固的人际关系。多花点时间与精力在朋友与亲人身上。

七、照顾身体

睡眠充足、运动、伸展四肢、笑口常开都可暂时改善心情。经常如此会让你对生活感到满意。

八、逆境自持

人生不免有难，一些日常信条可帮你度过例如“事情总会过去”、“任何事都击不倒我，只会让我变得更强壮”，关键在于，你必须相信它们。

你可能已经学习了心理学。如果是这样，那么也许你知道以下这段简短的、出自赫尔曼·艾宾浩斯的话语：“心理学有着长久的过去，但是却只有很短的一段历史”。这段话的意思是说，心理学成为有规范的学科只有 100 多年的时间，但是它所研究的事件却是源自几个世纪之前的哲学、神学以及人们每天的生活。我们是如何认识这个世界的？我们是怎样思考和感觉的？为什么会有这样的思考和感觉？学习的本质是什么？这些对于人类个体来说意味着什么？

积极心理学家认为，过去 60 年的研究范围是不完整的。基于这一简单的假设，我们需要全方位地置换角度。积极心理学认为，现在需要向病态模型提出挑战了。我们需要将同等程度的关注放在优势和弱点上，一方面修补坏的世界，另一方面塑造好的事物；一方面帮助那些有疾病的人，另一方面充实那些健康个体的生活。心理学家致力于提升人类的潜质，因此需要从不同的角度去思考，需要在关注病态模型之外，寻找更多的途径。

本章概要

（1）心理学是一门研究人的行为和心理活动规律的科学，兼具自然科学和社会科学的双重性质。

（2）1879 年，德国哲学家、心理学家冯特（W. Wundt）在莱比锡建立了世界上第一个心理学实验室，标志着心理学成为一门独立的学科。

（3）脑是心理的器官，心理是脑的机能，是对客观事物的主观、能动的反映。

（4）认知、情绪情感和意志过程构成了心理过程。

（5）个性倾向性是指决定一个人的态度、行为和积极的选择性的动力系统。它是人的个性结构中最活跃的因素，是一个人进行活动的基本动力。个性倾向性主要包括需要、动机、兴趣、理想、信念、世界观。

（6）个性心理特征是一个人身上经常表现出来的本质的、稳定的心理特点，这种稳定的心理特征是个性倾向性稳固化和概括化的结果。它包括能力、气质和性格。

（7）积极是一种生活态度。积极的情绪和生活态度是人生的智慧，积极的力量对于自己而言是正向和健康的力量，对于他人而言是正向的建设性的。

（8）积极心理学利用心理学目前已比较完善和有效的实验方法与测量手段，来研究人类的乐观、希望等积极健康的心理品质的一个心理学思潮。它倡导用一种积极的心态来解读心理现象和心理问题，激发出人们潜在的积极力量和品质，使人们更多地体验幸福，学会建立起高质量的个人生活和社会生活。

（9）幸福感是一种积极向上的体验，包含满意感、价值感和快乐感。

（10）塞缪尔森幸福方程：幸福=效用/欲望；塞利格曼（Seligman）幸福公式：总幸福指数=先天的遗传素质+后天的环境+你能主动控制的心理力量。

（11）幸福的策略：社会比较、适应、目标与期望的实现。

心灵秘诀

（1）不抱怨，积极生活。

（2）幸福更多的是取决于我们头脑的状态，而不是我们社会地位的状态和银行账户的状态。

（3）头脑是我们转变人生福祉的起点。

相关链接

牛津幸福感问卷

以下是一些关于个人幸福感的陈述。每题有四个句子，请选择一个与你过去一周（包括今天）的感受最相符的一种描述。

1.
A．觉得不幸福
B．我觉得还算幸福
C．我觉得很幸福
D．我觉得非常非常幸福

2.
A．我对将来不是很乐观
B．我对将来觉得乐观
C．我觉得我很有希望
D．我觉得将来充满希望，前景光明

3.
A．我对我生活中的任何事情都不满意
B．我对我生活中的有些事情感到满意
C．我对我生活中的很多事情感到满意
D．我对我生活中的每件事情感到满意

4.
A．我觉得我一点儿也不能主宰我的生活
B．我觉得我至少能部分主宰我的生活
C. 我觉得我在大多数时候能主宰我的生活
D．我觉得我完全能主宰我的生活

5.
A．我觉得生活毫无意义
B．我觉得生活有意义
C．我觉得生活很有意义
D．我觉得生活意义非凡

6.
A．我不太喜欢自己
B．我喜欢我自己
C．我很喜欢我自己
D．我对自己的样子满怀欣喜

7.
A．我无法改变任何事情
B．我有时能够很好地改变一些事情
C．我通常能够很好地改变一些事情
D．我总是能够很好地改变一些事情

8.
A．我觉得生活就是得过且过
B．生活是美好的
C．生活很美好
D．我热爱生活

9.
A．我对别人不太感兴趣
B．我对别人比较感兴趣
C．我对别人很感兴趣
D．我非常热衷于别人的事情

10.
A．我发现做决定很难
B．我发现做某些决定比较容易
C．我发现做大多数决定都很容易
D．做所有的决定对我而言都很容易
11.
A．我发现要着手做一件事情很难
B．我发现要着手做一件事情比较容易
C．我发现要着手做一件事情很容易
D．我觉得我能够做任何事情
12.
A．和别人在一起我觉得不开心
B．和别人在一起我有时候会觉得开心
C．和别人在一起我常常觉得开心
D．和别人在一起我总是会开心
13.
A．我一点也不觉得自己精力充沛
B．我觉得自己精力比较充沛
C．我觉得自己精力很充沛
D．我觉得自己有使不完的劲
14.
A．我认为所有的事情都不美好
B．我发现有些事情是美好的
C．我发现大多数事情是美好的
D．整个世界对我而言都是美好的
15.
A．我觉得我自己的思维不敏捷
B．我觉得我自己的思维比较敏捷
C．我觉得自己的思维很敏捷
D．我觉得自己的思维异常敏捷
16.
A．我觉得自己不健康
B．我觉得自己比较健康
C．我觉得自己很健康
D．我觉得自己异常健康
17.
A．我对别人缺乏温情
B．我对别人有些温情
C．我对别人充满温情
D．我爱所有的人
18.
A．我的过去没有留下幸福的记忆
B．我的过去有些幸福的记忆
C．过去所发生的大多数事似乎都幸福
D．我所有的过去都非常幸福
19.
A．我从来都没有高兴过
B．我有时会高兴
C．我经常都很高兴
D．我总是处于高兴状态中
20.
A．我所做的都不是我想要做的
B．我所做的有时是我想要做的
C．我所做的经常都是我想要做的
D．我总是做我想要做的
21.
A．我不能很好地安排我的时间
B．我能较好地安排我的时间
C．我能很好地安排我的时间
D．我能把我想做的事情都安排得非常妥当
22.
A．我不和别人一起玩
B．我有时候和别人一起玩
C．我经常和别人一起玩
D．我总是和别人一起玩
23.
A．我不会使别人高兴
B．我有时候会使别人高兴
C．我经常会使别人高兴
D．我总会使别人高兴
24.
A．我的生活没有什么意义和目的
B．我的生活没有意义和目的
C．我的生活很有意义和目的
D．我的生活充满了意义，而且目的明确
25.
A．我没有尽职尽责和全身心投入的感觉
B．我有时候会尽职尽责并全身心投入

C．我经常会尽职尽责并全身心投入
D．我总是尽职尽责并全身心投入

26.
A．我很少笑
B．我比较爱笑
C．我经常笑
D．我总是在笑

27.
A．我觉得世界不美好
B．我觉得世界比较美好
C．我觉得世界很美好
D．我觉得世界美好极了

28.
A．我认为我的外表丑陋
B．我认为我的外表还过得去
C．我认为我的外表有吸引力
D．我认为我的外表非常有吸引力

29.
A．我发现所有的事情都索然无味
B．我发现有些事情有趣
C．我发现大多数事情都有趣
D．我发现所有的事情都非常有趣

分数技术及解释：选择 A 得 0 分，选 B 得 1 分，选 C 得 2 分，选 D 得 3 分。最后将各题得分相加即为幸福感的总分。大多人的分数在 40～42 分。

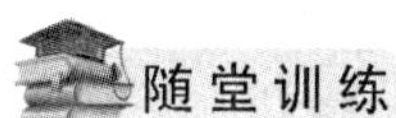

命 运 之 牌

（1）主持人指导语：由于受到出生环境等各种因素的限制，每个人的命运是不同的。有的同学可能对自己的家庭环境不满意，有的同学可能对自己的长相不满意，也有的同学可能对目前的自己不满意……

假定每个人能够获得第二次生命，每个人的命运可以重新选择。我手中有很多纸牌，每张牌就是命运的一种重新安排，它所包含的资料就是你新的生活资料，从现在起，你就是牌上的这个人。设想一下你处在这种情况下的命运，现在看看自己目前的处境、位置与假设的第二次人生选择的处境相比，有什么不同？

（2）主持人把纸牌放在一个盒子里，让同学们随机抽取一张，不得更换。

（3）全班同学交流全新的“自己”，并询问是否满意牌上的“自己”。生命只有一次，你该怎样面对已经拥有的生活？

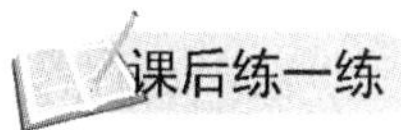

“感 恩 拜 访”

闭上双眼，回忆一下在你的生活中造成巨大转变、使你的人生得到改善、而你又没有认真感谢过的那个人，必须是仍然健在的人。好了，现在请睁眼，相信各位心目中都有这样一个人吧。诸位的任务是给那个人写一封 300 字的感谢信，然后给对方打个电话，问他（她）你能否登门拜访；别告诉他原因，见面时，你对他念出这封信。相信在场的人都会感动。双方都变得更快乐。

复习与思考题

一、单选题

1．心理现象分为（　　）。

A．心理过程与个性心理　　B．认知过程与个性心理

C．情感过程与个性心理　　D．意志过程与个性心理

2．心理过程包括（　　）。

A．认识过程、情感过程、行为过程　　B．知觉过程、情感过程、行为过程

C．感觉过程、知觉过程、意志过程　　D．认识过程、情感过程、意志过程

3．个性心理特征是在（　　）实践的基础上形成和发展起来的。

A．认知过程　　B．情感过程

C．意志过程　　D．认知过程、情感过程、意志过程

4．（　　）年，冯特在德国的莱比锡大学建立第一个心理学实验室被界定为心理学的诞生。

A．1789　　B．1879　　C．1798　　D．1897

5．（　　）被誉为心理学之父或心理学第一人。

A．冯特　　B．洛克　　C．笛卡儿　　D．缪勒

6．精神分析学派（精神动力学派）是（　　）创立的。

A．笛卡尔　　B．华生　　C．弗洛伊德　　D．罗杰斯

7．以下不是属于积极心理学的研究范畴的是（　　）。

A．积极经验　　B．积极特质　　C．积极品格　　D．积极环境

8．以下表述错误的是（　　）。

A．能力一定时，幸福与目标成反比　　B．目标一定时，幸福与能力成正比

C．幸福一定时，能力与目标成正比　　D．能力一定时，幸福与目标成正比

9．以下不能产生主观幸福感的是（　　）。

A．高水平不愉快情感　　B．生活满意

C．令人愉快的感情　　D．低水平不愉快的情感

10．以下不属于积极心理学研究层面的是（　　）。

A．主观　　B．客观　　C．个人　　D．群体

二、多选题

1．心理现象分为（　　）。

A．心理过程　　B．认知过程　　C．个性心理

D．情感过程　　E．意志过程

2．心理过程包括（　　）。

A．感知过程　　B．知觉过程　　C．认识过程

D．注意过程　　E．情感过程　　F．行为过程　　G．意志过程

3．个性心理特征包括（　　）。

A．认知　　B．能力　　C．气质

D．情感　　E．性格

4．以下能称为幸福感的是（　　）。

A．价值感　B．满意感　C．快乐感　D．成就感

5．幸福感产生可以通过（　　）。

A．社会比较　B．纵向对比　C．目标期望的满足　D．适应

6．塞利格曼认为幸福感受到以下因素的影响（　　）。

A．遗传素质　B．环境事件

C．目标　D．能控制的心理力量

三、判断题

1．心理学是研究人的行为的科学。（　　）

2．心理是人脑的机能，是人脑对内在心理活动的反应。（　　）

3．在心理过程中，认知和情感是基础，意志是将认知和情感转化为行为的动力。（　　）

4．个性心理特征包括能力、气质和知觉。（　　）

5．心理过程是在个性心理特征的基础上形成和发展起来的，反过来又影响着个性心理特征的进行与发展。（　　）

6．欲望相对固定时，效用值与幸福值成反比。（　　）

7．积极的意义是相对的，它不是一个固定结果和最后结局。（　　）

8．如果没有欲望或效用，也就没有幸福。（　　）

9．我们每一个人的活动其实都是为了适应周围环境的一种自我表达方式。（　　）

10．对现状的适应能增强个人的幸福感。（　　）

参考答案

单选题：ADDBA　CCDAB

多选题：AC　CEG　BCE　ABC　ABC　ABD

判断题：××√×√　×√√√×

第二章　健全积极的人格特质

教学目标

（1）阐释人格、气质、性格、自我实现、希望、乐观的内涵；

（2）介绍人格学说，能应用人格学说解析自身人格的成长；

（3）帮助认识心理防御及防御的本质；

（4）塑造乐观、希望的积极人格品质。

学习目标

（1）识记人格、气质、性格、自我及自我防御、自我实现、乐观、希望等概念；

（2）领会气质、性格和人格的关系；

（3）能用自我防御和需要层次的学说看待自身人格成长；

（4）认识人格形成和发展的因素，塑造健全积极的人格。

基本概念

人格　气质　性格　本我　自我　超我　自我实现　乐观　希望

引　言

人格是最高学位

（白岩松）

很多很多年前，有一位学大提琴的年轻人去向伟大的大提琴家卡萨尔斯讨教："我怎样才能成为一名优秀的大提琴家？"卡萨尔斯面对雄心勃勃的年轻人，意味深长地回答："先成为优秀的人，然后成为一名优秀的音乐人，再然后就会成为一名优秀的大提琴家。"

听到这个故事的时候，我还年少，老人回答时所透露出的含义我还理解不多，然而随着采访中接触的人越来越多，这个回答就在我脑海中越印越深。

在采访北大教授季羡林的时候，我听到一个关于他的真实故事。有一个秋天，北大新学期开始了，一个外地来的学子背着大包小包走进了校园，实在太累了，就把包放在路边。这时正好一位老人走来，年轻学子就拜托老人替自己看一下包，而自己则轻装去办理手续。老人爽快地答应了。近一个小时过去，学子归来，老人还在尽职尽责地看守。谢过老人，两人分别。几日后是北大的开学典礼，这位年轻的学子惊讶地发现，主席台上就座的北大副校长季羡林正是那一天替自己看行李的老人。我不知道这位学子当时是一种怎样的心情，但在我听过这个故事之后却强烈地感觉到：人格才是最高的学位。

……

前几天我在北大听到一个新故事，清新而感人。一批刚刚走进校园的年轻人，相约去看季羡林先生，走到门口，却开始犹豫，他们怕冒失地打扰了先生。最后决定，每人用竹子在季老家门口的土地上留下问候的话语，然后才满意地离去。

这该是怎样美丽的一幅画面！在季老家不远，是北大的伯雅塔在未名湖中留下的投影，而在季老家门口的问候语中，是不是也有先生的人格魅力在学子心中留下的投影呢？只是在生活中，这样的人格投影在我们的心中还是太少。

……

第一节 人格的内涵

日常生活中人们经常使用人格这个词，但人们通常是从社会吸引力的角度来定义人格的。比如“某某有良好的人格”，这通常是指这个人能与他人相处和谐，给人留下好的印象；又比如说“某某的人格高尚”，这里的人格大概是指一个人的“人品”、“品格”等；还有引言中提到的“人格魅力”等，这些说法与心理学上所谓的人格的含义是有差异的。

一、什么是人格？

每个人都有比较系统、完整的关于自己，以及对所接触的人的行为、品行的看法，不论你是否意识到它的存在，它实际上就是一种潜在的“人格理论”，这种理论帮助你随时随地解释和预测他人的行为并控制自己的行为。那么究竟人格是什么呢？

（一）起源

从字源上看，中国古代汉语中没有人格这个词，只有“人性”、“人品”、“品德”或“品格”的说法。

心理学上“人格”（Personality）一词是从拉丁文“persona”演变来的，原意是指演员在舞台上扮演一定的角色所戴的面具。把面具引申为“人格”，暗示着一个人有两面——公开可见的一面，即个体外在的自我表象；隐藏其后不为人知的一面，即个体灵魂深处真实的自我。因此，心理学界对人格这个概念通常是从两个方面来定义——两者彼此不同，但又都重要。外在的人格，是指一个人被他人知觉和描述的方式；内在的人格，则是指用来解释一个人被他人认为是这样的那些内部因素。

（二）定义

关于人格的定义在心理学界有一种说法是“有多少心理学家就有多少关于人格的定义”。这一方面，说明人格是一个复杂的结构，心理学家对人格的研究和定义都像是瞎子摸象；另一方面，说明心理学家对人格的界定是有争议的，各家各派都有自己鲜明独到的论断。人格定义虽然五花八门，但却有几点是基本相同的：第一，人格基本等同个性，构成了个体存在的心理背景；第二，人格既包括内在特征，也包括外在特征；第三，人格是指人的心理整体，而不是个别特点和个别部分。

综合以上几点，可以给人格下个定义：人格，也称为个性，是个体内在和外现的各种稳定的心理特征整合而成的独特的心理整体。人格是一个人的才智、情绪、愿望、价值观和习惯的行为方式的有机整合，它赋予个人适应环境的独特模式，这种知、情、意、行的复杂组织是遗传与环境的交互作用的结果，包含着一个受过去影响及对现在和将来的建构。

二、人格的基本特性

人格是一个复杂的整体，反映的是个体存在的心理背景。

（一）独特性

人格的独特性是指人与人之间的心理与行为是各不相同的。由于人格结构组合的多样性，每个人的人格都有其自己的特点。在日常生活中，我们随时随地可以观察到每个人的行动都异于他人，每个人都各有其需要、爱好、认知方式、情绪和意志等。

我们强调人格的独特性，并不排除人们之间在心理与行为上的共同性。由于人格的形成受到时代特征和历史文化背景的影响，所以同一阶层、同一民族、同一时代的人们在人格上具有代表其所处时代特征的气息，心理学称之为时代性格、群体性格或民族性格。

（二）稳定性和可塑性

稳定性和可塑性是人格的辩证特征。人格的稳定性和可塑性，一方面揭示了人格具有相对稳定性和一定程度可塑性；另一方面，体现了人格构成的自然性和社会性一面。

人格的稳定性表现在两个方面。一是人格的跨时间的持续性。在人生的不同时期，人格持续性首先表现为自我的持久性。每个人的自我，在世界上不会存在于其他地方，也不会变成其他东西。昨天的我是今天的我，也是明天的我。过去的我透过现在的我，影响着我的现在和未来。虽然未来不能决定现在，但自我对未来的洞察力能决定现在的我。这就是自我的持续性。二是人格具有跨情景的一致性。所谓人格特征是指一个人经常表现出来的稳定的心理与行为特征，那些暂时的、偶尔表现出来的行为则不属于人格特征。比如，一个外向的学生不仅在学校里善于交往、喜欢结识朋友，在校外也喜欢交际喜欢聚会。

人格的稳定性并不排除其动态发展变化，人格特征中具备一些可塑的成分。人格的可塑性表现在两个方面，第一，人格特征随年龄增长，其表现方式也有所不同。也就是说，人格特性以不同行为方式表现出来的内在秉性的持续性是有其年龄特点的。第二，对个人有重大影响的环境因素和机体因素可能造成人格的某些特征的改变。但应注意的是人格的改变与行为改变是有区别的。行为改变往往是表面的变化，是由不同情境引起的，不一定都是人格改变的表现。人格的改变则是比行为更深层的内在特质的改变。

（三）整体性

从人格的定义可知，人格不是由各种心理特征简单随机组合而成的心理结构。构成人格的多种心理成分和特质彼此间并非孤立存在，而是相互密切联系并整合成为一个有机的组织。因此，一个现实的人的行为不仅是某个特定部分运作的结果，而且总是与其他部分紧密联系、协调一致进行活动的结果。个体人格的整体性如果欠缺，表现在临床上就会有相应的人格障碍或心理疾病，比如精神分裂症和人格分裂等就是典型的人格障碍。因此，培养积极健全而和谐的人格，是个体心理健康的基础。

（四）社会性

人格的社会性是指社会化把人这样的动物变成社会的成员。人格是社会的人所特有的。人格是在个体的遗传和生物基础上形成的，受个体生物特性的制约。从这个意义上也可以说，人格是个体的自然性和社会性的综合。但是人的本质并不是所有属性相加的混合物，或者是几种属性相加的混合物。构成人的本质的东西，是那种为人所特有的、失去了它人就不能称其为人的因素，而这种因素就是人的社会性。其实，即使是人的生物性需要和本能，也是受人的社会性制约的。

三、人格与气质、性格

在人格的形成和发展过程中，人格与气质和性格的关系最密切。就人格与气质的关系而言，没有离开人格的气质，也没有缺乏气质的人格；就人格与性格的关系而言，有些心理学家认为性格就是狭义的人格，从严格意义上来划分，性格是对人格的评价，而人格是对性格的再评价。由此可见，人格、气质和性格三者之间的紧密联系。

（一）气质

大自然就是这样的奇妙，芸芸众生中，很难找到相同的两个人，就像没有两片相同的树叶一样。有的人热情奔放，有的人沉着稳重，有的人刚毅坚强，有的人优柔寡断，人为什么会有如此大的差异呢？从天赋和遗传的角度观察，人的这种差异与人的气质有关。但是一谈到气质，很多人会联想到生活中常见的夸奖人的说法，如某某如何气质不凡等。这儿的气质更多的是从气度上去评价而已，不可否认，气度是体现人的气质的外表，但心理学中的气质更多的是指人的秉性、脾气。

气质是人典型的、稳定的个性心理特征，主要表现为人的心理活动动力方面的特点。这些特点包括：

（1）心理过程的速度和稳定性，如知觉的快慢、思维是否灵活、对事物注意力集中时间的长短等。描述这一特征的词，如敏感与迟钝、急性子与慢性子等。

（2）心理过程的强度，如情绪的强弱、一直努力的程度等。冲动与安静、犟强与灵活就是描述这一特征的词。

（3）心理活动的指向性。如是倾向于外部事物，从外界获得新的印象，还是倾向于内部事物，经常体验自己的情绪，分析自己的思想和印象。生活中经常提到的内向和外向指的就是气质的倾向性。

1. 气质的类型

巴甫洛夫用高级神经活动类型的研究解释气质的学说。他根据高级神经活动的兴奋抑制过程的强度、平衡和灵活性有独特稳定结合的事实，将高级神经活动划分为四种类型，见表2-1。

表 2-1　　高级神经活动类型及特征

气质类型	强度	均衡性	灵活性	行为特点
兴奋型（胆汁质）	强	不平衡	不可遏	攻击性强，易兴奋，不易约束，不可抑制
活泼型（多血质）	强	平衡	灵活	活泼好动，反应灵活，好交际
安静型（粘液质）	强	平衡	惰性	安静，坚定，迟缓，有节制，不好交际
抑制型（抑郁质）	弱	抑制		胆小畏缩，消极防御反应强

（1）强而不平衡的类型。特点是：兴奋过程强于抑制过程，阳性条件反射比阴性条件反射容易形成，是一种易兴奋、不受约束的类型，所以也叫“不可遏制型”。

（2）强而平衡、灵活的类型。特点是：反应灵敏，外表活泼，能很快适应迅速变化的外界环境，也叫“活泼型”。

（3）强而平衡、不灵活的类型。特点是：较易形成条件反射，但不易改造，是一种坚韧而行动迟缓的类型，也叫“安静型”。

（4）弱型。特点是：兴奋和抑制都很弱，阳性条件反射和阴性条件反射的形成都很慢，表现胆；在困难工作面前，正常的高级神经活动易受破坏而产生神经症。

巴甫洛夫认为高级神经活动类型是气质类型的生理基础，气质是神经系统类型的心理表现。

2. 气质的作用

（1）气质不影响活动的性质，但可以影响活动的效率。如果在学习、工作、生活中考虑到这一点，就能够有效提高自己和他人的效率。

（2）人的气质本身无好坏之分，气质类型也无好坏之分。在评定人的气质时不能认为一种气质类型是好的，另一种气质类型是坏的。每一种气质都有积极和消极两个方面，在这种情况下可能具有积极的意义，而在另一种情况下可能具有消极的意义。如胆汁质的人可成为积极、热情的人，也可发展成为任性、粗暴、易发脾气的人；多血质的人情感丰富、工作能力强、易适应新的环境、但注意力不够集中、兴趣容易转移、无恒心等。气质不能决定人们的行为，是因为人们可以自觉地去调节和控制。

（3）气质不能决定一个人活动的社会价值和成就的高低。气质只是属于人的各种心理品质的动力方面，它使人的心理活动染上某些独特的色彩，却并不决定一个人性格的倾向性和能力的发展水平。所以气质相同的人可以成为对社会做出重大贡献、品德高尚的人，也可以成为一事无成、品德低劣的人；可以成为先进人物，也可以成为落后人物。

（4）气质虽然在人的实践活动中不起决定作用，但是有一定的影响。气质不仅影响活动进行的性质，而且可能影响活动的效率。例如，要求做出迅速灵活反应的工作对于多血质和胆汁质的人较为合适，而粘液质和抑郁质的人则较难适应。反之，要求持久、细致的工作对粘液质、抑郁质的人较为合适，而多血质、胆汁质的人又较难适应。在一般的学习活动中，气质的各种特性之间可以起互相补偿的作用，因此对活动效率的影响并不显著。

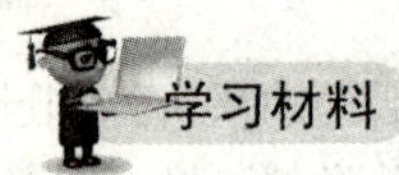

从四大名著看气质分类

气质是由遗传和生理决定的心理与行为特征。日常生活中，我们可以看到，有的人总是生动活泼，反应灵活；有的人无论做什么都显得很急躁；有的人总是安静稳重，反应缓慢；而有的人情绪总是那么细腻深刻。这些外在表现可以概括为四种不同类型的气质，分别是：胆汁质（兴奋型）、多血质（活泼型）、粘液质（安静型）、抑郁质（抑制型）。

很多人很难理解气质的内涵，特别是不能把气质与性格作一个本质的区分。原因在于气质和性格之间内在的紧密联系。中国四大古典名著中所渲染的主基调恰恰能代表四种不同的气质类型。

《水浒传》——胆汁质

“砍人时风风火火、用计时猥猥琐琐、上山时咋咋呼呼、招安时窝窝囊囊”，有人这样评价水浒。水浒渲染的人物很多，但几乎所有的人物都有风风火火的特质，鲁智深、李逵、武松、孙二娘……直率、热情、精力旺盛、情绪易冲动、心境变换剧烈等，这些都是胆汁质气质类型的典型特征。

《西游记》——多血质

西游记不论是从作品本身的主色调、还是人物塑造和故事情节的出发点都是以活泼为主线的，尤其是主人公孙悟空所塑造的人物形象，活泼、好动、敏感、反应迅速，符合多血质的气质类型特征。

《三国演义》——粘液质

《三国演义》所塑造的一系列人物形象在我国已家喻户晓。但无论是“宁教我负天下人、不教天下人负我”的曹操，还是“仁民爱物、礼贤下士”的刘备，抑或是“鞠躬尽瘁、死而后已”的诸葛亮等人物，虽然人物角色鲜明，但并不张扬。“情商最高的哭哭啼啼、智商最高的神神道道、地位最高的憋憋屈屈、武功最高的凄凄戚戚”符合作者意在刻画出安静稳重、情绪不易外露、注意稳定、善于忍耐的粘液质类型的人物气质特征的目的。

《红楼梦》——抑郁质

《红楼梦》以贾宝玉、林黛玉之间恋爱婚姻悲剧为主线，塑造了一系列贵族、平民及奴隶出身的女子的悲剧形象。作者在刻画林黛玉等人物悲情命运的同时，流露出了惋惜和感伤的情绪。《红楼梦》给观众的视听感受就是悲戚交加，尤其是人物刻画上更是以软弱、轻柔、畏惧等抑郁特征为主。

为迎合故事人物特征，电视剧选取的主题歌《好汉歌》、《敢问路在何方》、《滚滚长江东逝水》、《枉凝眉》都分别渲染了故事人物的气质特征。

（二）性格

1. 性格的概念

性格是人格的核心，是人格中最重要、最显著的心理特征，是个体本质属性的独特组合，也是一个人区别于其他人的具体表现。例如，对工作有的人勤勤恳恳，有的人敷衍了事；对他人有的人热情、慷慨，有的人冷淡、吝啬；有的人谦逊，有的人高傲等。西方的许多心理学教科书把性格（Character）与人格（Personality）视为同义语。而在中国心理学教科书中，一般把性格确定为表现在人对现实的态度和行为方式中的比较稳定的独特的心理特征的总和。因此，通过性格可以区别人群中的不同个体。

2. 性格特征

性格特征是指构成性格统一体中的各个方面的特点。人的性格是在气质基础上，经过后天成长环境的长期塑造而形成的，性格一旦形成就具有相对稳定性。性格的稳定性是指人的性格基本结构是不变的，而在不同情况下同一种性格可以以不同形式表现出来。随着环境的变化，性格也是可以改变的，特别是处于形成中的性格，具有较大的可塑性。

性格的特征，通常有四个方面。

（1）性格的态度特征。包括对己、对人、对事的态度。性格是现实社会关系在人脑中的反映，是人对现实的个性倾向。一个人做什么、如何做，总是和他对世界、对别人、对自己的事业，以及对自己本身的态度相联系的。比如，有的人热爱集体，有的人则自私自利等。

（2）性格的意志特征。每个人对自己的思想和行为的调节和驾驭水平有很大的差异，主要表现在人自觉地调节自己的行为方式和水平方面。比如有的人有自觉性，有的人则无自觉性。

（3）性格的情绪特征。指人的情绪活动对其他活动的影响，以及人对其情绪活动进行控制的性格特征。它通常表现在情绪活动的强度、稳定性、持久性和主导心境四个方面。比如有的人乐观，有的人则悲观。

（4）性格的理智特征。指人在认识过程中的性格特征，一般表现为感知、记忆、思维和想象四方面。比如，在感知方面，有的人主动观察，有的人则被动感知；在想象方面，有的人喜欢形象思维，有的人则喜欢逻辑思维。

（三）气质与性格

1. 区别

人格是一个人的存在方式，是个人生物遗传素质与环境交互作用的产物。人格中的气质是先天的，是体质和遗传的自然表现，比较稳定、很难改变，本身无好坏之分；人格中的性格是后天的，是在气质的基础上形成的，带有社会文化模式的印刻，虽然也比较稳定，但有可能改变，本身反映了存在环境的优劣，有好坏之分。因此，对照来说，气质体现的是人格的生物属性，而性格体现的是人格的社会属性；前者反映人的神经、生理技能，后者反映的却是人的社会价值。

2. 联系

人格中的气质和性格又是密切联系的。从气质对性格的影响上看，关系如下。

（1）气质会影响个人性格的形成。因为性格特征直接依赖于教育和社会相互作用的性质和方法。气质作为性格形成的一种变量在个体发生的早期阶段就表现出来，形成不同性质的个体与社会环境的交互作用。

（2）气质可以按照自己的动力方式渲染性格特征，从而使性格特征具有独特的色彩。例如，同样是乐于助人的性格特征，多血质者在助人时往往动作敏捷，情感明显表露于外；而粘液质的人则可能动作沉稳，情感内敛。

（3）气质还会影响性格形成或塑造的速度。比如自制力的培养，胆汁质的人就需要做出极大的努力和克制，而抑郁质的人就比较容易。

另外，性格也可以在一定程度上掩盖或改变气质，使它臣服于生活的要求。

气质和性格作为个体人格特征中最重要的两种特征，共同体现了人格是一个内在和外在、自然与社会、先天及后天、稳定与可塑的整体。

第二节　人　格　理　论

人格理论是心理学家用来解释个体人格结构和功能的假设性说明，它们可以帮助人们更好地理解人格的结构、起源及与此有关的特点。人格理论主要关注的问题是：第一，人性的本质是什么。对所有的人来说，在哪些方面是相同的，程度如何。第二，人与人有什么不同。人们之间的差异表现在哪些方面。第三，如何解释人与人之间的相同和差异，如何把生物学的、认知的、情感的、发展的和社会的研究成果整合起来对一个现实的人进行描述和解释。

一、弗洛伊德的人格结构学说

精神分析是奥地利精神病学家弗洛伊德根据其多年对精神病人的诊断、治疗和病理研究而在 20 世纪初提出的解释人性的系统理论。

弗洛伊德把人格看作是一个由本我（Id）、自我（Ego）和超我（Superego）构成的动力系统。人的大多数行为都是由本我、自我和超我共同活动的结果。

（一）本我

本我是人格结构中最原始部分，从出生日起算即已存在。构成本我的成分是人类的基本需求，如饥、渴、性三者均属之，本我压抑着人性中最原始、最本能的欲望和冲动，所以也称为“原始我”。本我需求产生时，个体要求立即满足。因此，从支配人性的原则而言，支配本我的是“快乐原则”。例如婴儿每感饥饿时即要求立刻喂奶，决不考虑母亲有无困难。

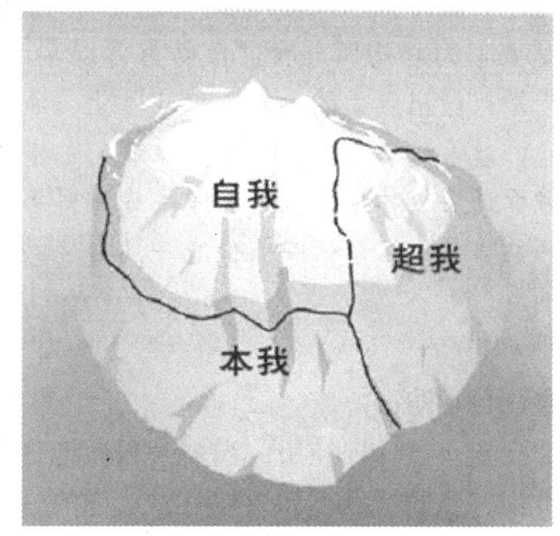

（二）自我

自我是个体出生后，在现实环境中从本我中分化发展而产生的。由本我而来的各种需求，如不能在现实中立即获得满足，自我就必须迁就现实的限制，并学习到如何在现实中获得需求的满足。从支配人性的原则看，支配自我的是“现实原则”。此外，自我介于本我与超我之间，对本我的冲动与超我的管制具有缓冲与调节的功能。自我也称“现实我”，具备两种功能：

一方面，用现实的手段满足本我的欲望和冲动；另一方面，逃避超我的惩罚和指责。

（三）超我

超我是人格结构中居于管制地位的最高部分，是由于个体在生活中，接受社会文化道德规范的教养而逐渐形成的。超我有两个重要部分：一为自我理想，是要求自己行为符合自己理想的标准；二为良心，是规定自己行为免于犯错的限制。因此，超我是人格结构中的道德部分，从支配人性的原则看，支配超我的是“完美原则”。

人格结构中的三个层次相互交织，形成一个有机的整体。它们各行其责，分别代表着人格的某一方面：本我反映人的生物本能，按快乐原则行事，是“原始的人”；自我寻求在环境允许的条件下让本能冲动能够得到满足，是人格的执行者，按现实原则行事，是“现实的人”；超我追求完美，代表了人的社会性，是“道德的人”。

图解“三我”

马车的构造和质量，代表我们的命。有些人命好，六轮大车，含着金汤匙出生，或是聪明能干，或是美貌迷人。有些人命不佳，两个小轮子要混一生，出生贫困，生不逢时，才智平庸，相貌不扬。而这路程，就是我们的运。有时康庄大道，有时羊肠小道。而所谓命好不怕运来磨，马车大的时候，走险坡也不觉得摇晃。

这辆马车的前进是靠这匹马。若你问这匹马：“你有没有权利决定怎么行进呢？”马儿会说：“有啊有啊！我这不就是努力地前进吗？没有我，这车是走不动的呀!”这匹马的角色是什么呢？它就是我们的表意识，我们自以为可以操控我们的生活、做出自由的选择，但实际上，我们是一个自动化制约模式下的机器，很多时候身不由己，就像这匹马。而马车夫是我们的潜意识，也就是我们人生的自动导航系统，我们朝哪个方向前进直接地是通过马车夫发出号令和指示的。那坐在车夫后面的那个人是谁呢？真正发号施令的应该是他吧。他真正决定了马车是朝南还是朝北，所以这个乘客实际上是真正的我。

二、自我与自我防御

生活中你一定有过这样经历：当被人狠狠地责备、侮辱、伤害自尊时，你恨不得将他痛打一顿，以发泄自我的情绪。如果你有过这样的想法，千万不要内疚，因为那是你的本能，本能是追求“快乐原则”的。而事实上，大多数情况下你没有这么做，因为你有“超我”，就是你自身的道德和良心会使你理性地分析和看待当前的状况。然而，事情远远没有结束，本能的欲望并非就此偃旗息鼓。在意识的深处，它依然不断地积累着能量，如同被堵塞的火山口下滚动的岩浆，随时随地蓄势待发。矛盾最终将如何化解呢？这就需要自我的参与。

（一）自我防御

我们的身体在面对细菌、病毒的入侵时，免疫系统会产生各种各样的反应以抵御外界的侵犯；同样，人的意识在面对冲动的本能欲望时，也会有一套心理上的免疫系统来缓解紧张与焦虑，从而保护我们的心理健康，这就是“自我心理防御机制”。弗洛伊德认为，“在人们的精神生活中，存在着一种倾向——自觉或不自觉地把主体与客观现实之间所发生的矛盾，用自己较能接受的方式加以解释和处理，而不致引起太大的痛苦和不安，以保持情绪上的平衡和心情的安定。”这种倾向带有自我防御的功效，而且长此以往，可能成为我们生活的一种方式和习惯。心理学将自我防御机制定义为“为帮助个体回避矛盾，减少因超我与本我冲突而产生的焦虑，保护个体的自尊，维护他们的心理平衡而出现的一种非理性的无意识的人格动力行为”。自我防御机制的本质是个体的心理免疫系统。

（二）防御的类型

日常生活常见的自我防御方式有逃避型、掩饰型、替代型和建设型四大类，每一类防御方式都有不同的表现方式。

（1）压抑。压抑是指自我把意识所不能接受的冲动、情感和记忆在不知不觉中抑制到无意识层中。压抑是一种最基本的防御机制，其他的防御机制都以它为前提。压抑是在无意识层中发生的，是一种有目的的遗忘。压抑作用的机制是“意识中感觉不到，便自然不会有焦虑的情绪了”。但事实并不是那么简单，被压抑的欲望经常会以一些扭曲的形式加以表现。压抑可以阻止一个人看见某种东西，或将看见的东西加以曲解或改造。压抑还适用于创伤性记忆或与创伤经验有关的记忆，最常见的现实表现就是主动遗忘或健忘。

（2）退行。指个体面临应激事件时，为降低焦虑，自我放弃已学到的成熟的应付方式，通过使自己倒退到儿时的幼稚状态，以回避现实危机和困难。实际上，任何人面临新的冒险都有某种焦虑。人在离别旧的熟悉的世界而进入新的陌生的世界的时候所经历的那种焦虑，叫做分离焦虑。假如分离焦虑过分强烈，人往往不肯接受新的生活方式而倒退到旧的生活方式中。成年人遇事时的任性妄为、大吵大闹、大哭大叫、耍泼赖皮等都是退行表现。

（3）否认。当自我遇上痛苦得难以接受的事情时，在无意识中对之拒绝承认。由于不承认似乎就不会痛苦。这一过程可使一个人逐渐地接受现实而不致一下子承受不了坏消息或痛苦，是一种保护性质的、正常的防御。生活中常说的“乌鸦嘴”，从防御的角度分析，是个体潜意识里存在一种担忧，无形之中有了一丝惧怕，从而增加了厌恶事件出现的概率。而贬斥某人乌鸦嘴的人，在他内心深处是不愿意厌恶事件发生的，只有通过否认来减轻厌恶事件给自己带来的焦虑。

（4）反向形成。指对内心的一种难以接受的观念或情感以相反的态度与行为表现出来。反相形成是由本能的成对性：如生与死，爱与恨，建设与破坏，主动与被动，支配与顺从等所致。恐怖症（社交恐怖）是反向形成的典型表现，但恐惧症患者并不是恐惧事物本身，而是恐惧想获得事物的强烈的愿望。

（5）合理化。是指个人遭受挫折或无法达到所追求的目标及行为表现不符合社会规范时，给自己找一些有利的理由来解释。虽然这理由常常是不正确的，在第三者看来是不客观或不合逻辑的，但本人却强调这些理由去说服自己，即用一种能为自己所接受的理由来替代真实的理由，以避免精神上的苦恼。合理化有酸葡萄效应（丑化得不到的事物）和甜柠檬效应（美化已得事物）两类。中国传统文化中有很多思想仔细考究，都具备一定的自我防御色彩，比如：“吃亏是福”、“破财消灾”、“傻有傻福”等。

阿Q精神的积极意义

鲁迅先生笔下的阿Q，相信大家是极其熟悉的。而阿Q身上的精神胜利法，传统一直给予它的是批评和嘲讽，仅此而已。的确当我们深入地分析阿Q精神，给人的感觉是可怜、可悲，对象已不仅仅是阿Q，而是那个时代所有麻痹、愚昧、无知的国民。首先，在那个时代，在那个到处都是鲁迅先生“哀其不幸，怒其不争”的国民的时代，阿Q的精神是可悲的。他让我们所有人都为之愤怒。他已没有人格，甚至尊严。他的脑子中只是幻想，荒谬的空想。阿Q是可悲的，然而那个时代的哪个人不可悲呢。那个时代决定了国民的愚昧、逆来顺受，他们能做的或许只是像阿Q那样寻求心理上的安慰吧！

然而，脱离那个时代，就当今看来，这种精神就应该完全否定吗？日常生活中，当你因丢了钱包而难受，难道你没有过自我安慰“权当是捐给希望工程吧”？当你吃了亏，难道你没有过自我慰藉“吃亏就是占便宜”吗？你能说这些观点要完全否定吗？你不能。因为毕竟这些做法曾转换过我们郁闷的心情，曾使我们心理平衡，从而重新拥有一个好心情，开开心心地生活。然而，仔细一想，这又何尝不是阿Q的精神胜利法呢？只是时代不同，内涵也不同罢了，抑或是我们没有阿Q那么极端罢了。但我们不能否定的是，我们每个人都会在生活中用到这种精神胜利法，不是吗？也许你会问，何谓好？自欺欺人也算好吗？的确，总是盲目地自欺欺人不好，然而，拥有一个好心情不好吗？每天朝气地生活，乐观地歌唱不好吗？既然如此，适当的自欺欺人又有何不可呢？一来你并没伤害别人，二来你学会了感恩的生活。我们必须明确的是，任何事不能走向极端。人类不是只有二元思维。我们自然不能像阿Q那样短暂的一生都沉浸在自己的精神胜利法当中，甚至死前画押因画圈圈没画好，还要对自己来一番自我安慰“能画好的才是孙子”。

我可以肯定地说，我们每个人都离不开阿Q的这种精神，但同时，我们又不会和阿Q一样，因为时代不同了，人也不同了，内涵更加不同了。

（6）转移。转移是无意识地将指向某一对象的情绪、意图或幻想转移到另一个对象或替代的象征物上，以减轻精神负担取得心理安宁。因此，现实生活中转移总是“替罪羊”的形式出现。

（7）投射。是指自我把不能接受的冲动、欲望和观念转嫁到他人身上，说成是他人有此观点或冲动，以此降低自身焦虑。投射的作用不只是减轻焦虑，投射给人以表达真实情感的借口。认为自己被仇恨、遭迫害可以作为攻击意想敌人的理由。投射效应是一种“以己度人”的效应，就是常说的“以小人之心，度君子之腹”。

（8）升华。是指把为社会或自己的理智所不允许的冲动或欲望，用比较符合社会规范、具有建设性、有利于社会和本人的方式表达出来的一种心理防御方式。人原有的行动或欲望，如果直接表现出来，可能会受到处罚或产生不良后果，因而不能直接表现出来。如果能将这些行动或欲望导向比较崇高的方向，使其具有建设性，有利于社会和本人，这便是升华作用。

人类最重要的升华是对自卑感的升华。

（9）幽默。是指以幽默的语言或行为来应付紧张的情境或表达潜意识的欲望。是运用智慧因势利导，通过幽默的方式弱化和消解矛盾、冲突等不和谐因素，既明确地表达了自己的观念、情感和意图，又不至于引起别人和自己尴尬和困窘。“自嘲”就是典型的幽默，自嘲昭示了个体用接纳的心态看待自身的缺陷。

图解自我防御机制

你排长队准备取钱，好容易终于轮到你，你刚要动作，一个年轻姑娘矫健地一闪，捷足先登了。你站在原地，无动于衷。——这是“压抑”。

姑娘出来了，你刚要动作，一个小女孩像离弦的箭一样抢在你前面，你心平气和地继续等待，心里还是什么感觉也没有。——这是“隔离”。

小女孩出来了，你刚要动作，一位老太太夺门而入，你想：“年轻人让老人，应该、应该。”——这是“合理化”。

老人出来了，你刚要动作，一个孕妇高喊着“对不起让让我”一头扎了进去，你咬咬牙对自己暗暗地说：“要是换了别人，早上去把她们臭骂一顿了——可是，我可不是这样没有涵

养的人。”——这是“否认”。

孕妇出来了，你刚要动作，一个外国女人打着手势正要往里挤，你突然冲上去，怒不可遏地劈手两耳光，一边打一边咆哮着：“你还得寸进尺了？！我对你们这种卑劣行径早已经忍无可忍了!”——这是“转移”。

——这是“否认”　——这是“转移”

警察接到群众举报说你殴打外宾，于是前来干预：他们救走了外国女人，并把你带上了警车，你想：“他们只是碍于中外邦交的‘面子’而走走过场、骗骗老外而已。其实，他们心里是站在我这边的。”——这是“投射”。

你被带进了派出所，出乎你预料的是，警察居然要对你来真格的！于是，你对问题拒不回答，一屁股躺在地上开始又哭又闹撒泼打滚。——这是“退行”。

——这是“投射”　——这是“退行”

你被家人从派出所交罚金领了回来，从此闭门思过，于一年后出版一本十万字畅销书《排队引发的人生思考》。——这是“升华。

——这是“升华”

三、马斯洛的需要层次理论

需要层次理论（Need-hierarchy theory），是解释人格的重要理论，也是解释动机的重要理论。1943 年，由美国著名犹太裔人本主义心理学家亚伯拉罕 •马斯洛（Abraham Maslow）提出。

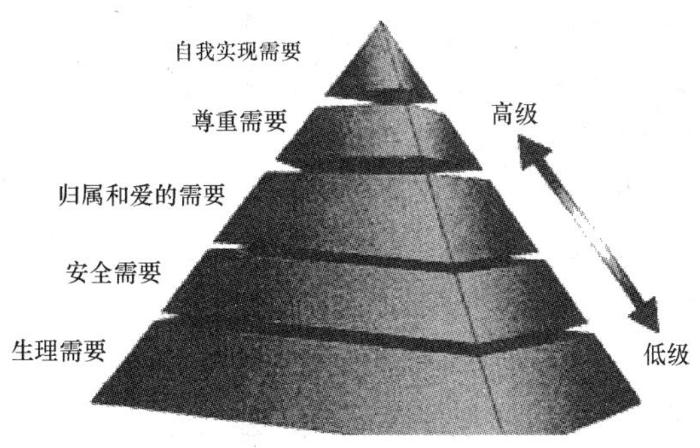

马斯洛认为动机是由多种不同层次与性质的需要所组成的，而各种需要间有高低层次与顺序之分，每个层次的需要与满足的程度，将决定个体的人格发展境界。需要层次理论将人的需要划分为五个层次，由低到高。其中位于底部的生理需要和安全需要称为缺失型需要，是个体或种族生存和发展不可缺少的需要。位于中间层次的归属和爱的需要、尊重的需要属于心理需要，这些需要满足了，个体才能感到基本上舒适。位于顶部的自我实现需要是最高层次的需要，可称之为成长型需要，主要是为了个体的成长与发展。

（一）需要层次

1. 生理需要

级别最低，如食物、水、空气、性欲、健康。缺乏生理需求的特征是：什么都不想，只想让自己活下去，思考能力、道德观明显变得脆弱。生理需要属于缺失性需要，因此其产生的内在驱动力较强。例如：当一个人极需要食物时，会不择手段地抢夺食物，既不会考虑自身的安全，也不会顾及自尊。

2. 安全需要

安全需要同生理需要一样同属于低级别的需求，如人身安全、生活稳定及免遭痛苦、威胁或疾病等。这里所指的安全还包含有安全感的意义。

缺乏安全感的特征表现为：感到自己对身边的事物受到威胁，觉得这世界是不公平或是危险的。认为一切事物都是危险的，而变得紧张、彷徨不安，认为一切事物都是“恶”的。例如：一个孩子，在学校被同学欺负、受到老师不公平的对待，而开始变得不相信这社会，变得不敢表现自己、不敢拥有社交生活（因为他认为社交是危险的），而借此来保护自身安全。一个成人，工作不顺利、薪水微薄、养不活家人，而变得自暴自弃，每天利用喝酒、吸烟来寻找短暂的安逸感。追求安全的需要原则上是以生理的需要满足为基础，比如：一个人为温饱而奔波，为了养活自己，他对工作是毫不挑剔的，因为能找到一个养活自己的工作即可；但是一旦他的温饱问题解决后，他会寻求更加稳定和更加有保障的工作，目的在于寻求自身的安全感。

3. 归属与爱的需要

归属与爱的需要属于较高层次的需求，如对友谊、爱情及隶属关系的需求。缺乏归属和爱的需求的特征是：因为没有感受到身边人的关怀，而认为自己没有价值活在这世界上。这些需要如果得不到满足，就会影响个体的精神面貌，对自身不满及情绪低落。例如：一个没有受到父母关怀的青少年认为自己在家庭中没有价值，所以在学校交朋友时，往往无视道德观地寻找朋友或是同类。如青少年为了让自己融入社交圈中，吸烟、恶作剧等。

4. 尊重的需要

属于较高层次的需求，如成就、名声、地位和晋升机会等。尊重需求既包括对成就或自我价值的个人感觉，也包括他人对自己的认可与尊重。缺乏尊重需求的特征：变得很爱面子，或是很积极地用行动来让别人认同自己，也很容易被虚荣所吸引。例如利用暴力来证明自己的强悍，努力奋斗让自己成为有钱人来证明自己在这社会的存在和价值等。

5. 自我实现的需要

最高层次的需求，是针对至高人生境界获得的需求，具体包括认知、审美、创造、发挥潜能的需要等，只有在前面各低层次四项需求都能满足的前提下，最高层次的需求方能相继产生，是一种衍生性需求。缺乏自我实现需求的特征：觉得自己的生活被空虚感推动着，要自己去做一些身为一个"人"应该在这世上做的事（使命感），极需要有让他能更充实自己的事物，尤其是让一个人深刻地体验到自己没有白活在这世界上的事物；认为价值观、道德观胜过金钱、爱人、尊重和社会的偏见。例如一个真心为了帮助他人而捐款的人；一位武术家、运动家把自己的体能练到极致，让自己成为世界一流或是单纯只为了超越自己；一位企业家，真心认为自己所经营的事业能为这社会带来价值，为了比昨天更好而工作。

（二）各需要层次之间的关系

马斯洛需要层次理论假定，人们被激励起来去满足一项或多项在他们一生中很重要的需要。更进一步地说，任何一种特定需要的强烈程度取决于它在需要层次中的地位，以及它和所有其他更低层次需要的满足程度。马斯洛的理论认为，激励的过程是动态的、逐步的、有因果关系的。在这一过程中，一套不断变化的"重要"的需要控制着人们的行为，这种等级关系并非对所有的人都是一样的，社交需要和尊重需要这样的中层需要尤其如此，其排列顺序因人而异。不过马斯洛也明确指出，人们总是优先满足生理需要，而自我实现的需要则是最难以满足的。马斯洛认为各层次需要之间有以下关系。

（1）一般来说，这五种需要像阶梯一样，从低到高。低一层次的需要获得满足后，就会向高一层次的需要发展。一般来说，只有在较低层次的需要得到满足之后，较高层次的需要才会有足够的活力驱动行为。已经满足的需要，不再是激励因素。

（2）这五种需要不是每个人都能满足的，越是靠近顶部的成长型需要，满足的百分比越少。

（3）同一时期，个体可能同时存在多种需要，因为人的行为往往是受多种需要支配的。每一个时期总有一种需要占支配地位。

（4）满足较高层次需要的途径多于满足较低层次需要的途径。

寻找"高峰体验"

马斯洛认为，处于高峰体验的人具有最高程度的认同，最接近自我、最接近其真正的自我，达到了自己独一无二的人格或特质的顶点，潜能发挥到最大限度。高峰体验者被认为是更具有创造性、更果断、更富有幻想、更加独立，同时他们很少有教条和官僚。他们更少关注物质财富和地位，他们更可能去寻找生命的意义。

据统计，世界上大约有十分之三的人有过高峰体验。那么，我们是不是要把高峰体验看做是人类的一种普遍经验呢？美国的 Richard Bennett 在《寻求你的高峰体验》中说："在任何情景下，你有过一种短暂的、突发的、奇妙惊喜的、敬畏的情绪体验，感觉自我、空间在消失或扩展，那就是一种高峰体验。"

以下步骤可能帮助你去寻求生命中的"奇妙体验"。

一、开始精神灌注

你用一段时间来思索生命的意义、价值、目的，思索有限与无限、自由与约束、现实与永恒之间的关系。你需要积攒一定情绪压力，感觉到自我的无助、无能和渺小。

二、选择一个非常自然的地方

在山水、林间、旷野、海岸、峰顶，把心智长久地集中，凝视眼前的一花一木、一沙一石、草地、星空、流水、海潮、山峦、地平线……

三、感觉自然的力量

闭上眼睛，让风吹拂着你、水流冲刷着你，山林的气味、虫鸟的声音、天空的深邃包裹着你。感受自然神奇的力量、活力，感受生命中你理解的或不理解的一切。

四、缓慢地思索

让无意识去思索我是谁？我存在哪里？一百年后，或者一千年后如果我存在，会是什么？如果我只有一天的生命，什么对我是最重要的？但不要立即给出答案。

五、放弃自己

然后，深深缓慢地呼吸，放弃那些难以回答的问题，放弃自己、忘却自己，让自己完全融入自然之中，意识无意识都随风而去、随浪而流，思维停滞、情绪凝结，物我两忘。

六、寻找心灵

用内视的方法，探索心灵深处那一丝光亮。在它的指引下，感觉自然的博大、广阔、神圣、恒久，感受人性的温暖、和谐……

七、体验高峰

体验这一时刻内心的宁静、畅然、平和、舒缓，由此而引发一种缓慢的喜悦、涌动和心灵振荡，听凭这样的感觉席卷而来，听凭心身轻轻的战栗、激动和欣喜。

八、检视自己

这种体验过后，重新来思索生命的意义、价值、目的，思索有限与无限、现实与永恒之间的关系。在很长的一段时间里，你有了对自我的满足，积极的心态，丰富的灵感和创造力，以及充沛的精力和饱满的热情。对高峰体验的追求应该是人们追求心灵超越的体验。所以，不管你是第一次或第 N 次，是否获得那种超然的感觉，你都要牢牢记住，当这种心灵的提升训练到了某一个境界，高峰体验便会突如其来，并终身伴随和照耀着你。

普陀经中有个故事：十个头脑简单的人跨过一条宽阔湍急的河流，他们费了好大的功夫，精疲力竭地到了对岸。领头的人开始数人数，发现只有九个，另一个人也来数，还是九个。他们难过极了，花了好多时间来搜寻河道，但一无所获。这引起了路过的人好奇，听了他们的原由，路过的人看了看说：“你们不正好是十个人吗？”数数的人都忘了数自己。高峰体验也一样。有时，你已经拥有了它，但却不知道。

第三节 积极健全人格的养成

一、人格形成和发展的影响因素

人格的形成一直以来是人们争论不休的论题：究竟是先天遗传的作用，还是后天环境的关系？现在所有的认识都统一到人格是先天遗传与后天环境的交换作用下逐渐形成的。

（一）先天遗传因素

基因影响着人格的形成，但确定这种影响的程度是一项相当艰巨的工程。然而，在对异卵双生和同卵双生双胞胎的研究中，我们能够对这一谜题略有领悟。在一系列测试之后，研究表明同卵双生的成年双胞胎比异卵双生的成年双胞胎更加可能以相同的方式回答问题。在进一步的研究中我们发现，被分开过很长时间的同卵双生双胞胎与没被分开过的同卵双生双胞胎比较，他们还是会表现出相同水平的人格特征。体型的相似性也在被研究之列，因为它能帮助理解为何被分开的双胞胎仍然在如此多的方面有着令人震惊的相似。

（二）后天环境因素

我们所处的环境及在环境中建立和共享的公共信仰系统是我们人格发展中的主要影响因素。文化、宗教、教育、习俗及家庭传统，尤其是我们的性别，这些都与我们做出怎样的行为不无关系。成年人怎样遵循社会的普遍标准呢？举几个例子：在工商界，你不能穿着牛仔裤和T恤衫出席一个经理主管人参加的董事会议，穿着职业套装则是被允许的。野餐、吃烤肉是年轻人喜爱的快乐活动，但是，你会穿着晚礼服去参加吗？

1. 自然环境

人们处在不同的自然环境中，会受到不同的气候和地理环境等不同因素的影响，形成不同的人格特征。比如生活在北极的爱斯基摩人其性格的形成就与自然环境密切相关。传统的爱斯基摩人过着近乎原始的生活，四处打猎、靠天吃饭。他们很善于维持相互间的和谐关系，虽然他们居住分散，但人与人之间的关系很亲密。他们从不惧怕寒冷，恶劣的环境让他们认识到群体生活的重要性，促使他们形成谦恭、礼貌、忍让、安分、诚实、忠诚的个性。

2. 社会文化

社会文化的内容极其丰富，一般包括社会的物质文化、精神文化和行为文化。个体身处某一社会，会受到文化的渗透，从而具有该社会成员所共同具有的行为模式、价值观念，这些因素对人格的形成是很重要的。

社会生活中，当人们接受了某种共同文化的影响后，多多少少就具备了某种共同的人格特征，我们可以称其为群体性人格。群体性人格又可以划分为基本人格、社会人格和地位人格。卡丁那（Kardiner）认为决定基本人格的因素是那些在社会和自然的物质基础上产生的各种制度，主要是经济制度和家庭成员有关的制度、生活习俗及幼儿的养育方式等。林顿（Linton）进一步指出，即使在同一个社会里，如果阶级和职业不同，也可以形成不同的人格；而在相同的社会地位中可以看到某些共同的东西，这就是地位人格或角色人格。具体说来，文化对人格的影响可以概括为三个方面。

（1）人是社会文化的创造者和被创造者。社会文化是由一定类型的人所创造和培植起来的，是在人的活动中产生的。同时，社会文化又创造着一定类型的人。

（2）社会文化是塑造人格的决定因素。人生活于社会文化之中，不断接受社会文化的熏陶而形成个人的基本人格、社会人格和地位人格。

（3）个体对所在群体文化是有选择和改造的。个体生活于一定群体之中，他的生活方式、行为模式、价值观念等都受该群体文化的制约，从而使它的人格具有一种群体性，形成基本的大众人格与社会文化人格。

3. 家庭

帕金森把家庭称为“制造人格的工厂”。孩子出生后，最早接触到的世界是家庭。家庭的各种要素，如家庭的结构类型、家庭的氛围、父母的教养方式、家庭子女的构成和排序及父母亲的人格等，都会对个体的人格形成起着显著的作用。

首先，家庭氛围，即家庭成员的关系特别是父母亲的关系对个体人格的形成产生巨大影响。父母之间相互信任、相亲相爱，不仅能使孩子感受到安全、幸福、温暖，而且会使他们对生活充满信心和希望。相反，父母不和甚至是离异的家庭环境会使孩子养成焦虑、自卑等消极心理特征。

其次，父母亲的教育方式对子女的个性特征产生较大作用。民主型（宽容）的家教方式让孩子养成谦虚、有礼貌、诚恳、自立、乐观、自信等积极人格特征；权威型（专制）家教方式让孩子形成畏缩、怯懦、不信任、内向、孤僻等人格特质；放纵型（溺爱）家教方式则让孩子养成自私、不负责任、任性、无责任感等不良人格品质。因此，在家教方式上，应当倡导民主的方式，以表扬鼓励为主，为孩子创造一个个性发展的良好环境。

最后，父母自身的素质对子女人格形成也产生重要影响。心理学研究表明，孩子学习如何行为的主要方式是观察和模仿，父母亲的言传身教的榜样作用就格外重要。因此父母亲应当要努力优化自身的心理素质和个性品质，当好孩子的“第一任老师”。

4. 学校教育

学校不仅是传授知识的机构，同时也是通过教学活动使学生接受社会文化的机构。在学校中，教育者使用特定的社会文化，通过一定的活动方式，向受教育者施加影响，从而使学生健康成长。

人一生有相当长的时间在学校里度过，学生与老师、学生与学生之间相互影响，其对人格的作用主要体现在教师人格的言传身教和同辈人格之间的相互作用上。

二、积极的人格特质

积极心理学关心积极的心理品质。心理学家将积极的人格特征与消极的人格特征进行了区分，认为积极的人格特征中存在正性的利己特征、与他人的积极关系两个独立的维度。前者是指接受自我，具有个人生活目标或能感觉到生活的意义，感觉独立，感觉到成功或者是能够把握环境和迎接环境的挑战等。后者则指的是当自己需要的时候能获得他人的支持，在别人需要的时候愿意并且有能力提供帮助，看重与他人的关系并满意已经建立的人际关系。积极的人格有助于个体采取更为有效的应对策略，从而更好地面对生活中的各种压力情景。对大学生来说，培养自己积极的人格特质该如何入手呢？对此，积极心理学提供了几个重要的人格特征。

（一）乐观主义

乐观（Optimism）是什么？对此，积极心理学存在两种不同的观点。一种观点认为乐观是一种人格特质，以总体的乐观性期望为特征，主张乐观是对未来好事情比坏事情更有可能发生的总体期望。持这种观点的学者认为，乐观的人在面对困难时，会继续坚持所认为有价值的目标，采用有效的应对策略，不断地对自己和自我状态进行调整，以便他们更有可能实现目标。另一种观点认为乐观是一种解释风格。他们认为，乐观的人把消极事件或经验归因于外部的、暂时的和特殊的原因（比如当前的环境）；悲观的人则把消极事件归因于内部的、稳定的和普遍的原因（比如个人失败）。

社会学和人类学家泰格（Tiger）认为“当评价者把某种社会性的未来或物质性的未来期望视为社会上需要的、对他有利的或能为他带来快乐时，那么与这种期望相关联的心境或态度就是乐观”。从这个定义中可以发现乐观的两个特征：首先，乐观不是客观的，而是一种人的主观心境或态度，这种心境和态度与一个人的期望紧密相关联。其次，尽管乐观是指向未来的，但它会对现在或今后一段时间的行为产生一定的影响。乐观不针对现在或过去，它一般是建立在假设基础上的推测而导致。

积极心理学认为，乐观的积极品质的形成，主要受到三个方面因素影响。首先是个体的遗传基因。神经科学证明，不同的先天基因条件形成了个体不同的气质，从而构成不同解释风格形成的基础。其次，受到个体的生活环境，特别是个体直接赖以生产的生活小环境，如家庭的影响。所以，个体应努力以他人，尤其是父母的乐观解释风格为榜样，学会把成功归因于内部的、普遍的和稳定的因素，把失败归因于外部的、特殊的、暂时的因素。同时，要采用不同的方式不断自我强化乐观和坚韧性。第三个影响因素是个体日常生活中的生活体验，主要是指个体从父母、老师和其他成年人那里获得的体验。这些体验一方面来自成年人对儿童的行为、思想等评价方式；另一方面是儿童自己生活中的一些重大事件，如父母离婚、亲人病故，自身出现的重大疾病等。

（二）希望

“希望（Hoping）”是我们日常生活中经常讲到的一个概念，对于希望的理解分歧主要体现在希望是属于情感还是属于认知领域。大多数人认为，希望是一种情绪体验，一种在个体处于逆境或困境时能支撑个体坚持美好信念的特定境界；也有一部分人认为希望本身就是一种使个体维持自己朝向某种目标的活动的思想和信念。也就是说，希望既是个体对自己能够寻找到实现目标途径的认知，同时也是对自己有能力、有毅力采取持续的行动而达到目标的认知。

当代心理学对希望的理解属于第三种观点，即希望既包含认知成分，也包含情绪成分。从情感的角度说，希望被个体预想的积极情感与消极情感之间的差异所左右。也就是说，预想中的积极情感越大于预想中的消极情感，则个体的希望就越大，反之则失望越大。当两者相等时，则不产生希望。从认知的角度来说，希望是个体的预料与预料背后隐藏的愿望之间的联系，建立在认知基础之上。也就是说，个体对预料中的成就与其获得的成就的愿望强度之间的关系会产生一种认知，伴随着这种认知之后产生的一种调节力量就是希望。

生活中不少人有一种错误的认识，认为智力好的孩子比智力差的孩子更容易满怀希望。其实不然，心理学研究表明，个体的希望与智力并没有多大的相关，只要是智力正常的个体，都能成为一个充满希望的人。

（三）复原力

复原力（Resilience）产生于人在应对危机时的差异表现，有些人即使在面对生活中的重大不幸事件时（如死亡、地震等）也不会身心异常，而有些人在面对轻微的压力事件时也容易出现情绪问题。研究者提出，这是因为有的人具有能迅速进行自我调节的复原力。复原力被一致认为是抗拒困境而能恢复正常适应的能力，是一种个体在每一发展阶段都能以不同的行为表现出促进或修补健康的能力。从复原力定义和研究的情况来看，它具有三个特点：第一，它是个体所拥有的一种积极的认知情感的心理特质；第二，它是一种个体与环境相互作用的动态过程中产生作用的因应过程。第三，复原力的结果是朝向积极、正向的目标，克服困境，恢复良好的适应。

没啥不能没有希望——一个积极心理学实验

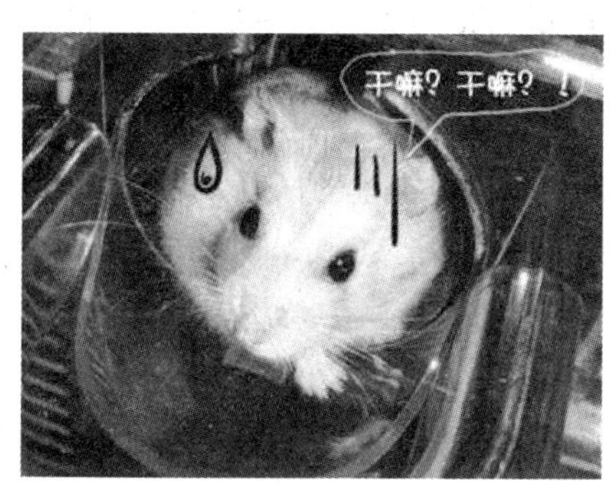

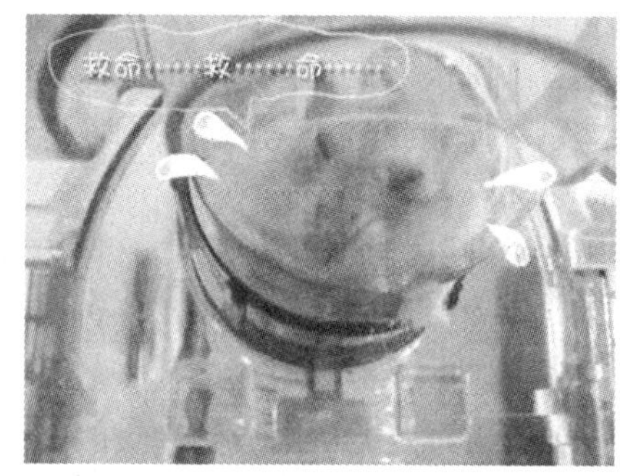

积极心理治疗理论中有这样一个实验：将一只大白鼠丢入一个装了水的器皿中，它会拼命地挣扎求生，而一般维持的时间是 8 分钟左右。

然后，他在同样的器皿中放入另外一只大白鼠，在它挣扎了 5 分钟左右的时候，放入一个可以让它爬出器皿的跳板，这一只大白鼠得以活下来。

若干天后，再将这只大难不死的大白鼠放入同样的器皿，结果真的令人吃惊：这只大白鼠竟然可以坚持 24 分钟，3 倍于一般情况下能够坚持的时间。

积极心理认为，前面的一只大白鼠，因为没有逃生的经验，它只能凭自己本来的体力来挣扎求生；而有过逃生经验的大白鼠却多了一种精神的力量，它相信在某一个时候，一个跳板会救它出去，这使得它能够坚持更长的时间。这种精神力量，就是积极的心态，或者说是内心对一个好的结果心存希望。

无论你脚下的路有多么曲折，你前面的路多么迷茫，请别放弃希望。内心怀有美好的希望，会让我们的人生的路走得更远。

积极人格特质是任何事情成功的基本要素。这类灵性资产包括乐观、专注、毅力、诚实、勇气、真诚、勤奋及许多其他的特质。积极心理学之父塞利格曼教导我们该如何采取一种“弹性乐观”（Flexible Optimism）的态度去面对事物而让自己受惠。这种态度能让我们分辨所有情况的正面效应，抉择所产生的负面后果。弹性乐观可以给我们更多选择空间。

每一个人，都有潜在能力去创造自己所想的事物。或者你也可以用充满爱的灵性力量去理解这种现象，因为它对一切事物总是无所不容。一旦你明白了这种现象，就随时随地会发现它的存在。从文化角度来看，我们会颂扬那些展现积极人格特质的人。

当然，你不妨回想一下自己的积极人格特质。你是否曾经勇敢面对艰难？你是否懂得如何诚实告诉别人残酷的事实？面临紧迫的时限压力时，你是否能够乐观勤奋？我们颂扬他人勇气决心时，别忘了这些令人佩服的特质在我们身上同样也找得到。你的任务是去体会它们的存在且加以运用，以增进自己人生的意义。

本章概要

（1）人格，也称为个性，是个体内在和外现的各种稳定的心理特征整合而成的独特的心理整体。

（2）气质是人典型的、稳定的个性心理特征，主要表现为人的心理活动动力方面的特点。

（3）性格是人对现实的态度和行为方式中的比较稳定的、独特的心理特征的总和。

（4）气质体现的是人格的生物属性；性格体现的是人格的社会属性。

（5）弗洛伊德把人格看作是一个由本我、自我和超我构成的动力系统。人的大多数行为都是由本我、自我和超我共同活动的结果。

（6）本我：“原始我”，遵循快乐原则；自我：“现实我”，遵循现实原则；超我：“道德我”，遵循完美原则。

（7）自我防御机制是为了帮助个体回避矛盾，减少因超我与本我冲突而产生的焦虑，保护个体的自尊、维护他们的心理平衡而出现的一种非理性的、无意识的人格动力行为。自我防御的方式有逃避型、掩饰型、替代型和建设型等类型。

（8）马斯洛认为人类从低级到高级的需要包括：生理需要、安全需要、归属和爱的需要、尊重需要和自我实现的需要。

（9）自我实现是指在个体的成长过程中，身心各方面的潜能获得充分发展、在现实生活环境中得以充分展现的过程。

（10）已经满足的需求，不再是激励因素；越是靠近顶部的成长型需要，满足的百分比越少；每一个时期总有一种需要占支配地位；满足较高层次需求的途径多于满足较低层次需求的途径。

（11）当评价者把某种社会性的未来或物质性的未来期望视为社会上需要的、对他有利的或能为他带来快乐时，那么与这种期望相关联的心境或态度就是乐观。

（12）希望既是个体对自己能够寻找到实现目标途径的认知，同时也是对自己有能力、有毅力采取持续的行动而达到目标的认知。

心灵秘诀

（1）人格是最高的学位。

（2）自我是现实的我。

（3）人会受苦的最大原因就是抗拒事实。

（4）力量在我们自己手中。

相关链接

气　质　测　验

指导语：以下测验60题可以帮助你大致确定自己的气质类型。请按自己的实际情况作答。

测试时间一般为 15～20 分钟。在回答这些问题时，你认为很符合自己情况的，记 2 分；介于符合与不符合之间的，记 0 分；比较不符合的，记－1 分；完全不符合的，记－2 分。

（1）做事力求稳妥，一般不做无把握的事。

（2）遇到可气的事情就怒不可遏，把心里话全说出来才痛快。

（3）宁可一个人干事，不愿很多人在一起。

（4）到一个新环境很快就能适应。

（5）厌恶那些强烈的刺激，如尖叫、噪声、危险镜头等。

（6）和人争吵时，总是先发制人，喜欢挑衅。

（7）喜欢安静的环境。

（8）善于和人交往。

（9）羡慕那种善于克制自己感情的人。

（10）生活有规律，很少违反作息制度。

（11）在多数情况下情绪是乐观的。

（12）碰到陌生人觉得很拘束。

（13）遇到令人气愤的事，能很好地自我克制。

（14）做事总是有旺盛的精力。

（15）遇到问题总是举棋不定，优柔寡断。

（16）在人群中不觉得过分拘束。

（17）情绪高昂时，觉得干什么都有趣；情绪低落时，又觉得什么都没意思。

（18）当注意力集中于一事物时，别的事很难使我分心。

（19）理解问题总比别人快。

（20）碰到危险情景，常有一种极度恐怖感。

（21）对学习、工作、事业怀有很高的热情。

（22）能够长时间做枯燥、单调的工作。

（23）符合兴趣的事情，干起来劲头十足，否则就不想干。

（24）一点小事就能引起情绪波动。

（25）讨厌做那种需要耐心、细致的工作。

（26）与人交往不卑不亢。

（27）喜欢参加热烈的活动。

（28）爱看感情细腻、描写人物内心活动的文学作品。

（29）工作学习时间长了，常感到厌倦。

（30）不喜欢长时间谈论一个问题，愿意实际动手干。

（31）宁愿侃侃而谈，不愿窃窃私语。

（32）别人总是说我闷闷不乐。

（33）理解问题常比别人慢些。

（34）疲倦时只要短暂的休息就能精神抖擞，重新投入工作。

（35）心里有话宁愿自己想，不愿说出来。

（36）认准一个目标就希望尽快实现，不达目的，誓不罢休。

（37）学习、工作同样一段时间后，常比别人更疲倦。

（38）做事有些莽撞，常常不考虑后果。

（39）老师讲授新知识，总希望他讲得慢些，多重复几遍。

（40）能够很快地忘记那些不愉快的事情。

（41）做作业或完成一件工作总比别人花时间多。

（42）喜欢运动量大的剧烈体育运动或参加各种文艺活动。

（43）不能很快地把注意力从一件事转移到另一件事上去。

（44）接受一个任务后，就希望把它迅速解决。

（45）认为墨守成规比冒风险强些。

（46）能够同时注意几件事物。

（47）当我烦闷的时候，别人很难使我高兴起来。

（48）爱看情节起伏跌宕、激动人心的小说。

（49）对工作抱认真严谨、始终一贯的态度。

（50）和周围的人关系总是相处不好。

（51）喜欢复习学过的知识，重复做能熟练做的工作。

（52）希望做变化大、花样多的工作。

（53）小时候会背的诗歌，似乎比别人更清楚。

（54）别人说我“出语伤人”，可我并不觉得这样。

（55）在体育活动中，常因反应慢而落后。

（56）反应敏捷，头脑机智。

（57）喜欢有条理而不怎么麻烦的工作。

（58）兴奋的事常使我失眠。

（59）老师讲新概念，常常听不懂，但是弄懂了以后很难忘记。

（60）假如工作枯燥无味，马上就会情绪低落。

确定气质类型的方法如下：

（1）将每题得分填入表内相应“得分”栏内。

（2）计算每种气质类型的总得分数。

胆汁质	题号	2	6	9	14	17	21	27	31	36	38	42	48	50	54	58	总分
	得分																
多血质	题号	4	8	11	16	19	23	25	29	34	40	44	46	52	56	60	总分
	得分																
粘液质	题号	1	7	10	13	18	22	26	30	33	39	43	45	49	55	57	总分
	得分																
抑郁质	题号	3	5	12	15	20	24	28	32	35	37	41	47	51	53	59	总分
	得分																

（3）确定气质类型。

1）如果某类气质得分明显高出其他三种，均高出 4 分以上，则可定为该类气质。如果该类气质得分超过 20 分，则为典型型；如果该类得分在 10～20 分，则为一般型。

2）两种气质类型得分接近，其差异低于 3 分，而且又明显高于其他两种，高出 4 分以上，即可定为这两种气质的混合型。

3）三种气质得分均高于第四种，而且接近，则为三种气质的混合型，如多血—胆汁—粘液质混合型或粘液—多血—抑郁质混合型。

要注意的是，气质问卷调查对气质类型的确定只是一种“大致的确定”。

“触 摸 人 格”

闭上双眼、调整气息、控制环境的宁静，尽量使自己不受外界打扰，使自己的处在一个安全、安静、轻松的环境下。当你确定做到了，开始思考。首先在你的内心反复地默念自己的名字，与此同时意识中会出现很多场景画面，不断的搜索变化这些画面，直到固定下来，请记住这个画面；然后，将你的名字倒过来并反复默念，与此同时在意识中也会相应的出现很多画面，不断搜索变换画面，直到固定，同样请记住这个画面。

解释：首先你确定自己搜索到并记住了这两个画面。这两个画面应该都是相对比较美好的画面。不应该出现让自己厌恶甚至恐惧的画面，对吧？原因何在呢？当我们默念自己的名字的时候，我想，父母亲在给你取名字的时候，应该是带有美好意义的愿景的，所以默念自己的名字而出现美好的场景这是比较正常的。但大多数人的名字倒过来其实是没有什么实际意义的，但我们的意识中仍然有美好的画面，原因何在呢？马斯洛的解释就是，人类的内心深处有善根，有追求美好的原始意愿和潜能。

“合理化”合理吗？

“合理化”作为个体重要的心理防御手段，在维护个体心理健康的过程中起到至关重要的作用。但大多数都是消极的，带有极大的自我欺骗和自我麻痹的色彩。

其实，中国传统文化流传下来的很多论断、名言、俗语、风俗等就带有“合理化”色彩。请在课后认真收集 10 例，并通过其出处，分析其不合理之处。

复习与思考题

一、单选题

1．弗洛伊德提出的人格结构中最高的监督和惩罚系统是（　　）。

A．自我　　B．本我　　C．超我　　D．统我

2．马斯洛的需要层次理论的核心概念是（　　）。

A．机能自主　　B．自我实现　　C．高峰体验　　D．统我概念

3．以下不属于气质特征的是（　　）。

A．犟　　B．内向　　C．外向　　D．独立

4．以下不属于性格特征的是（　　）。

A．宽容 B．内向 C．武断 D．独立

5．（ ）被誉为精神分析的一代宗师。

A．弗洛伊德 B．洛克 C．哈维 D．缪勒

6．以下不属于人格特征的是（ ）。

A．整体性 B．社会性 C．内隐性 D．稳定性

7．以下不属于积极人格特质的是（ ）。

A．乐观 B．乐群 C．希望 D．复原力

8．白毛女的事例说明了人格具有（ ）。

A．整体性 B．稳定性 C．独特性 D．社会性

9．以下属于积极防御方式的是（ ）。

A．升华 B．退行 C．合理化 D．投射

10．以下不属于积极防御方式的是（ ）。

A．代偿 B．合理化 C．幽默 D．升华

二、多选题

1．人格的特性包括（ ）。

A．整体性 B．稳定性和可塑性

C．独特性 D．社会性

2．以下属于气质类型的是（ ）。

A．胆汁质 B．多血质 C．粘液质 D．抑郁质

3．马斯洛提出的需要层次包括（ ）。

A．生理需要 B．安全需要 C．交往需要

D．尊重需要 E．自我实现的需要

4．以下属于建设型防御方式的是（ ）。

A．幽默 B．代偿 C 升华 D．转移

5．人格形成和发展受到下列哪些因素影响？（ ）

A．基因 B．自然地理 C．社会文化

D．同伴 E．教育方式

6．乐观的积极品质，主要受到下列哪些因素影响？（ ）

A．遗传基因 B．个体的生活环境

C．个体目标 D．个体生活体验

三、判断题

1．气质体现的是人格的生物属性；性格体现的是人格的社会属性。（ ）

2．高层次需求以低层次需要满足为前提。（ ）

3．人格是社会的人所特有的。（ ）

4．满足较高层次需求的途径少于满足较低层次需求的途径。（ ）

5．甜柠檬效应的作用机制是美化得不到的东西。（ ）

6．合理化是绝对的合理。（ ）

7．自我防御机制是一种非理性的行为。（ ）

8．“好马不吃回头草”的作用机制是“合理化”。（ ）

9. “希望”只包含情绪成分，不包含认知成分。（　）

10. 乐观是一种积极特质，没有消极作用。（　）

参考答案

单选题：CBDBA　CBDAB

多选题：ABCD　ABCD　ABCDE　ACD　BCDE　ABD

判断题：√×√×√　×√√××

第三章　正确积极的自我意识

教学目标

（1）帮助学生了解自我意识、自我意识的内容、自我意识的结构、自我意识发展的途径；

（2）介绍并帮助学生回顾自我意识形成的过程；

（3）介绍并训练积极的自我意识的培养途径。

学习目标

（1）识记自我意识、生理自我、社会自我、心理自我、自我认知、自我体验、自我调节等概念；

（2）学会运用"二十个我"等方法了解自我；

（3）理解自我是如何发展并成长的；

（4）掌握运用合理方法加强积极的自我意识。

基本概念

自我意识　生理自我　社会自我　心理自我　自我认知　自我体验　自我调节　久哈里之窗　自尊　自信　自我控制力

引　言

认 识 你 自 己

奥维德的《爱经》里有这样的话："阿波罗说：'快把你的弟子领到我的殿里来吧，他们可以在那儿念那全世界闻名的铭文：凡人，认识你自己。'"认识你自己（Know yourself），相传是刻在德尔斐的阿波罗神庙的三句箴言之一，也是其中最有名的一句。根据第欧根尼·拉尔修的记载，有人问泰勒斯"何事最难为？"他应道："认识你自己。"

在世间万事万物中，我们最不了解、最难了解的就是我们自己。古希腊有这样一则神话传说：俊美的河流之子克索斯在水中看见一个人的面影，他恋上了那个水中人，并为之心力交瘁，最终抑郁而死。恋上自己也许近乎荒诞，但就连大哲学家叔本华也究其一生都在苦苦思索着"我是谁？"的问题。当他步入园圃，园丁问道："你是谁？"他回答："如果你能告诉我我是谁，我将不胜感激。"

对于我们自己，我们是"不知者"，也许正如尼采在《道德的系谱》的前言中所说："我们无可避免跟自己保持陌生，我们不明白自己，我们搞不清楚自己，我们的永恒判词是‘离每个人最远的，就是他自己’”。

第一节　自我意识是什么

中国有句经典名言：“人贵有自知之明”。在古希腊一座智慧神庙大门上，也写着这样一句箴言：“认识你自己”，古希腊人还把它奉为“神谕”，是最高智慧的象征。许多哲人都这样告诫人们，可见，自知之明，对人生，乃至人类是何等的重要。自知之明，就是自己能了解自己，自己能认识自己。有的人可能说：“我就是自己，怎能说不认识、不了解自己呢？”其实不然。有的人可以了解他人、了解环境、了解社会，甚至了解世界，但是，就是不会太了解自己。要做到有自知之明，是很难的。大千世界，茫茫人海，能够真正认识自己的人极少，而不能认识自己的人却很多很多。要不，何以古今中外，都有“人贵有自知之明”之类的劝诫呢。

一、自我意识的概念

自我意识是指一个人对自我及自己与周围环境关系的认知、体验和评价。它是关于自我思想、情感和态度的主观反映。它包括人的愿望、动机和已经形成的信念、价值观及对未来的展望，也包括诸如自信或自卑、自豪或羞耻、幸福或悲伤等情绪情感的体验。

自我意识是个体意识发展的高级阶段，是人的心理区别于动物心理的一大特征。它不是单一的心理品质，而是认知、情感和意志的融合体，是一个完整的心理结构。正是由于人具有自我意识，才能了解自己、感受自己、对自己的认知态度和行为方式进行控制和调节，进而改变和发展自己，并建立和与周围世界的关系。

自我意识不是与生俱来的，是个体在社会交往中，伴随着语言和思维的形成与发展而发展起来的，从无到有，最后达到成熟，走过了漫长的发展历程。自我意识水平的高低不仅是个体心理发展水平的重要标志，而且将影响和制约其人生选择和行为取向。人们常说，人生最大的挑战就是发展和改变自己，而形成积极的自我意识，正确认识和把握自我，是发展和改变自己的前提。

人们总是对自己最感兴趣——自我参照效应

在接触新东西的时候，如果它与我们自身有密切关系的话，学习的时候就有动力，而且不容易忘记。

美国历史上最出色的政治家之一安德鲁·杰克逊，曾经于1837年出任美国总统。在他妻子死后，杰克逊对自己的健康状况变得非常地担忧，家中已经有好几个人死于瘫痪性中风，杰克逊因此认定他必会死于同样的症状，所以他一直在这种阴影下极度恐慌地生活着。一天，他正在朋友家与一位年轻的小姐下棋。突然杰克逊的手垂了下来，整个人看上去非常地虚弱，脸色发白，呼吸沉重，他的朋友走到他身边。

“最后还是来了，”杰克逊乏力地说，“我得了中风，我的整个右侧瘫痪了。”

“你是怎么知道的呢？”朋友问。

“因为，”杰克逊答道，“刚才我在右腿上捏了几次，但是一点感觉也没有。”

这时，和杰克逊下棋的那位姑娘说道：“可是，先生，你刚才捏到的是我的腿啊！”

不要以为这种错误的恐慌只会出现一位垂垂老去的人身上，实际上它在我们每个人的身上都存在，只不过表现的形式与程度不同而已。有这样一个研究，让被试验者看一则照相机的图片广告，然后分别问他们三个问题：这张图片有没有红色、这是什么、你用过这种产品吗。过后，让被试验者回忆照相机的牌子，结果被问过第三个问题的人回忆得最好。很显然，第三个问题与我们自身有直接的联系。

我们每个人都对与自己相关的问题更感兴趣，这是因为每个人都会受到一种“记忆的自我参照效应”的影响。所谓“记忆的自我参照效应”，就是指我们在接触到与自己有关的信息或者事情时，最不可能忽视或者出现遗忘。例如当医学专家在介绍某种疾病时，我们总是会影射到自己身上出现的一些问题。不管你是否意识得到，我们对自己的兴趣总是很大，那么就让我们学会如何真正的认识和了解自己吧。

二、自我意识的内容

自我意识是对自己身心活动的觉察，即自己对自己的认识，具体包括认识自己的生理状况（如身高、体重、体态等）、心理特征（如兴趣、能力、气质、性格等）及自己与他人的关系（如自己与周围人们相处的关系，自己在集体中的位置与作用等）。

（一）生理自我

对自己身体和生理状况的认识、体验与评价，称为生理自我。如对自己身高、体重、容貌、身材、性别等的认识，以及生理病痛、温饱饥饿、劳累疲乏等的感受。个体对自己的躯体的认识，包括占有感、支配感、爱护感。有时也将个体对某些与身体特质密切相关的衣着、打扮及外部物质世界中与个体紧密联系并属于“我的”人和物（如家属和所有物）的意识归属为生理（物质）自我的范畴。生理自我在情感体验上表现为自豪或自卑等，在意向上表现为对身体健康、外貌美的追求，物质欲望的满足，对自己所有物的维护等。如果一个人对自己的生理自我不能接纳，嫌自己个子矮、不漂亮、身材差，就会讨厌自己，表现出自卑、缺乏自信。

大约在一岁末的时候，牙牙学语的儿童开始用手指拿到纸、笔，拿到什么是什么，但他知道手指是自己的，这样就把自己的动作和动作的对象区分开来，这是自我意识的最初表现。以后儿童开始知道由于自己扔皮球，皮球就滚了，进一步把自己这个主体和自己的动作区分开来。

两岁左右的儿童开始知道自己的名字，这时儿童只是把名字理解为自己的代号，遇到叫周围同名的别的孩子时，他会感到困惑。儿童从知道自己的名字过渡到掌握代名词我、你时，这在儿童自我意识的形成上，可以说是一个质的变化。此时，儿童开始把自己当作一个与别人不同的人来认识。从此，儿童的独立性开始大大增长起来，儿童经常说我自己来、我要……随着儿童把自己当作主体的人来认识，他们逐步学会了自我评价，懂得了乖或不乖、好或不好的含义。

当儿童在 3 岁左右，会用人称代词“我”来表示自己、用别的词表示其他事物时，说明他开始意识到了自己心理活动的过程和内容，开始从把自己当作客体转化为把自己当作一个主体的人来认识。这是自我意识的萌芽阶段，也是自我意识发展中的一次质变和飞跃，人的自我意识从此萌生。儿童掌握人称代词比掌握名词困难得多，代词具有很大的概括性，“我”一词可与每一个人相联系，运用时必须要有一个内部转换过程。例如，母亲问孩子：“谁给你的糖？”孩子应该回答：“阿姨给我的糖。”而不能说成“阿姨给你的糖”。儿童要能完成人称代词运用中的这一内部转换，没有对自我与他人、自我与他物的一定的区别和把握，是不可能的。当然，这时的儿童还没有关于自己内心的意识，像成人一样地沉思内省还是不可能的。

（二）社会自我

对自己与周围环境关系的认识、体验和评价，称为社会自我。如个体对自己在社会关系中的角色、地位、作用等的认识、体验和评价。在情感体验上也表现为自豪或自卑。在意向上表现为追求名誉地位，与人交往、与人竞争，争取得到别人的好感等。如果一个人认为周围的人不喜欢自己、不接纳自己，找不到知心朋友，就会感到很孤独、寂寞，反之，就会感到幸福。

从 3 岁到青春期开始，个体通过幼儿园的学前教育和学校教育，受到社会文化的影响，增强了社会意识，认识到自己是社会的一员，尽量使自己的行为符合社会的标准。这个阶段称为社会自我阶段。

（三）心理自我

对自己心理特征的认识、体验与评价，称为心理自我。如对自己的知识、能力、情绪、兴趣、爱好、性格、气质等方面的认识、体验与评价。在情感体验上表现为自豪、自尊或自卑、自贱。在意向上表现为追求智慧、能力的发展和追求理想、信仰和幸福。如果一个人对自己的心理自我评价低，嫌自己能力差、智商不高、情绪起伏太大、自制力差，就会否定自己。

从 14、15 岁到成年，大约 10 年的时间。这个时候，我们的性意识觉醒，抽象思维能力和想象力大大提高。在生理和心理上急剧地发展变化的同时，自我意识开始成熟，开始进入心理自我的时期。在这个时候，我们在意别人对我们的评价，我们希望引起别人的注意；我们不再像以前那样满足，开始对自己不满意，希望改变自己的外貌、性格等。

心理自我是个人逐渐脱离对成人的依赖并从成人的保护、管制下独立出来，表现出自我意识的主动性与独立性，强调自我的价值与理想。这是自我意识发展的最后阶段。这时我们能够透过自我意识去认识外部世界，而且这样的自我意识过程将伴随我们的一生。

一个人心理健康的发展是与他的心理自我发展的是否完善密切相关的。心理自我发展完善的个体能够以客观的社会标准来认识社会和评价事物，树立正确的伦理道德观念，形成对待现实的正确态度、理想与信念等。

自我意识测验——你认识你自己了吗？

假如你想让某人知道你真实的情况，你可以告诉此人关于你自己的 20 件事。这些事情可以包括你的个性、背景、生理特征、爱好、属于你的东西、你亲近的人等。简言之，就是能够帮助这个人了解你真实情况的东西。你会告诉他什么？

1. ______
2. ______
3. ______
4. ______
5. ______
……
15. ______
16. ______
17. ______
18. ______
19. ______
20. ______

回顾自己的这些描述，你觉得能够反映出你这个人的基本全貌吗？那么你又能分类出哪些是属于生理自我、社会自我或心理自我的范畴吗？请看一下你对自己哪方面的描述更深刻，哪方面的描述还比较模糊吧。对于比较模糊的描述你是否还应该增强了解呢？

三、自我意识的结构

自我意识的结构是从自我意识的三层次，即从知、情、意三方面分析的，是由自我认知、自我体验和自我调节（或自我控制）三个子系统构成。因此，自我意识也叫自我调节系统。

（一）自我认知

自我认知是对自我的认识与评价，是自我意识的认知成分，也是自我意识的首要成分，是自我调节控制的心理基础。自我认识是在自我观察的基础上对自身状况的反思。自我评价是对自己能力、品德、行为等方面社会价值的评估，它最能代表一个人自我认知的水平。正确的自我评价，对个人的心理生活及其行为表现有较大影响。如果个体对自身的估计与社会上其他人对自己客观评价距离过于悬殊，就会使个体与周围人们之间的关系失去平衡，产生矛盾。长此以往，将会形成稳定的心理特征自满或自卑，将不利于个人心理上的健康成长。

自我认识在自我意识系统中具有基础地位，属于自我意识中“知”的范畴，其内容广泛，涉及自身的方方面面。要达到更好的自我认识，重点应放在三个方面：第一，认识自己的身体特征和生理状况；第二，认识自己在集体和社会中的地位及作用；第三，认识内心的心理活动及其特征。

自我评价是自我意识发展的主要成分和主要标志，是在认识自己的行为和活动的基础上产生的，是通过社会比较而实现的。我们自我评价能力不高，往往不是过高就是过低，大多属于过高型。因此，要提高我们的自我评价能力，你就应学会与同伴进行比较，通过比较做出评价。你还应学会借助别人的评价来评价自己，学会用一分为二的观点评价自己。由于自我评价是自我认识中的核心成分，它直接制约着自我体验和自我调控。所以，对我们进行自我意识训练，核心应放在自我评价能力的提高上。

自我拔高实验

我们每个人都认为自己肯定是很了解自己的，但是我们真的了解自己吗？我们对自己的自我评价真的就合情合理吗？一位美国心理学家做了一个实验，来考察人们对自己的评价是否中肯。

他找来25个人，他们相互之间都是老熟人，因此比较了解各自的优缺点。实验者请他们每个人分别根据9个标准即文雅、幽默、聪明、爱交际、讲卫生、美丽、自大、势利、粗鲁，对所有包括自己在内的25人排名次。比如，根据文雅标准，谁最文雅排第一、其次是第二；以粗鲁为标准，谁最粗鲁排第一、其次排第二。也就是说，每一个人都要对自己和其他24个人进行评价，这样，每一个人的每一个方面都有一个自我评价，还有24个他人做出的评价。经过统计分析发现，这25个人身上都有不同程度的夸大优点和掩饰缺点的倾向。例如，有一个人自以为自己的文雅程度应该名列前茅，可是把其他24个人在这方面给他的评定的名次平均一下，他的"文雅"程度仅排在第二十几名。还有一个人，对自己"爱清洁"的品质的名次比他人给他的平均名次提前了5名，对"聪明"和"美丽"的程度的评价都提高了6名，而对自己"势利"、"自大"、"粗鲁"程度的评定却比别人评的低，他定的名次比别人给他定的后退了6名。

人们对优良品质的自我评价常比别人的估计高，对不良品质的自我评价则常常比别人的估计低，也就是说我们更容易拔高自己。

（二）自我体验

自我体验是主体对自身的认知而引发的内心情感体验，是主观的我对客观的我所持有的一种态度，如自信、自卑、自尊、自满、内疚、羞耻等都是自我体验。自我体验往往与自我认识、自我评价有关，也和自己对社会的规范、价值标准的认识有关，良好的自我体验有助于自我监控的发展。自我体验是自我意识在情感方面的表现。自尊心、自信心是自我体验的具体内容。自尊心是指个体在社会比较过程中所获得的有关自我价值的积极的评价与体验。自信心是对自己的能力是否适合所承担的任务而产生的自我体验。自信心与自尊心都是和自我评价紧密联系在一起的。

（三）自我调节

自我调节主要表现为个人对自己的行为、活动和态度的调控，是自我意识的意志成分。它包括自我检查、自我监督、自我控制等。自我检查是主体在头脑中将自己的活动结果与活动目的加以比较、对照的过程。自我监督是一个人以其良心或内在的行为准则对自己的言行实行监督的过程。自我控制是主体对自身心理与行为的主动的掌握。自我调节是自我意识中直接作用于个体行为的环节，它是一个人自我教育、自我发展的重要机制，自我调节的实现是自我意识的能动性质的表现。

自我意识的调节作用表现为：启动或制止行为；心理活动的转移；心理过程的加速或减速；积极性的加强或减弱；动机的协调；根据所拟订的计划监督检查行动；动作的协调一致等。其中最重要的功能一是发动作用；二是制止作用，也就是支配某一行为、抑制与该行为无关或有碍于该行为进行的行为。

进行自我认知、自我体验的训练目的是进行自我调节、调节自己的行为，使行为符合群体规范、符合社会道德要求，通过自我监控调节自己的认识活动、提高学习效率。

为提高我们自我调节能力，重点应放在促使由外控制向内控制的转变上。我们自我约束能力较低，常常在外界压力和要求下被动地从事实践活动，比如只有教师要求做完作业后检查，你才会进行检查。针对这种现象，你应学会如何借助于外部压力，发展自我监控能力。

内外控的研究——你学会自我控制了吗?

能控制自己是人与动物最大的区别，但是能够做到合理的自我调节和自我控制却绝非易事。心理学将人的自我控制分成外控型和内控型两种类型。

外控型的人经常会这样说："命运不是自己说了算的，我对发生在我身上的事无能为力。我的快乐和痛苦也不是我能决定的，这取决于别人或命运。"外控型的人认为决定性的力量不在自身，而在外部，所以他们对自身价值的判断和自己行动的选择很大程度上依赖于别人的看法。

内控型的人常常这样描述自己："我身上发生的事很大程度上决定于我自己所做的决定和我付出的努力。我相信我总是能够找到办法解决我的问题。我相信，我所做的与所得到的两者之间、我付出的努力与所得到的回报两者之间有关系。同时，当我不能影响发生的事情的时候，我仍然可以决定让周围的环境以何种方式来影响我。"

外控型的心态一旦成为一个人的稳定心态，那么这种人的人生轨迹常常表现为以下三种：第一是把自己完全交给命运，不采取任何主动的行为，过一种消极的，通常也是很悲惨的生活；第二是把自己完全投身于某一个人或组织的怀抱，自己不加任何选择地听命于这个人或组织；第三是表现为一种反社会的叛逆、反抗心态，由于自己一无所有、无能为力，所以对一切都不负责任地加以破坏。

第一种人整日听天由命，无所事事，他们放弃了行动权，同时也放弃了决定权；第二种人就是那些迷信的人，他们自己保留了行动的能力，但是放弃了自己的决定权，完全听命于某个人、组织或者某种神奇的东西；第三种人叛逆、反抗，比较极端的例子就是社会中常常出现的杀人狂或是反社会的人，他们持一种虚无的态度，不负责任地做出决定和采取行动。这三种不同的人生轨迹都有一个共同的来源，即对自己的人生缺乏把握，并且这种外控型心态常常在他们人生的早期就埋下了伏笔。

最新研究结果表明，童年时相信自己能够控制生活的人，成年后可能更健康。研究人员跟踪调查了7500多名英国人，结果发现10岁时心理控制源为内控的人，到30岁时体重超标的几率更低。而且他们对自己的健康状况更积极评价，承受的心理压力也较小，他们对通过自己的行为影响结果的能力更有信心。这类人自尊心可能更强，会鼓励自己养成健康的习惯。

第二节　自我意识的发展

每个人对自己的意识不是一生下来就有的，而是在其发展过程中逐步形成和发展起来的。人首先是对外部世界、对他人的认识，然后才逐步认识自己。自我意识是在与他人交往过程中，我们根据他人对自己的看法和评价而发展起来的，这个过程在我们一生中一直进行着。

一、自我认识的途径

大多数人总是着眼于观察外部世界，而忘记其实最重要的是认识自己的内部世界，发展自我意识。只有正确认识了自己，才能积极地调整和改善自我，更好地发展自我。总体来说，认识自我的途径包括以下几个方面。

（一）通过认识别人，把别人与自己加以对照来认识自己

人最初是以别人来反映自己的。个体往往把对他人的认识迁移到自己身上，像认识他人那样来“客观”地认识自己。如当看到别人对长者很有礼貌并受到大家称赞时，就来对照反思自己的言行，从而认识到自己平时对长者的态度。经过多次对比，就会促进个体对自我的认识，形成相应的自我概念。

（二）通过分析别人对自己的评价来认识自己

一个人对自己的认识，在很大程度上受他人评价的影响。这如同人对着镜子来认识自己的模样一样，儿童认识自己是把别人对自己的评价当做一面镜子来不断认识自我的，包括自己的优点和缺点。由于人的活动范围比较大，经常从属于不同的团体，接触不同的人，每个团体、每个人对你的评价就是一面镜子。这样就可以通过不同的镜子来照出多个自我，个体就能较全面地认识自己，从而促使自我意识的不断发展。

两个心理效应——他人对自我的影响

霍桑效应：1924 年 11 月，以哈佛大学心理专家梅奥为首的研究小组进驻西屋（威斯汀豪斯）电气公司的霍桑工厂，他们的初衷是试图通过改善工作条件与环境等外在因素，找到提高劳动生产率的途径。他们选定了继电器车间的六名女工作为观察对象。在七个阶段的试验中，支持人不断改变照明、工资、休息时间、午餐、环境等因素，希望能发现这些因素和生产率的关系——这是传统管理理论所坚持的观点。但是很遗憾，试验组生产效率的提升与外在因素的改变并不存在显著关系。

历时九年的实验和研究，学者们终于意识到了人不仅仅受到外在因素的刺激，更有自身主观上的激励，从而诞生了管理行为理论。就霍桑试验本身来看，当这六个女工被抽出来成为一组的时候，她们就意识到了自己是特殊的群体，是试验的对象，是这些专家一直关心的对象。这种受注意的感觉使得她们加倍努力工作，以证明自己是优秀的、是值得关注的。

罗森塔尔效应：罗森塔尔和福德（1963）告诉学生实验者，用来进行迷津实验的老鼠来自不同的种系——聪明鼠和笨拙鼠。实际上，老鼠来自同一种群。但是，实验结果却得出了聪明鼠比笨拙鼠犯的错误更少的结论，而且这种差异具有统计显著性。对学生实验者测试老鼠时的行为进行观察，并没发现他们欺骗或做了其他使结果歪曲的事情。似乎可以推断，拿到聪明鼠的学生比那些拿到笨拙鼠的不幸学生更能鼓励老鼠去通过迷津。也许这影响了实验

的结果，因为实验者对待两组老鼠的方式不同。

为了证明实验者的偏见会影响研究结果，罗森塔尔及其同事要求教师们对他们所教的小学生进行智力测验。之后告诉教师们说，班上有些学生属于大器晚成者并把这些学生的名字念给老师听。罗森塔尔认为，这些学生的学习成绩可望得到改善。事实上所有大器晚成者的名单，是从一个班级的学生中随机挑选出来的，他们与班上其他学生没有显著不同。可是当学期之末，再次对这些学生进行智力测验时，他们的成绩显著优于第一次测得的结果。罗森塔尔认为，实验结果可能是因为老师们认为这些大器晚成的学生开始崭露头角，予以特别照顾和关怀，以致使他们的成绩得以改善。

（三）通过考察自己的言行和活动的成效来认识自己

自我意识是个体实践活动的反映。自己在实践活动中的表现和取得的成果也会成为一面镜子，通过这面镜子能反映出自己的体力、智能、情感、意志和品德等特性，从而使之成为自我认识、评价的对象。如一个学生，在学习上或一项竞赛中取得了好成绩，他会从中体验到一种自信，对自己和自己的能力就会有新的认识。

（四）通过自我监督与自我教育来完善自己

个体通过以上几方面的途径，在不断的反省自己中，发现现实自我与理想自我的差距。一方面通过自我监督，来克制、约束自我，服从既定目标；另一方面通过自我教育，按社会要求对客体自我自觉实施教育，以实现现实自我与理想自我的积极统一。总之，自我监督，着眼于“克制”；而自我教育，着眼于“发展”，二者共同承担自我意识的不断完善。

（五）通过借助外界工具进行自我认识和评价

人能借助工具进行自我认识。哪些工具能成为人类自我认识和评价的手段呢？如个体要想了解自己的心理状态或特征，可以借助一定的心理测试，进行比较科学的评价。

二、自我意识发展的过程

人并不是一生下来就具备自我意识的，我们判断一个个体自我意识出现的最显著的标志是从他知道自己叫什么开始的。这一显性行为在不同的个体身上出现的时间也不尽相同，说明自我意识的发展是有一定的阶段和规律的。

心理学家埃里克森（Eric Erikson）将人一生自我意识的发展划分为了八个阶段，如表 3-1 所示。

表 3-1　埃里克森把人生发展划分成八阶段

序号	年龄	心理危机（发展关键）	发展顺序	发展障碍
1	出生至 1 岁婴儿期	对人信赖——不信赖	对人信赖有安全感	与人交往，焦虑不安
2	2～3 岁幼儿期	活泼主动——羞愧怀疑	能自我控制，行动有信心	自我怀疑，行动畏首畏尾
3	4～5 岁学前期	自主自发——退缩内疚	有目的方向，能独立进取	畏惧退缩，无自我价值感
4	6～11 岁学龄初期	勤奋进取——自贬自卑	具有求学、做人、待人的基本能力	缺乏生活基本能力，充满失败感

续表

序号	年龄	心理危机（发展关键）	发展顺序	发展障碍
5	12～18 岁 青年初期	自我同一——角色混乱	自我观念明确，追寻方向肯定	生活缺乏目标，时感彷徨迷失
6	成年初期	友爱亲密——孤独疏离	成功的感情生活，奠定事业基础	孤独寂寞，无法与人亲密相处
7	成年期	精力充沛——颓废迟滞	热爱家庭，栽培后进	自我恣纵，不顾未来
8	老年期	完美无憾——悲观绝望	随心所欲，安享天年	悔恨旧事，徒呼碌碌

这些阶段各自标志着自我意识在成长与发展的过程中所遭遇的危机与挑战，而经历过每一个阶段之后我们的自我意识也面临着一些重要的转折。作为每个发展阶段特征的危机就同时兼有一个积极的解决办法和消极的解决办法。积极的解决办法有助于自我的加强，因而有助于形成较好的顺应能力。消极的解决办法削弱了自我，阻碍了顺应能力的形成。

（一）信任对不信任

第一阶段是“婴儿期”（0～1 岁）。埃里克森认为，信任是人对周围现实的基本态度，是健康人格的根基。它在第一年就开始形成，而后逐渐发展。新生婴儿必须依靠别人满足自己的基本需要，如果能从父母及他人那里获得满足，就会对现实、对人生产生信任感。如果没人理睬，需要不能得到满足，就会产生不信任感。如果这种不信任感扩展下去，就会形成缺乏安全感、猜疑、不信任、不友好等人格品质。

这个阶段的儿童最为孤弱，因而对成人依赖性最大。如果护理人能以慈爱和惯常的方式来满足儿童的需要，他们就会形成基本信任感。如果他们的母亲拒绝他们需要或以非惯常的方式来满足他们的需要，儿童就会形成不信任感。如果护理是充满爱和惯常的，那么儿童就懂得他们可以不必为失去一位慈爱和信赖的母亲担心，所以，当母亲不在身边时，他们也不会有明显的烦躁不安。

当然值得注意的是，过分完全的信任也不利于个人发展。对任何人和任何东西都信任的儿童必然会陷入困境。某种程度的不信任是积极的和有助于生存的。但是，信任感占优势的儿童具有敢于冒险的勇气，不会被绝望和挫折所压垮。

埃里克森说，一旦某一阶段的特征危机得到积极的解决，那这个人的人格中就形成一种美德。美德是某些能够为一个人的自我增添力量的东西。在这个阶段中，如果儿童具有的基本信任超过基本不信任，就形成希望的美德。

（二）自主对羞怯

第二阶段是幼儿期（2～3 岁）。该阶段孩子开始行走和学习语言，开始摆脱过去的依赖状态，产生了自主的欲求，许多事情都想自己动手，不愿别人干预，如想自己穿衣、吃饭、行走、大小便等。如果父母或其他成人允许并支持孩子做力所能及的事、表扬鼓励孩子，那么，孩子将体验到自己的能力和对环境的影响力，逐渐养成自主、自立的人格特征。相反，如果对孩子过分溺爱和限制，什么事都由成人代做，孩子将体验不到自己的能力，觉得自己不能独立、没用，产生羞怯、疑惑感等。

在这个阶段中，儿童迅速形成许许多多的技能。他们学会了走、爬、推、拉和交谈。通俗地说，他们学会了如何抓握和放开。他们不仅把这些能力应用于物体，而且还应用于控制和排泄大小便。换句话说，儿童现在能“随心所欲”地决定做还是不做某些事情。因而，儿童从这时起就介入了自己意愿与父母意愿相互冲突的矛盾之中。

父母必须按照社会所能接受的方向，履行控制儿童行为的精心任务，而又不能伤害儿童的自我控制感和自主性。换言之，父母必须具有理智的忍耐精神，但仍然必须坚定地保证儿童的社会许可行为的发展。如果父母过分溺爱和不公正地使用体罚，儿童就会感到疑虑而体验到羞怯。在这个阶段中，如果儿童形成的自主性超过羞怯与疑虑，就形成意志的美德。

（三）主动性对内疚

第三阶段是学前期（4～5 岁）。这时儿童开始发展自己的想象力，知觉动作能力也得到较快发展。因而，儿童特别好奇、好问，主动探索的欲望很强，善于提出各种设想和建议。如果成人能耐心对待并细心回答他们的问题，适当评价鼓励他们的活动和建议，就可发展他们的判断能力，形成大胆的创造精神。反之，成人急躁、粗暴、不耐心对待他们提出的问题或设想，甚至过分限制、讥笑，就会形成胆怯、懊悔、内疚等人格特征。

在这一时期，儿童能更多地进行各种具体的运动神经活动，更精确地运用语言和更生动地运用想象力。这些技能使儿童萌发出各种思想、行为和幻想，以及规划未来的前景。

在前两个阶段，儿童已懂得他们是人。现在他们开始探究他们能成为哪一类人。在这个阶段，儿童检验了各种各样的限制，以便找到哪些是属于许可的范围，而哪些又是不许可的。如果父母鼓励儿童的独创性行为和想象力，那儿童会以一种健康的独创性意识离开这个阶段。然而，如果父母讥笑儿童的独创性行为和想象力，那儿童就会以缺乏自信心离开这一阶段。由于缺乏自主性，因此当他们在考虑种种行为时总是易于产生内疚感，所以，他们倾向于生活在别人为他们安排好的狭隘的圈子里。如果儿童在这个阶段获得的自主性胜过内疚，就会形成目的的美德。

（四）勤奋对自卑

第四阶段是学龄初期（6～11 岁）。进入小学，儿童追求自己学习上获得成功和得到赞许。若通过勤奋学习而获得了成功与赞许，他们就会继续勤奋努力、乐观进取，养成勤奋学习、勤奋工作的品质。如果屡遭失败，就会丧失自信和进取心，形成冷漠、自卑的人格特征。

大多数儿童整个发展阶段都是在学校度过。在这一阶段中，儿童学习各种必要的谋生技能及能使他们成为社会生产者所具备的专业技巧。学校是培养儿童将来就业及顺应他们所处时代文化的场所。因为在大多数文化中，包括我们自己的文化，生存要求具备与他人合作的工作能力，所以社交技巧是学校传授的重要课程之一。在这门课程中，儿童可以获得一种为他在社会中满怀信心地同别人一起寻求各种劳动职业做准备的勤奋感。如果儿童没有形成这种勤奋感，他们就会形成一种引起他们对成为社会有用成员的能力丧失信心的自卑感。如果儿童获得的勤奋感胜过自卑感，他们就会以能力的美德离开这个阶段。

（五）同一性对角色混乱

第五阶段是青年初期（12～18 岁），形成自我同一性的时期。自我同一性是在前四个阶段发展的基础上对自己心理面貌的整合，即自己究竟是一个什么样的人、自己与别人的异同，以及认识自己的过去、现在和将来在社会生活中的关联方式。如果在前四个阶段建立起信任、自主、主动、勤奋等，所想所做的符合自己的实际身份，就能获得或建立起同一性，可以顺利地进入成年期。相反，在前四个阶段形成过多的不信任、羞怯、内疚、自卑，就会产生同一性混乱或角色混乱，陷入无所适从。如对自己的自我评价与社会评价不一致，怀疑自己，尝试扮演各种角色但都没有找到一个适合于自己的角色。由于没有建立起自我同一性，经常处于犹豫状态，缺乏自信，导致生活节奏缓慢，做事拖拉、没有活力，甚至极度孤僻。

这个阶段发生在12～20岁，埃里克森认为这个阶段体现了童年期向青年期发展中的过渡阶段。在前四个阶段中，儿童懂得了他是什么、能干什么，也就是说，懂得所能担任的各种角色。在这个阶段中，儿童必须仔细思考全部积累起来的有关他们自己及社会的知识，最后致力于某一生活策略。一旦他们这样做，他们就获得了一种同一性——长大成人了。获得个人的同一性就标志着这个发展阶段取得了满意的结局。然而，这个阶段自身应当看作是一个寻找同一性的时期，而不是具有同一性的时期。埃里克森把这个时期称为心理社会的合法延缓期，他用这一术语来表示青年人和成年期的间隔。

如果青年人在这个阶段中获得了积极的同一性而不是角色混乱或消极的同一性时，他们就会形成忠诚的美德。

（六）亲密对孤独

第六阶段是成年初期（19～30 岁），是形成亲密对孤独的时期。这一时期，青年人已走向社会，进入人与人之间的新关系之中。他们需要与伴侣、朋友、同事等建立爱情、友谊、团结与亲密的关系。如果发现自己不能与别人建立起友爱、亲密的关系，就会感到孤独，产生不愿与人接近的孤独感。

没有形成有效工作与亲密能力的人会离群索居，回避与别人亲密交往，因而就形成了孤立感。如果个人在这个阶段形成的亲密能力胜过孤立能力，他们就会形成爱的美德。

（七）创造性对停滞

第七阶段是成年期（30～55 岁），是形成创造感或自我专注（停滞感）的时期。这一阶段正是成家立业之后，一方面自己承担着社会任务，有工作、有事业，要求为社会创造价值，发挥创造性；另一方面又有家庭、有孩子，需要照顾料理家务和孩子。如果能利用自己的能力，为社会、为事业而发挥创造力，就可获得创造感，进一步创造、再创造。如果只关心个人的需要与舒适，饱食终日、无所事事，陷入自我专注状态，就会产生停滞感。

如果一个人能很幸运地形成积极的同一性，过上富有成效的幸福生活，那么他就会力图把产生这些东西的环境条件传递给下一代。这可以通过与儿童提高直接的交往，或者通过生产或创造能提高下一代生活水平的那些东西来实现。

一旦一个人的创造比率比停滞高，那么这个人会以关心的美德离开这个阶段。

（八）完善对绝望

第八阶段是老年期（约60岁以上），是自己一生为之奋斗的事业趋于完成和进行反省的时期。当一个人对自己的一生作肯定的评价，觉得没有虚度时光，未竟事业由下一代接替延续，对一生不存在奢望时，就会产生一种完善感。相反，当一个人回顾一生，觉得一事无成，走过的道路充满坎坷，后悔当初的选择，重新开始又为时已晚，于是就充满悔恨、悲哀、绝望。

只有回顾一生感到所度过的是丰足的、有创建的和幸福的人生的人才会不惧怕死亡。这种人具有一种圆满感和满足感。而那种回顾挫败人生的人则体验到失望。看起来似乎令人奇怪，但是体验到失望并不像体验到满足感的人那样敢于面对死亡，因为前者在一生中没有实现任何重大的目标。

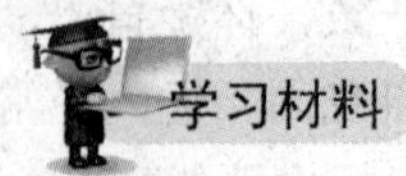

关于“我”的一首小诗

我是……
我是（我所具有的两种品格）……
我好奇（我所好奇的事情）……
我听见（一种想象的声音）……
我看见（一种想象的景象）……
我愿（一个现在的愿望）……
我是（重复本诗的第一行）……
我假设（我想假设的事情）……
我感到（一种想象的感觉）……
我触到（一种想象的触觉）……
我担心（令我烦心的事情）……
我哭泣（令我悲伤的事情）……
我是（重复本诗的第一行）……
我明白（我认定为真的事情）……
我说（我相信的事情）……
我梦想（我梦想的事情）……
我试图（我真正想努力去做的事情）……
我希望（我真正希望去做的事情）……
我是（重复本诗的第一行）……

第三节　积极自我意识的培养

个体积极自我的培养的要义在于：树立积极的自我认知，然后在此基础上形成积极的自我体验，最后辅之以积极的自我调控。

一、积极的自我认知

积极的自我认知首先需要个体明了自我的构成，并在此基础上加强自我的探索与开发。

（一）自我的构成

美国两位教育心理专家 Joe 与 Harry 认为人的心中有四个区：公开区、盲点区、隐藏区和未知区。它们共同构成了“久哈里之窗”。“久哈里之窗”根据我们对自己的了解、不了解和别人对我们的了解、不了解，将对一个人的认知分成四个部分，见右图。

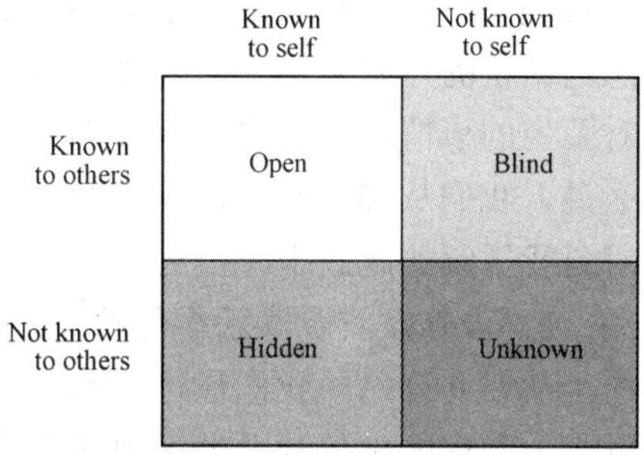

	Known to self	Not known to self
Known to others	Open	Blind
Not known to others	Hidden	Unknown

1. 开放我

图中左上角那一扇称为“开放我（Open-self）”。这个部分指的是我们自己知道、别人也知道的部分，比如我们的长相、身高、体重，以及某些属于公开性的统计资料，比如学历、性别、籍贯等，还包括一些个性成分。

2. 盲目我

图中右上角的那一扇窗称为“盲目我（Blind-self）”。这个部分指的是我们自己不知道，而别人了解的部分。例如我们自己的一些习惯动作、一些口头禅，这些习惯性的东西，我们平时自己并不觉察，直到有人告诉我们。盲目我的大小与一个人的自我觉察能力有关，有些人具有内省特质，则可能他的盲目我会比较小一点。

3. 隐藏我

左下角那一扇窗称为“隐藏我（Hidden-self）”。这个部分指的是我们自己知道，而别人不知道的部分。比如一些童年往事、痛苦辛酸的经验、身体上隐疾等，这些东西我们可能不愿意让别人知道，而成为隐藏我。要缩小隐藏我是一件很不容易的事。缩小隐藏我，一个人可能会因此而丧失自己原本拥有的自尊、荣誉及公共形象。就像诗中所说：“假如我告诉你我是谁，你将不会再爱我，但，那却是真的我！”

4. 未知我

右下角那一扇窗称为“未知我（Unknow-self）”。这个部分指的是我们自己不知道而别人也不知道的部分。比如我们如果没有某种因缘际会的经验，可能从来不知道自己是一个演讲专家或者一个好的演员，艾森豪威尔如果没有在二战时被派往欧洲战场做指挥，也许他永远不知道自己是个好的将军。这个部分通常指的是某些尚待开发的能力、特性；如果我们把弗洛伊德的潜意识观念带进来，那么，未知我还包括许多深层欲望、痛苦、罪恶感等一切在潜意识的内容。

（二）自我的塑造

“久哈里之窗”的提出，目的是希望帮助人们更好地了解自己，清楚地掌握自己的四个部分，并且找到改变自我的方法。

通过对自我坦诚，我们能够更深入地了解隐藏我。通过自我坦诚，我们常能引发别人的回馈，进而更有助于减少盲目我的部分。当我们从别人那里得到某些回馈的时候，我们会更了解自己，在这种人际关系下，我们的友谊快速增长，我们会越来越愿意对我们的朋友述说自己的隐藏我。于是，一个彼此分享、彼此信任的关系网就展开了。通过自我坦诚和回馈的综合作用，我们可以逐渐缩小盲目我和掩藏我的成分，使得开放我更加广阔，我们变得更加透明，更加容易被别人接受，我们的行为也有了很好的依靠标准。

那么，该如何缩小未知我的部分呢？专家建议，可以从下面几个方面入手。

1. 多增加新的尝试的机会

很多时候，没有置身于某个环境中，人是很难知道自己真正的反应的。我们往往会通过没有基础的臆想来构建未来可能产生的情势。由于我们的臆想缺乏基本信息，所以，这种臆想的错误的几率非常大。多接触不同的环境、多尝试不同的行为，我们才能更加了解自己。对陌生的事情，我们总有一种天生的恐惧感，不要让这种恐惧感限制了我们的行动。不管怎么说，我们从婴儿开始，所有的知识都是通过尝试获得的。我们对世界了解如此之少，我们对自我了解如此之少，不去尝试，我们凭什么来做出正确的选择呢？

2. 借着自我观察获得新的了解

从婴儿开始，我们通过行动，以及行动获得的反应，来构建我们的世界模型。在不知不觉中，我们的价值观、做事模式形成了。但是，这种自发形成的模式非常盲目，有可能仅仅是一次别人错误的反馈，而导致我们深刻的印象并影响到相关的行为。比如，一个儿童在兴致勃勃地帮助妈妈洗碗，如果一个心情不好的母亲，也许会让孩子得到这样的反馈：A、洗碗弄湿了手和衣服，要生病；B、洗碗弄脏了衣服，让妈妈更加辛苦；C、洗碗打破了碗，越帮越忙。如果母亲情绪不好，反应激烈，就会在缺乏正确判断力的儿童心理埋下“洗碗不对”的概念，并导致未来拒绝一切洗碗的工作。对每个人的自我认识来说，必然有一些这样的错误的反馈导致的错误的价值观存在。作为成人，有了相当的判断能力，通过自我观察、仔细思考，逐渐增加新的了解，改变那些过去通过错误渠道获得的错误价值观和做事模式，对个人的成长和提高来说，都是十分重要的。

3. 借着自我觉察获得顿悟

这个顿悟和佛教所说的顿悟有接近的地方。通过对自我行为、自我情绪、自我思考过程的观察，来了解真正的自我，当对自我行为产生了一定的认识之后，便会形成一个顿悟——一个相对完整的自我形象就产生了。

“久哈里之窗”提供了一个了解自我的方法，它需要我们去按照这个方法去操作，去思考才会有效。了解自我的方法是多种多样的，我们可以通过久哈里之窗了解一部分；我们还可以通过心理学、人类学、管理学、哲学等专门学科了解自我；我们还可以通过实践中的经验、反馈来了解自我。通过多种渠道，我们会逐渐看到自己真正的面目，看到我们自己的思考方式、判断问题的方式、价值观等内在的、深层的、指引我们行动的种种思维。通过改变这些内在的、深层的思维，我们可以逐渐重新构建一个更加完美的个体，逐渐朝着成功的方向前进。

二、积极的自我体验

积极的自我体验源于积极自我认知，积极的自我体验反过来促进积极的自我认知。

（一）自尊

自尊即自我尊重，指既不向别人卑躬屈膝也不允许别人歧视、侮辱，它是一种好的心理状态。只要不气馁、不灰心、不放弃，自己相信自己、自己尊重自己，我们就可以通过进一步的努力，找到自己的人生价值，赢得别人的尊敬，感受自尊的快乐。自尊即自我肯定，自我感觉良好，或认同自我。在心理学上，自尊感可以是个体对自我形象的主观感觉。一般来说，心理健康的人自尊感比较高，认为自己是一个有价值的人并感到自己值得别人尊重，也较能够接受个人不足之处。形成自尊感的要素有安全感、联系感、成就感、方向感、独特感。自尊的心理品质，不是天生的，而是在生活、学习和工作中逐步培养起来的。要培养正确的自尊心。

自尊是一种良好的心理状态，它首先表现为自我尊重和自我爱护。自尊还包含要求他人、集体和社会对自己尊重的期望。自尊不仅是心理健康的重要指标，同时也影响着个性的形成，制约着个性的发展方向。高自尊的人表现出较强的好奇心、独立性、创造性、主动性、乐群性，乐于冒险，以及积极进取的行为。相反，低自尊的人因感到自身价值的不充分而把大部分精力用于证明自己的价值上，往往表现出消极、畏惧、无益于自我发展的行为。具有高度自尊心的人善于处理各种事物，有较强的适应能力，能意识到自己的缺点，对自己不挑剔、较宽容，对自己的特点基本上满意，一般自我感觉良好。高度的自尊不仅意味着对自我尊严的维护，也意味着对他人的尊重。相反，低自尊者对自己持消极否定的态度，看不到自己的价值所在，对自尊有着过分狂热的追求，觉得自己处处不如别人，最怕别人看不起自己；对自己要求苛刻，总想战胜自己，改变自己，很难与自己和睦相处。自尊心低下的人表现出严重的自卑心理，例如自我评价过低、消极沉沦、自轻自贱，社会适应严重不良，害怕与人交往，担心别人的指责，责任感较差，易受伤害，充满了孤独感、焦虑感，严重者还可能导致心理障碍。

追求成功的学生往往是那些自尊心和自信心都强的学生，他们倾向于依靠内在的动机进行学习；而自尊心较差的学生，对自己的能力缺乏信心，倾向于靠外在的动机和外部赞许来支持自己的学习活动。因此，自信心与追求成功的行为源于高度的自尊心。同样，学习上的成功体验也有助于自尊的提高。如果在学业上经常遭受失败，就会导致自疑、自卑，以致丧失学习的信心与动力而自暴自弃。因此，一个人成功的体验越多，他的期望也就越高，自尊心和自信心也就越强。

（二）自信

自信心是一种反映个体对自己是否有能力成功地完成某项活动的信任程度的心理特性，是一种积极、有效地表达自我价值、自我尊重、自我理解的意识特征和心理状态，也称为信心。

自信心是心理健康的需要。人都有一种表现自我、获取认同的本能倾向。自信的人更容易被人认可，从而满足自己的心理需要。自信心是人际交往的需要。现代社会是信息社会，地球村正在形成，人与人之间的交往距离正在缩短。在日趋频繁的人际交往中，自信心是非常重要的。自信，更容易给人带来良好的人际交往氛围和人际交往效果。自信心使人勇敢。自信的人总是能够以一种轻松自然的态度来面对生活中复杂的情景或挑战，表现出一种大智大勇的气度。自信心使人果断。自信的人勇于承担责任，不会因为事关重大而优柔寡断，不会想着逃避不好的结果而瞻前顾后，因而会保持一贯的果断作风。自信心使人谦虚。自信的人更能正确对待自己的优点和缺点，从而可以更加全面地认识自己，谦虚待人、不断进步。

1. 自信的心理功能

自信心具有以下的心理功能。

（1）自信心是健康的心理状态。自信心是相信自己有能力实现目标的心理倾向，是推动人们进行活动的一种强大动力，也是人们完成活动的有力保证，它是一种健康的心理状态。

（2）自信心是成功的保证。美国教育家戴尔·卡耐尔在调查了很多名人的经历后指出："一个人事业上成功的因素，其中学识和专业技术只占15%，而良好的心理素质要占85%。"自信是成功的保证，是相信自己有力量克服困难、实现一定愿望的一种情感。有自信心的人能够正确地实事求是地估价自己的知识、能力，能虚心接受他人的正确意见，对自己所从事的事业充满信心。

（3）自信心是承受挫折，克服困难的保证。自信心是一种内在的精神力量，它能鼓舞人们去克服困难，不断进步。高尔基指出："只有满怀信心的人，才能在任何地方都把自己沉浸在生活中，并实现自己的理想。"战胜逆境最重要的是树立坚定的信心，自信心可以使人藐视困难、战胜邪恶，集中全部智慧和精力去迎接各种挑战。

爱尔兰著名的戏剧家萧伯纳曾经说过："有信心的人，可以化渺小为伟大、化平庸为神奇。"在我们的生活中也经常说："自信心是成功的一半"，这些都说明了自信心在我们生活中的重要性。苏格拉底曾经说过："一个人是否有成就只有看他是否具有自尊心和自信心两个条件。"这就更加说明了自信心与成功的紧密联系。在学习上，如果缺少了自信心，就会缺少前进的动力、失去前进的动力。有多少人因为缺少自信而走向人生的低谷，又有多少人缺少自信而失去成功。自信是成功的基石。

2. 建立自信的途径

在我们的生活当中，自信心起到尤为重要的作用。海伦·凯勒曾经说过："信心是命运的主宰。"在生活上，如果缺少了自信心，在人生的大舞台上就施展不出自己的才华、表现不出自我。有多少人因为缺少自信而心灵上受到伤害，又有多少人因为缺少自信而错过了天赐的良机。你的自我感觉会在很大程度上影响着别人如何看待你。在很多人前不发言，怕被人说自己笨，其实你低估了自己的承受力；当你过分注意你想要得到的东西，脑子里就会有很多你为什么需要它的理由，这样会导致你细想自己的弱点；坐在前排，并不一定能带来多大好处，但它确实能表明你已经克服自己的恐惧。

尽管影响自信的很多因素都不能受人控制，但是你也可以坚持做一些事情以建立自信。采用以下10种策略，你可以获得激发潜能所需的精神优势。

（1）着靓装。尽管衣着不能决定一个人，可衣服的确影响人的自我感觉方式。没有人比你自己注意你的外表。当你的衣着看起来不太好时，你的行事方式及和别人交流的方式就会改变。因而你可以通过好好打理自己的外表来增加自己的优势。很多情况下，常沐浴、修胡须、穿干净的衣服及换个大方美丽的打扮能帮助你取得重大的进步。

（2）快步走路。告诉别人一个人自我感觉怎么样的最简单的方法就是看他走路。慢？疲倦？痛苦？或者精力充沛并且有目的？有自信的人走路都很快。他们知道自己要去什么地方，知道要去见什么人并且有重要的事情做。即使你不着急，你也可以通过脚步的活力来增强自信。走快25%可以让你看起来更加自信，也让你自我感觉更加自信。

（3）好的体态。同样，人们的体态都有一个故事。耷拉着肩膀、无精打采的人看起来缺乏自信。他们对自己所做的事情没有热情，也不认为自己很重要。拥有好的体态，你自然而然就会感觉更自信。挺胸抬头、眼睛直视前方，你将给人一个好的印象，立马觉得更警觉更有力量。

（4）个人商业广告。建立自信最好的方法是听励志的演讲。很不幸，听一个好的演讲的机会难得。但是你可以通过商业广告来填补这个空缺。写一个约30～60秒的能表达你力量和目标的演讲稿，一旦你感觉需要信心助你向前时，就在镜子面前大声朗读（如果你喜欢的话也可以在心里读）。

（5）感恩的心。当你过分注意你想要得到的东西，脑子里就会有很多理由证明你为什么需要它。这样会导致你细想自己的弱点。避免这点最好的方法便是一直持有一颗感恩的心，每天花一些时间在脑子里列出你所需要感恩的所有事情。回想自己过去的成功，独有的技能，来自各方面的爱，还有积极的动力。你可能会为自己拥有这么多适合自己的事物而感到震惊，更会有动力朝成功迈向下一步。

（6）赞美他人。当我们消极地评价自我时，通常情况下我们也会喜欢对他人闲言闲语甚至充满侮辱，将这种消极的感觉推己及人。为打破这种消极的循环，我们需要养成一种赞美他人的好习惯。不要对别人造谣中伤，而应该称赞身边的人。在这个过程中，你不仅会变得招人喜欢，还能建立自信。通过看到旁人最好的方面，你将直接激发自己最好的一面。

（7）坐在头排。在学校、办公室及其他的公共集会中，人们总是争取坐到屋子的最后面。大多数人喜欢后排因为他们害怕被人注意，这表明人们缺乏自信。如果你坐在前排，你可以抛开这种毫无理性的恐惧并建立自信，你也将更容易被在前面说话的重要人物注意到。

（8）大声说话。在团队讨论中，很多人从来不发言，因为他们害怕自己说的话让人觉得他们很笨。这种恐惧并不对。一般而言，人们的承受力比想象的更强。事实上，大多数人都在和同样的恐惧作斗争。只要努力在每个团队讨论中大声说出自己的想法，你就可能成为一个更好的公共场所发言者，对自己的想法也会更自信，并会被公认为同类的领导。

（9）体育锻炼。沿着个人外表的思路，我们能得出健康的身体对自信影响甚大的结论。如果你身材走样，你会感觉不安全且精力不足。通过体育锻炼，能塑造体型，让自己充满精力，积极地做好事情。科学地锻炼身体不仅让你感觉更好，还能在未来的日子创造积极的动力。

（10）关注贡献。我们太过注重自我欲望的满足，而很少关心他人的需求。如果你停止考虑自己且专注于自己对这个社会的贡献，你就不会如此担心自己的缺点了。这样可以增加自信，能让你最有效地为社会作贡献。你对社会的贡献越大，你所获得的个人成就和赞誉就越多。

积极的自我暗示——自验预言

个性心理学中，人们把由于自信而引发的积极心理效应现象称之为“亨利效应”。多年前，有一位叫亨利的美国青年，从小在孤儿院长大，身材矮小、长相也不好，讲话又带着浓重的乡土口音，所以一直很自卑，连最普通的工作都不敢去应聘。30 岁生日的那一天，他站在河边徘徊，几乎没有活下去的勇气。这时，他的一位好友跑过来告诉他：“一份杂志里讲，拿破仑有一个私生子流落到美国，这个私生子有一个儿子。他的全部特点跟你一样——个子很矮，讲的也是一口带法国口音的英语。”亨利半信半疑，但当他拿起那本杂志琢磨半天后，开始相信自己就是拿破仑的孙子。此后，亨利不再为贫穷、矮小、乡土口音等特征自卑，凭着“我是拿破仑孙子”的信念积极面对生活。三年后，他成了一家大公司的董事长。后经查证，亨利并非拿破仑的孙子，但这已不重要了。在“我是拿破仑孙子”这个美丽的谎言中，他改变了自己的人生。心理学把这种因接收虚假信息或刺激产生了盲目的自信或积极的态度，从而表现出异乎寻常的正面效果，称之为“亨利效应”。

这一效应也可用于自身对自身的期待。皮格马利翁是古希腊神话中的塞浦路斯国王。相传，他性情孤僻，一人独居，擅长雕刻。他用象牙雕刻了一座表现他理想中女性的美女像，并取名叫加勒提亚。他和雕像久久依伴，把全部热情和希望放在自己雕刻的少女雕像身上，加勒提亚被他的爱感动，从架子上走下来，变成了真人。皮格马利翁娶她为妻，他们的女儿帕福斯是塞浦路斯南部海岸同名城市的始祖。英国作家萧伯纳根据这个希腊神话故事，写过一出喜剧。主人公艺术家毕马龙爱上了自己雕刻的美女，朝思暮想热情地期望，雕像变成活人，美梦成真，有情人终成眷属。皮格马力翁效应的含义是你预期什么，你就得到什么，心理学也称这一现象为自验预言。自验预言是直觉的明示，是潜意识的提醒。如果你对自身抱有积极的期待，那么你可能终究就会成为你想成为的那个自己。

三、积极的自我调节

积极的自我调节主要是从增强自我控制力入手。

（一）自我控制力

自我控制能力（简称自控能力）是自我意识的重要成分，它是个人对自身的心理和行为的主动掌握；是个体自觉地选择目标后，在没有外界监督的情况下，适当地控制、调节自己的行为，抑制冲动，抵制诱惑，延迟满足，坚持不懈地保证目标实现的一种综合能力。自控能力表现在认知、情感、行为等方面。良好的自控能力是21世纪所需要的创新型人才的必备素质。

一个人只有正确地认识和评价自己，才能提高自我控制的动机水平。一个有顽强毅力的人在受到挫折时不会垂头丧气，在成功时不会趾高气扬，在冲动时不会横冲直撞。自控行为的多次重复就可形成良好的习惯，从而降低自控行为引起的紧张感，使自控行为容易完成和保持。

首先不要有压迫自己的感觉，试着在生活中找一些自己做起来感觉舒服的事。比如你所说的放纵，偶尔的放纵后再为自己制订一些小计划，难度不要太高，但一定要完成；完成不了，再找找原因，找一本心路历程的笔记本记起来，在迷茫的时候看看会帮助你改善自己的自控能力。

就拿减肥来说，一般胖子总是食欲旺盛。在大多数情况下还能控制自己，然而人总有情绪不好的时候，这时如果觉得自己心情已经不好了，还要限制这限制那，感觉更不爽，于是就敞开肚皮大吃一顿。这样减肥计划又中断了。所以在感性的时候如何让自己意识到后果，并引导自己去理性地思考，这应该是解决自控能力差的一个方法。如果经常出现这种情况，不要忌讳找找心理医生或找亲密的朋友聊聊。加强体育锻炼也可以改善自己的自控能力。

（二）增强自控力

下面的方法大家可以尝试一下。

（1）把困惑和感受写下来，写东西的过程就是一个促进自己思考的过程，可以帮助自己走出片面的情绪走向理性地对待问题；和朋友倾诉也有类似的效果，因为也要组织语言表达自己的感受。

（2）有时心情不好，自责反而会加重不好的感觉，干脆就告诉自己人总是有心情不好的时候，就给自己一段时间好好体会这时的感觉吧。在这个时间里可以什么都不想和什么都不做，只需放松和放纵，当前的事情暂时搁下，做点自己喜欢的事情，如运动、唱歌、看书等。

但是具体时间还是要给自己一个限定，给自己的放纵保留一个底线。

（3）心情不好的时候就提醒自己要爱自己，要让自己快乐的生活，无论在什么环境都应该去寻找快乐。这样即使现在是痛苦的，仍然是走在通向快乐的路上。

（4）让自己的心静下来，听一听音乐，再继续你要做的事，什么事也别想。

面对糖果的自控力

几位心理学家对几个 4 岁的孩子做了一项很有意义的追踪调查。他们发给几个 4 岁的孩子一人一颗软糖并告诉他们，若等他们的父母回来后再吃，便可以得到两颗糖。一些孩子经不住糖果的诱惑，忍不住自己想吃的情绪和欲望，拿到糖后马上就吃掉了；而另一些孩子则会设法转移自己的注意力，忍着口馋等待父母回来，最后终于得到两颗糖的奖励。

此试验之后，专家们对这些孩子进行了追踪观察，一直到他们长大。结果发现，那些从小就能控制自己情绪的孩子，即“情绪和情感智力”较高的孩子，情绪更稳定，在忍耐性、坚持性、人际关系方面都比那些不能控制个性、控制自己情绪的孩子好，成功率也高。而不能有效控制自己情绪的孩子，长大后易受挫折，固执、孤僻、受不了压力，逃避挑战，当然多半就难以成功了。

自我意识是个体意识的核心内容，每个人人生的终极目标无非是在寻找自我、发展自我和超越自我的过程中完成，从而形成“独特的我、崭新的我、更好的我”。然而这个过程却不是一帆风顺的，需要付出艰辛的努力和沉重的代价。只有正确地认识自己，认定自身发展的目标，以积极的态度和科学的方法，勇敢地去尝试、去实践，才能开拓超越，逐步走向自我的成熟。

本章概要

（1）自我意识是指一个人对自我及自己与周围环境关系的认知、体验和评价。

（2）自我意识是个体意识发展的高级阶段，是人的心理区别于动物心理的一大特征。

（3）自我意识的内容包含：生理自我、社会自我和心理自我。

（4）自我意识的结构从知、情、意三方面分析，是由自我认知、自我体验和自我调节（或自我控制）三个子系统构成。

（5）自我意识发展的途径有：通过分析别人对自己的评价来认识自己；通过考察自己的言行和活动的成效来认识自己；通过自我监督与自我教育来完善自己。

（6）埃里克森将人一生自我意识的发展划分为了八个阶段，这些阶段各自标志着自我意识在成长与发展的过程中所遭遇的危机与挑战，而经历过每一个阶段之后我们的自我意识也面临着一些重要的转折。

（7）“久哈里之窗”之说，认为人的心中有四个区域：公开区（是别人和自己都看得到的）、盲点区（是别人看得见，而自己毫无察觉）、隐藏区（是因为本性害羞或隐私故意隐藏）、未知区（神秘莫测，为潜意识或无意识的）。

（8）自尊即自我肯定、自我感觉良好或认同自我。在心理学上，自尊感可以是个体对自我形象的主观感觉。一般来说，心理健康的人自尊感比较高，认为自己是一个有价值的人，并感到自己值得别人尊重，也较能够接受个人不足之处。

（9）自信心是一种反映个体对自己是否有能力成功地完成某项活动的信任程度的心理特性，是一种积极、有效地表达自我价值、自我尊重、自我理解的意识特征和心理状态，也称为信心。

（10）自我控制能力（简称自控能力）是自我意识的重要成分，它是个人对自身的心理和行为的主动掌握；是个体自觉地选择目标，在没有外界监督的情况下，适当地控制、调节自己的行为，抑制冲动，抵制诱惑，延迟满足，坚持不懈地保证目标实现的一种综合能力。

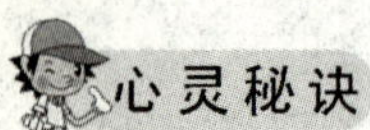

（1）天生我才必有用。

（2）人啊！认识你自己吧。

随堂训练

假如我是__________

（1）假如我是一种动物，我希望我是__________，因为__________________；

（2）假如我是一种花，我希望我是__________，因为__________________；

（3）假如我是一棵树，我希望我是__________，因为__________________；

（4）假如我是一种食物，我希望我是__________，因为__________________；

（5）假如我是一种交通工具，我希望我是__________，因为__________________；

（6）假如我是一种电视节目，我希望我是__________，因为__________________；

（7）假如我是一种电影，我希望我是__________，因为__________________；

（8）假如我是一种乐器，我希望我是__________，因为__________________；

（9）假如我是一种颜色，我希望我是__________，因为__________________；

课后练一练

60秒PR放松法

美国的一位心理学家设计了一种被称为“60秒PR法”的放松方法。它要求一个人每天花60秒钟以讲演的形式简洁地描述自己的天赋和能力及自己应该达到的成功目标。这一方法的实质就是做积极的自我暗示。根据行为科学的理论，一个人对自己失去信心，垂头丧气、沮丧忧郁，必然产生一种厌恶和否定自己的自卑情绪。要克服这种不良情绪，就要时常赞美自己的优点和长处，鼓励自己在人生道路上勇敢奋进，对未来充满信心和希望，以塑造出全新的自我形象。

该项训练的具体要求如下：

（1）每天早起后和晚睡前，各用一分钟左右的时间进行积极的自我暗示。在自我暗示的前半部分，要选择一些积极、肯定并富有激励性的语言，固定下来，天天背诵做到反复强化，例如：

我正在进行自信训练，我一定会越来越有自信的。

我是有能力的

我在各方面都会越来越好

我是我生命的主人

活着，我感到充实与快乐

重要的是不断行动

自信，勇敢，乐观，实践是我人生的宗旨

（2）完成了前半部分固定内容的背诵以后，后半部分可即兴发挥。比如在讲演过程中，还应多提到自己过去成功的例子，当然未来的目标也是必不可少的。这可分为长期目标和短期目标。长期目标要富于想象和激发性，短期目标则应切实可行、具体明确。

第一步，现在先请你把自己的优点写下来____________________________________。

第二步，安静地坐下来，背板挺直但身体放松。

第三步，深呼吸两次，然后大声将自己写的字句说出来。

第四步，说这些句子时，一定要全神贯注，没有一丝杂念。

第五步，每次说 2～3 句，一个句子重复说 3～4 遍。

第六步，每天练习两次自我暗示，早上起床后及晚上睡觉之前各一次。

相关链接

自信诊断量表

指导语：这是一份自信心诊断量表，共有 14 个问题；每个问题有 A、B、C 三种选择答案，请你选择较符合自己情况的答案。

1．在公开场合讨论问题，你的表现如何？（　　）

A．尽快阐述自己的意见

B．除非被别人询问，否则不发表意见

C．等到别人说完后，再发表自己的意见

2．如果别人对你进行不恰当的批评，你会怎么办？（　　）

A．尽全力为自己辩护，并且情绪激昂

B．冷静、理智地放手说自己的看法

C．不争辩，甚至不说话，但会忌恨别人

3．假如班上推荐你去参加学校的演讲活动，你将如何应付？（　　）

A．找种种借口推托此事

B．接受邀请，但要求对方告知有关情况

C．让对方给你时间，考虑好后再回复

4．你的朋友在某种场合，提出你认为欠妥的想法，你怎么办？（　　）

A．支持他的想法，但时候找个借口不参加活动

B．设法说服他改变想法

C．先听听周围的人对他的反应，在决定是否支持他

5．在私人的聚会上，你的感觉如何？（　　）

A．轻松自然

B．舒畅，有说不完的话

C．一直为自己的举动感到担忧

6. 在进入陌生人的房间前，你是（　　）。

A. 犹豫相当长的一段时间

B. 等有别人进去时和他一起进去

C. 毫不犹豫地闯进去

7. 你对自己的外表感受如何？（　　）

A. 我对自己的外表很满意

B. 只有穿着最好的衣服时，才会对自己的外表很满意

C. 假如我的体重能减轻（或增加），我会对自己的外表很满意

8. 有人告诉你今天你的头发及穿着很美，你会（　　）。

A. 谢谢他，然后一笑

B. 告诉他，他需要戴眼镜或更换一副新的眼镜

C. 觉得不安，不知他是否在开玩笑

9. 你计划星期六和朋友去玩球，但他们要去看电影，你会选择？（　　）

A. 到电影院和朋友会合

B. 留在家里，无法决定怎样做

C. 去玩球，但却希望自己是在看电影

10. 你被提名参加竞选社团主席职位，你希望得到这个职位，但你朋友却认为参与社团活动是浪费时间的事情，你会（　　）。

A. 接受提名，展开竞选活动

B. 拒绝提名，因为你没有把握获胜

C. 拒绝提名，因为你不愿意朋友们认为你是无聊分子

11. 当你的恋人送给你一个名贵的礼物时，你会（　　）。

A. 接受礼物，但宁愿他送给你一件更名贵的礼物

B. 接受礼物，但宁愿他送给你一件较低价的礼物

C. 接受礼物，送他一份同样价值的礼物

12. 你的父母介绍你认识他们的朋友时，你会（　　）。

A. 亲切地微笑，介绍时看着他们的眼睛

B. 只看了他们一眼，点了点头

C. 向他们看了看，低声说声你好

13. 当你和学校领导讲话时，你的眼睛（　　）。

A. 与他对看时，表情自然，不卑不亢

B. 只偷偷看她，表示害怕

C. 不敢看着他，左顾右盼的

14. 你的好朋友竞选上学生会领导职位，你会（　　）。

A. 由衷地为他的成功感到高兴

B. 你为自己没有得到那份荣誉而生气

C. 烦恼，认为他没有什么了不起的地方

评分标准：

请根据下表计算你的得分。

题项	1	2	3	4	5	6	7	8	9	10	11	12	13	14
A	3	2	1	1	2	2	3	3	3	3	1	3	3	3
B	1	3	3	3	3	1	2	2	1	2	2	2	2	2
C	2	1	2	2	1	3	1	1	2	1	3	1	3	1

分数解释：

35分以上：说明你有高度自信，办事比较果断，在工作、生活、社交等方面无论遇到什么情况都能够应付自如。有明确的目标，也会不断付出努力向目标迈进。但是，也有成为自我中心的可能，不容易接受别人的忠告。

22～34分：说明你有一定的自信心，大多数情况下你都有自己的意见，应付一般决策工作没有问题，由于不孤傲也容易被人接受。但是，也有缺乏主动性、容易气馁的时候。

15～21分：说明你自信心较差，总担心生活、工作中出现差错，办事缩手缩脚，优柔寡断，少有自己的主张，对自己的满意度很低。

复习与思考题

一、单选题

1．自我意识是指一个人在对（　　）的认知、体验和评价。

A．自我　　B．自己与周围环境

C．自我及自己与周围环境　　D．自我及自己与周围环境关系

2．自我意识是个体意识发展的（　　）。

A．萌芽阶段　　B．初级阶段　　C．中级阶段　　D．高级阶段

3．生理自我是对自己（　　）的认知、体验和评价。

A．身体和生理状况　　B．自己与周围环境关系

C．心理特征　　D．物质条件

4．社会自我是对自己（　　）的认知、体验和评价。

A．身体和生理状况　　B．自己与周围环境关系

C．心理特征　　D．物质条件

5．心理自我是对自己（　　）的认知、体验和评价。

A．身体和生理状况　　B．自己与周围环境关系

C．心理特征　　D．物质条件

6．（　　）是自我意识的首要成分。

A．自我认知　　B．自我体验　　C．自我调节　　D．自我感觉

7．自我认知是对自我的（　　）。

A．认识和评价　　B．内心情感体验

C．对自己行为、活动和态度的调控　　D．感受

8．自我体验是对自我的（　　）。

A．认识和评价　　B．内心情感体验

C．对自己行为、活动和态度的调控　　D．感受

9．自我调节是对自我的（　　）。

A．认识和评价　　B．内心情感体验
C．对自己行为、活动和态度的调控　　D．感受
10．埃里克森将人一生自我意识的发展划分了（　　）个阶段。
A．七　　B．六　　C．八　　D．五
11．青年初期自我意识发展的重要品质是（　　）。
A．希望　　B．同一性　　C．亲密　　D．创造性
12．在自我意识中，我们自己不知道，别人了解的部分是（　　）。
A．开放区　　B．盲目区　　C．隐藏区　　D．未知区
13．在自我意识中，我们自己知道，别人不了解的部分是（　　）。
A．开放区　　B．盲目区　　C．隐藏区　　D．未知区

二、多选题

1．自我意识的内容包含（　　）。
A．生理自我　　B．社会自我　　C．物质自我　　D．心理自我
2．自我意识的结构包含（　　）。
A．自我认知　　B．自我体验　　C．自我调节　　D．自我感受
3．自我意识发展的途径包括（　　）。
A．通过认识别人，把别人与自己加以对照来认识自己
B．通过分析别人对自己的评价来认识自己
C．通过考察自己的言行和活动的成效来认识自己
D．通过自我监督与自我教育来完善自己
4．久哈里之窗中将人自我意识划分为了（　　）区域。
A．公开区　　B．盲点区　　C．隐藏区　　D．未知区

三、判断题

1．自我意识是个体意识发展的高级阶段，是人的心理区别于动物心理的一大特征。（　　）
2．社会自我是自我意识发展的最后阶段。（　　）
3．为提高自我调节能力，重点应该放在由内控制转变为外控制。（　　）
4．青年中期最重要的任务就是发展自我同一性。（　　）
5．我们自己不知道而别人也不知道的自我意识的部分叫隐藏我。（　　）
6．自我坦诚能够更深入地了解隐藏我。（　　）
7．高自尊的人最害怕别人看不起自己，对自己要求苛刻。（　　）
8．一个人只有正确地认识和评价自己，才能提高自我控制的动机水平。（　　）

参考答案

单选题：DDABC　AABCC　BBD
多选题：ABD　ABC　ABCD　ABCD
判断题：√××√×　√×√

第四章　科学积极的情绪管理

教学目标

（1）教导学生正确理解情绪的概念及构成；

（2）介绍情绪的产生机制；

（3）提升学生对情绪智力的理解。

学习目标

（1）识记情绪、情绪 A-B-C 理论、情绪智力等概念；

（2）能够识别基本的情绪表达方式；

（3）能够认识情绪产生的机制；

（4）能够识别自身的不合理信念；

（5）能够运用 A-B-C 理论和合理情绪疗法改善自己的情绪。

基本概念

情绪　心境　激情　应激　表情　A-B-C 理论　情绪智力　合理情绪疗法

引　言

钉 子 的 故 事

有个小女孩脾气很坏，经常冲着别人乱发脾气，大家都不喜欢她，她感到很难过。有一天他的父亲给了她一袋钉子，然后告诉她说："下次你想发脾气的时候，就在围篱上钉一颗钉子。"第一天，小女孩就钉了 40 颗钉子。慢慢地，小女孩不再乱发脾气，钉下的钉子也少了，她发现控制脾气比钉钉子要容易很多。父亲又说："当你能控制脾气时就拔出一颗钉子。"最后，小女孩终于把以前所有的钉子都拔出来了。父亲说："你做得很好，但你看一下那些坑、洞，这些围篱将永远不能恢复到以前的样子了。生气时说过的话也像这些钉子一样，虽然拔出来了，但还是在自己和别人心里留下了永远难以弥补的伤疤。"小女孩终于明白父亲的良苦用心，再也不乱发脾气了。

心灵的疼痛有时比真实的伤痛还要令人无法承受。谁也不愿意自己的心灵被"钉"得千疮百孔，那么就请学会好好控制自己的情绪吧。

第一节　情 绪 是 什 么

一、情绪的概念

观看一场扣人心弦的体育比赛会令人感到兴奋和紧张，失去亲人会带来痛苦和悲伤，完成一项任务或工作后会感到喜悦和轻松，受到挫折时会感到悲观和沮丧，遭遇危险时会出现恐惧感，面对敌人挑衅时会感到按捺不住的愤怒，在工作不称心时会产生不满，在美好的期望未能实现时会出现失落，在面临紧迫的任务时会感到焦虑，这些感受上的各种变化我们称之为情绪。

情绪是指一个人在对客观事物形成的某种态度时所伴有的内心体验。人们对客观事物所形成的态度取决于这一事物是否能满足个人的需要。因此情绪和需要的满足程度密切相关，满足需要的客观事物会引起肯定的、接受的态度，这时会产生愉快的、积极的内心体验；不能满足需要的客观事物所引起的态度是否定的、排斥的或拒绝的态度，产生的是不愉快的和消极的内心体验，这些积极或消极的内心体验就是情绪。积极的情绪会对人的身心健康产生积极的影响，而消极的情绪可能影响到人们正常的生活工作学习，甚至会对生命造成一定的危害。

情绪对健康的影响

美国心理学家爱尔马专门研究了生气对人健康的影响，他进行了一个很简单的实验。把一只玻璃试管插在有冰有水的容器里，然后收集人们在不同情绪状态下的“汽水”。结果发现：即使同一个人，当他心平气和时，所呼出的气体变成水后，澄清透明，无杂质；悲痛时的“汽水”有白色沉淀；悔恨时有淡绿色沉淀；生气时有紫色沉淀。爱尔马还把人生气时的“汽水”注射在大白鼠身上，不料，只过了几分钟，大白鼠就死了。这位专家进而分析：如果一个人生气 10 分钟，其所耗费的精力，不亚于参加一次 3000 米的赛跑；人生气时，很难保持心理平衡，同时体内还会分泌出带有毒素的物质，对健康十分不利。

情绪的构成包括三种层面。众多的情绪研究者们大都从三个方面来考察和定义情绪：在认知层面上的主观体验，在生理层面上的生理唤醒，在表达层面上的外部行为。当情绪产生时，这三种层面共同活动，构成一个完整的情绪体验过程。

（一）主观体验

情绪的主观体验是人的一种自我觉察，即大脑的一种感受状态。人有许多主观感受，如喜怒哀乐爱惧恨等。人们对不同事物的态度会产生不同的感受。人对自己、对他人、对事物都会产生一定的态度，如对朋友遭遇的同情，对敌人凶暴的仇恨，事业成功的欢乐，考试失败的悲伤。这些主观体验只有个人内心才能真正感受到或意识到，如我知道“我很高兴”，我意识到“我很痛苦”，我感受到“我很内疚”等。值得注意的是，不同的人在遭遇相同事件时也能产生不同的主观体验，而积极的人即使在遭遇消极的事物时也能产生积极的主观体验。培养良好的情绪就要从培养良好的主观体验开始。

给心灵换一副眼镜

古希腊哲学家苏格拉底原先和几个朋友住在一间只有 7~8 平方米的房子里，有人认为他居住的条件太差了，他说：“朋友们住在一起，随时可以和他们交流感情，是值得高兴的事啊。”

几年后，他一个人住，又有人说他太寂寞了，他又说："我有很多书啊，一本书就是一个老师，我和那么多老师在一起，怎么不高兴呢？"

之后，他住进楼房的底层，有人认为环境差，他说："你不知道，底楼方便啊，进门就到家，朋友来方便，还可以在空地上种花、种菜什么的。"

后来，他又搬到顶楼，有人说住顶楼没好处，他又说："好处多啊，每天爬楼锻炼身体，光线也好，头顶上没干扰，白天晚上都安静。"

（二）生理唤醒

人在情绪反应时，常常会伴随着一定的生理唤醒。如激动时血压升高，愤怒时浑身发抖，紧张时心跳加快，害羞时满脸通红。脉搏加快、肌肉紧张、血压升高及血流加快等生理指数，是一种内部的生理反应过程，常常是伴随不同情绪产生的。

（三）外部行为

在情绪产生时，人们还会出现一些外部反应过程，这一过程也是情绪的表达过程。如人悲伤时会痛哭流涕，激动时会手舞足蹈，高兴时会开怀大笑。情绪所伴随出现的这些相应的身体姿态和面部表情，就是情绪的外部行为。它经常成为人们判断和推测情绪的外部指标。但由于人类心理的复杂性，有时人们的外部行为会出现与主观体验不一致的现象。比如在一大群人面前演讲时，明明心里非常紧张，还要做出镇定自若的样子。

主观体验、生理唤醒和外部行为作为情绪的三个组成部分，在评定情绪时缺一不可，只有三者同时活动、同时存在，才能构成一个完整的情绪体验过程。例如，当一个人佯装愤怒时，他只有愤怒的外在行为，却没有真正的内在主观体验和生理唤醒，因而也就称不上有真正的情绪过程。因此，情绪必须是上述三方面同时存在，并且有一一对应的关系。

二、情绪的种类

情绪本身是非常复杂的，因此要对情绪进行准确的分类就显得尤为困难。许多研究者对此进行了长期的探索，其中有两种分类方法颇具代表性。

（一）情绪的基本形式

人类具有四种基本的情绪：快乐、愤怒、恐惧和悲哀。快乐是一种追求并达到目的时所产生的满足体验。它是具有正性享乐色调的情绪，使人产生超越感、自由感和接纳感。愤怒是由于受到干扰而使人不能达到目标时所产生的体验。当人们意识到某些不合理的或充满恶意的因素存在时，愤怒会骤然发生。恐惧是企图摆脱、逃避某种危险情景时所产生的体验。引起恐惧的重要原因是缺乏处理可怕情景的能力与手段。悲哀是在失去心爱的对象或愿望破灭、理想不能实现时所产生的体验。悲哀情绪体验的程度取决于对象、愿望、理想的重要性与价值。

在以上四种基本情绪之上，可以派生出众多的复杂情绪，如厌恶、羞耻、悔恨、嫉妒、喜欢、同情等。

（二）情绪状态

依据情绪发生的强度、速度、紧张度、持续性等指标，可将情绪分为心境、激情和应激。

1. 心境

心境是一种具有感染性的、比较平稳而持久的情绪状态。当人处于某种心境时，会以同样的情绪体验看待周围事物。如人伤感时，会见花落泪、对月伤怀。心境体现了“忧者见之则忧，喜者见之则喜”的弥散性特点。平稳的心境可持续几个小时、几周或几个月，甚至一年以上。积极的心境就像我们内心的天使，可以引发我们积极的记忆和联想。比如“人逢喜事精神爽”，人在高兴的时候会更容易看到开心的事情；而消极的心境就像内心的魔鬼，常常会引发消极的记忆和联想，比如“屋漏偏逢连夜雨”；人在忧愁的时候往往看什么都带着忧伤；一个容易愤怒的人往往难以判断事情的真实情况，而做出冲动的行为。

我们要获得美好的心境，就需要有意识地改变那些消极悲观的内心认知，建立积极乐观的人生观念，勇敢承受欢乐和痛苦的考验，对自己的前途充满信心，坚韧不拔地去追求和面对现实；并且要善于及时正确疏导自己的不良情绪，通过悦纳自我、宽容他人，建立人生的目标来寻找和创造积极的快乐，获得一种开朗豁达的美好心境。

2. 激情

激情是一种爆发快、强烈而短暂的情绪体验。如在突如其来的外在刺激作用下，人会产生勃然大怒、暴跳如雷、欣喜若狂等情绪反应。在这样的激情状态下，人的外部行为表现比较明显，生理的唤醒程度也较高，因而很容易失去理智，甚至做出不顾一切的鲁莽行为。因此，在激情状态下，要注意调控自己的情绪，以避免冲动性行为。

3. 应激

应激是指在意外的紧急情况下所产生的适应性反应。当人面临危险或突发事件时，人的身心会处于高度紧张状态，引发一系列生理反应，如肌肉紧张、心率加快、呼吸变快、血压升高、血糖增高等。例如，当遭遇歹徒抢劫时，人就可能会产生上述的生理反应，从而积聚力量以进行反抗。但应激的状态不能维持过久，因为这样很消耗人的体力和心理能量。若长时间处于应激状态，可能导致适应性疾病的发生。

三、情绪的表达

有效的情绪识别和表达对我们的生存和发展至关重要，它帮助我们相互理解，和谐相处，建立起良好的人际关系。要了解如何识别情绪，我们首先最应该理解人们是如何表达情绪的。

（一）表情

表情是情绪表达的方式，也是人们交往的一种手段。人们除了言语交往之外，还有非言语交往，如表情。在人类交往过程中，言语与表情经常是相互配合的。同是一句话，配以不同的表情，会使人产生完全不同的理解。而且，表情比言语更能显示情绪的真实性。有时人们能够运用言语来掩饰和否定其情绪体验，但是表情则往往掩饰不住内心的体验。情绪作为一种内心体验，一旦产生，通常会伴随相应的非言语行为，如面部表情和身体姿势等。一些心理学家在研究人类交往活动中的信息表达时发现，表情起到了重要的作用。

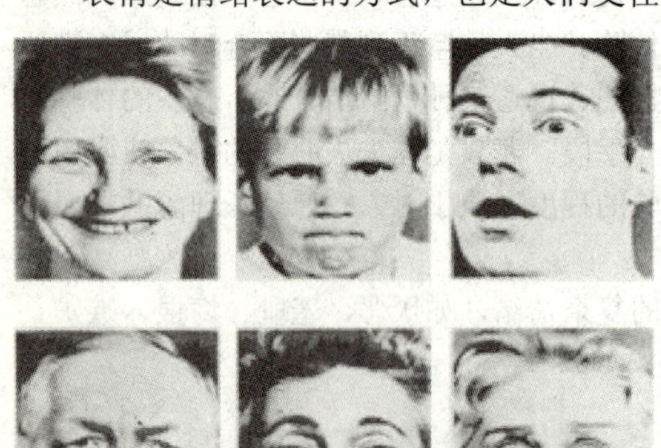

（二）表情的种类

表情可以分为三类：面部表情、身体表情和语调表情。

1. 面部表情

面部表情是由面部肌肉和腺体变化来表现情绪的，是由眉、眼、鼻、嘴的不同组合构成的，如眉开眼笑、怒目而视、愁眉苦脸、面红耳赤、泪流满面等。面部表情是人类的基本沟通方式，也是情绪表达的基本方式。面部表情有泛文化性，同一种面部表情会被不同文化背景下的人们共同承认和使用，以表达相同的情绪体验。心理学家们经过研究发现，有七种表情是世界上各民族的人都能认出的，它们是快乐、惊讶、生气、厌恶、害怕、悲伤和轻视。研究者发现，不同文化背景的人们都能精确辨认这七种基本表情，5 岁的孩子在辨认表情的精确度上便等同于成人了。面部表情识别的研究还发现，最容易辨认的表情是快乐、痛苦，较难辨认的是恐惧、悲哀，最难辨认的是怀疑、怜悯。一般来说，情绪成分越复杂，表情越难辨认。

2. 身体表情

身体表情是由人的身体姿态、动作变化来表达情绪。如高兴时手舞足蹈，悲痛时捶胸顿足，成功时趾高气扬，失败时垂头丧气，紧张时坐立不安，献媚时卑躬屈膝等。身段表情不具有跨文化性，并受不同文化的影响。研究表明，手势表情是通过学习获得的。在不同的文化中，同一手势所代表的含义可能截然不同。如竖起大拇指在许多文化中是表示夸奖的意思，但在希腊却有侮辱他人的意思。手势表情具有丰富的内涵，但隐蔽性也最小。弗洛伊德曾描述过手势表情：“凡人皆无法隐瞒私情，尽管他的嘴可以保持缄默，但他的手指却会多嘴多舌”。

面试中的身体语言

面试是从进入面试室的身体语言的交流开始的，它将给人留下第一印象，也是最重要的印象。千万不要忽略，这是面试过程中非常重要的组成部分。同时，如何察觉并对面试官的非语言性提示做出反应，是使你面试成功的一个非常有价值的技巧。

下面几种情况要格外留意其中的含义：

（1）如果面试官的头偏向一边，说明他正在倾听，而且感兴趣。这是一个成交的信号，暗示你应该将目前的谈话继续下去。

（2）挠头暗示困惑和怀疑。不要惊慌。相反，稍做停顿，然后提问：“我说清楚了吗？”或者，“我不知道我是否表达清楚了，换种方式说……”

（3）咬嘴唇预示着不安。也许是因为他对你所谈及的这个问题很敏感。也许是在你的谈话中出现了令人担心的事。如果你看出他对某个话题比较敏感，你最好判断一下是转向其他话题，还是阐述你对该问题的理解：“我知道这是一个令人不安的话题，但我认为它对增强相互理解是很重要的。”

（4）当面试官挠他的后脑勺或脖子的时候，你要小心。这个姿势说明倦怠和不耐烦。此时最好的办法是尽可能自然地转向别的话题。

（5）低头表示自卫。你说的某句话可能被面试官理解成批评。这时，应该说些安抚的话：“当然，我得承认每一个部门都有其自己的管理风格。我可以去适应。”

(6) 频繁点头就是一个成交信号。继续你的谈话。

(7) 面试官摇头则是个拒绝信号。这足以让你马上反应:“您好像不同意我的观点，是哪一部分不妥当呢?”这样的问题会使令人烦躁的谈话转向暂停，同时表明了你敏锐的洞察力。

(8) 眯眼睛也是拒绝信号。这一次，还是直接反应会好一些:“我察觉到我们的观点不太一致。您能告诉我是哪一部分吗?”

(9) 眼睛眯成一条缝说明困惑而不是异议。暂停，然后说:“我想把这个问题说得更透彻一些。让我换种方式来说。”

(10) 挑起眉头表示惊奇，或者是不折不扣的不相信。从眼镜上面看人，也是怀疑和不相信的信号。

(11) 很难解释面试官避免目光接触的原因。如果目光接触得很无力或者一开始就没有目光接触，说明面试官或是害羞、或是不舒服。最好的反应就是表现出友好，主动和他说话。然而，如果两人的目光开始对视，而后来面试官有意避开则说明他对你失去了兴趣。

(12) 面试官有意盯着你，则说明他有可能在吓唬你，想看看你面对压力时的反应。别管它，该做什么就做什么。

3. 语调表情

语调表情是通过声调、节奏变化来表达情绪的，也是一种副语言现象，如言语中语音的高低、强弱、抑扬顿挫等。例如人们惊恐时尖叫；悲哀时声调低沉，节奏缓慢；气愤时声高，节奏变快；爱慕时语调柔软且有节奏。

总之，面部表情、身段姿态和语调变化成为情绪的有效表达方式，它们经常相互配合，更加准确或复杂地表达不同的情绪。

四、情绪的功能

人人都有这种体验：在情绪良好的时候思路开阔、思维敏捷，学习和工作效率提高；而在情绪低沉或郁闷时，则思路阻塞、行为迟缓、无创造性，学习工作效率低。强烈情绪会突然阻断正在进行的思维，而持久热烈的情绪则能激发无限的能量去完成任务。这些都是属于情绪的功能。

(一) 适应功能

情绪是有机体适应生存和发展的一种重要方式。如动物遇到危险时产生害怕的情绪，从而发出呼救信号，就是动物求生的一种手段。人类婴儿出生时，还不具备独立的维持生存的能力，这时主要依赖情绪来传递信息，与成人进行交流，得到成人的抚养。成人也正是通过婴儿的情绪反应，及时为婴儿提供各种生活条件。在成人的生活中，情绪直接反映着人们生存的状况，是人们心理活动的晴雨表。如愉快表示处境良好，痛苦表示处境困难。人们还通过情绪进行社会适应。如用微笑表示友好，通过察言观色了解对方的情绪状况，以便采取相应的措施等。也就是说，人们通过各种情绪了解自身或他人的处境与状况，适应社会的需要，求得更好的生存和发展。

(二) 动机功能

情绪是动机的源泉之一，是动机系统的一个基本成分。它能够激励人的活动，提高人的活动效率。适度的情绪兴奋，可以使身心处于活动的最佳状态，进而推动人们有效地完成工作任务。研究表明，适度的紧张和焦虑能促使人积极地思考和解决问题。同时，情绪对生理内驱力也可以起到放大信号的作用，成为驱使人们行动的强大动力。如人在缺氧的情况下会产生补充氧气的生理需要，但这种生理驱力本身可能没有足够的力量去激励行为，而此时所产生的恐慌感和急迫感会产生强烈的驱动力。

（三）组织功能

情绪是一个独立的心理过程，有自己的发生机制，并对其他心理活动具有组织作用。这种作用集中表现为积极情绪的协调作用和消极情绪的破坏、瓦解作用。一般而言，中等强度的愉快情绪有利于提高认知活动的效果，而消极情绪，如恐惧、痛苦等会对作业效果产生负面影响。情绪的组织功能还表现在人的行为上。当人们处在积极、乐观的情绪状态时，更容易注意事物美好的一方面，行为也比较开放，愿意接纳外界的事物；当人们处在消极的情绪状态时，则容易失望、悲观，放弃自己的愿望，甚至产生攻击行为。

（四）信号功能

情绪在人际间具有传递信息、沟通思想的功能。这种功能是通过情绪的外部表现，即表情来实现的。表情是思想的信号，在许多场合，只能通过表情来传递信息，如用微笑表示赞赏，用点头表示默认等。表情也是言语交流的重要补充，如手势、语调等能使言语信息表达得更加明确或确定。从信息交流的发生上看，表情的交流比言语交流要早得多，如在前言语阶段，婴儿与成人相互交流的唯一手段就是表情。情绪的适应功能也正是通过信号交流的作用来实现的。

第二节　情绪的产生

一、情绪产生的生理机制

情绪和我们的健康息息相关，情绪管理良好可以让我们身心通达舒畅，精力充沛。正所谓“快乐忘忧，乃是良药”。研究发现，当人处于精神愉悦状态时，脑内会大量分泌“脑内吗啡”。此时人心情好极了，精力充沛，思维敏捷，自身免疫力也明显加强。而情绪管理不良会让你心理能量阻滞，郁郁寡欢、缺乏动力、身心失调，消极情绪常常影响我们的身体健康。我国自古就有喜伤心、怒伤肝、思伤脾、忧伤肺、恐伤肾之说，很多病人的病痛病根多在情绪管理不当上。过度的消极情绪，长期的不愉快、恐惧、紧张、失望等会抑制肠胃运动，从而影响消化机能，使机体患上各种疾病。

（一）遗传

我们的很多不良情绪，特别是躁动、抑郁、焦虑等情绪障碍都与遗传有十分密切的关系。同时父母的教养方式、父母本身的性格特点也对个人情绪的养成起着重要的作用。

（二）激素分泌

激素是调节机体生理生化活动的重要物质，内分泌活动发生紊乱会引起机体的生理活动失调。如甲状腺素的含量偏高或偏低都会使人情绪处于波动状态。甲状腺素含量过高，人就可能表现出狂躁不安。肾上腺素也对人的情绪有重要的作用。

（三）神经系统的功能

当处于情绪状态时，体内由自主神经系统支配的内脏器官和内分泌活动会发生变化。例如，愤怒时血压上升；恐惧时呼吸和脉搏加快，胃会暂停活动，消化液也停止分泌，甚至发冷汗，汗腺分泌发生变化等。大多数伴随情绪而发生的生理变化是由自主神经系统支配的。自主神经系统的交感和副交感神经系统共同支配着同一个器官，但起着拮抗的作用。

同时，脑干、下丘脑、边缘系统、网状结构等皮下中枢是控制情绪的关键部位，这些部位若发生了功能的器质性变化，便会引起各种情绪障碍。大脑皮层是控制和调节情绪的最高中枢，大脑皮层的不同部位控制着不同情绪。

总之，情绪的生理机制是十分复杂的，它是大脑皮质和皮质下部位协同活动的结果。皮质下部位在情绪行为中起着重要作用，而情绪认知、情绪体验、情绪控制则是大脑皮质的功能。大脑皮质在人的情感中起着主导作用。

测谎仪——你在撒谎吗?

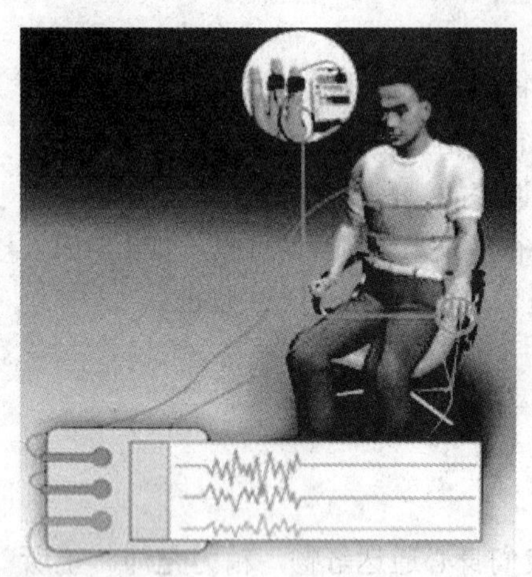

运用多道生理记录仪可以记录伴随情绪的生理变化。多道生理记录仪俗称测谎仪（Iie Detector），实质上是一种“情绪检测器”：测量与情绪状态相联系的某些生理指标。它用于测谎是因为人在说谎时往往感到内疚和焦虑，从而导致心率、血压、呼吸和皮电反应等的变化，因而推断可以用测谎仪进行检测。操作测谎仪的标准程序是：先在被试放松时做一个记录，这些记录作为计算随后反应的基线，然后，测验者提出一系列经过仔细措辞、要求用“是”或“否”来回答的问题。鉴定性问题（也称相关问题）分散在中性问题（也称无关问题）之中。为了使测量回到常态，问题与问题之间通常有 1 分钟的时间间隔。在司法心理学中运用测谎仪的假设是，由于犯罪的被试对鉴定性问题的生理性反应增强从而被揭露出来。是测谎仪上显示的呼吸、汗腺及心跳记录曲线随问题性质变化的情形。

二、情绪的认知机制——情绪 A-B-C 理论

情绪的产生除了生理机制以外，更重要的是我们的认知机制。事件和事物本身并不能影响人的情绪，对情绪产生影响的是人们对事件和事物的看法。

（一）A-B-C 理论

A-B-C 理论是由美国心理学家艾利斯创建的。如下图所示，A（Antecedent）指事情的前因，C（Consequence）指事情的后果。有前因必有后果。但是有同样的前因 A，产生了不一样的后果 C1 和 C2。这是因为从前因到结果之间，一定会通过一座桥梁 B（Belief），这座桥梁就是信念和我们对情境的评价与解释。也就是说，在同一情境（A）之下，由于不同的人的理念以及评价与解释不同（B1 和 B2），所以会得到不同结果（C1 和 C2）。因此，事情发生的一切根源缘于我们的信念、评价与解释。

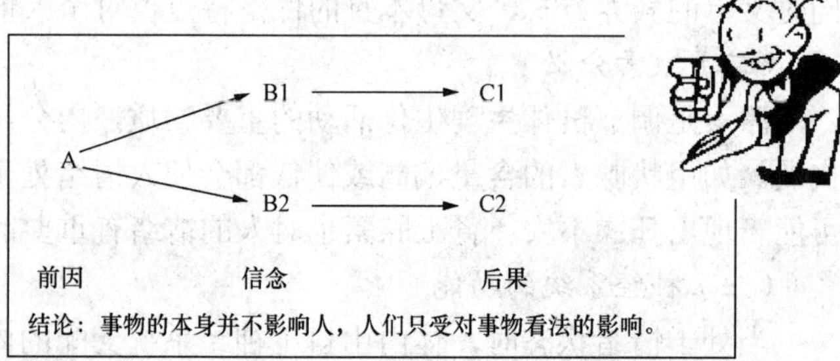

激发事件 A 只是引发情绪和行为后果 C 的间接原因，而引起 C 的直接原因则是个体对激

发事件 A 的认知和评价而产生的信念 B，即人的消极情绪和行为障碍结果（C）不是由于某一激发事件（A）直接引发的，而是由于经受这一事件的个体对它不正确的认知和评价所产生的某种信念（B）所直接引起。这种信念也称为非理性信念。

情绪 A-B-C 理论的创始者艾利斯认为：正是我们常有的一些不合理的信念导致我们产生情绪困扰。如果这些不合理的信念持续存在，久而久之，还会引起情绪障碍。通常人们会认为诱发事件 A 直接导致了人的情绪和行为结果 C，发生了什么事就引起了什么情绪体验。然而，事实上却是，同样一件事对不同的人，会引起不同的情绪体验。同样是报考英语四级，结果两个人都没过。一个人无所谓，而另一个人却伤心欲绝。为什么？这是由于诱发事件 A 与情绪、行为结果 C 之间还有个对诱发事件 A 的看法、解释的 B 在作怪。一个人可能认为：这次考试只是试一试，考不过也没关系，下次可以再来。另一个人可能说：我精心准备了那么长时间，竟然没过，是不是我太笨了，我还有什么用啊，人家会怎么评价我。于是不同的 B 带来的 C 大相径庭。

（二）不合理信念

人们的情绪及行为反应与人们对事物的想法、看法有关。在这些想法和看法背后，有着人们对一类事物的共同看法，这就是信念。合理的信念会引起人们对事物的适当的、适度的情绪反应；而不合理的信念则相反，会导致不适当的情绪和行为反应。当人们坚持某些不合理的信念，长期处于不良的情绪状态之中时，最终将会导致情绪障碍的产生。艾利斯经过归纳研究，总结出了不合理信念的几个特征。

（1）绝对化要求。是指人们以自己的意愿为出发点，对某一事物怀有认为其必定会发生或不会发生的信念，它通常与“必须”、“应该”这类字眼连在一起。比如：“我必须获得成功”，“别人必须很好地对待我”，“生活应该是很容易的”等。怀有这样信念的人极易陷入情绪困扰中，因为客观事物的发生、发展都有其规律，是不以人的意志为转移的。就某个具体的人来说，他不可能在每 件事情上都获得成功；而对丁某个个体来说，他周围的人和事物的表现和发展也不可能以他的意志为转移。因此，当某些事物的发生与其对事物的绝对化要求相悖时，他们就会受不了，感到难以接受、难以适应并陷入情绪困扰。合理情绪疗法就是要帮助他们改变这种极端的思维方式，认识其绝对化要求的不合理、不现实之处，帮助他们学会以合理的方法去看待自己和周围的人与事物，以减少他们陷入情绪障碍的可能性。

（2）过分概括化。这是一种以偏概全、以一概十的不合理思维方式的表现。艾利斯曾说过，过分概括化是不合逻辑的，就好像以一本书的封面来判定其内容的好坏一样。过分概括化的一个方面是人们对其自身的不合理的评价。如当面对失败时，往往会认为自己“一无是处”、“一钱不值”、是“废物”等。以自己做的某一件事或某几件事的结果来评价自己整个人、评价自己作为人的价值，其结果常常会导致自责自罪、自卑自弃的心理及焦虑和抑郁情绪的产生。过分概括化的另一个方面是对他人的不合理评价，即别人稍有差错就认为他很坏、一无是处等，这会导致一味地责备他人，以致产生敌意和愤怒等情绪。按照艾利斯的观点来看，以一件事的成败来评价整个人，这无异于一种理智上的法西斯主义。他认为一个人的价值就在于他具有人性，因此他主张不要去评价整体的人，而应代之以评价人的行为、行动和表现。这也正是合理情绪治疗所强调的要点之一。因为在这个世界上，没有一个人可以达到完美无缺的境地，所以每个人都应接受自己和他人是有可能犯错误的。

（3）糟糕至极。这是一种认为如果一件不好的事发生了，将是非常可怕、非常糟糕，甚至是一场灾难的想法。这将导致个体陷入极端不良的情绪体验，如耻辱、自责自罪、焦虑、悲观、抑郁的恶性循环之中而难以自拔。糟糕就是不好、坏事了的意思。当一个人讲什么事情都糟透了、糟极了的时候，对他来说往往意味着碰到的是最最坏的事情，是一种灭顶之灾。艾利斯指出这是一种不合理的信念，因为对任何一件事情来说，都有可能发生比之更不好的情形，没有任何一件事情可以定义为是百分之百糟透了的。当一个人沿着这条思路想下去，认为遇到了百分之百的糟糕的事或比百分之百还糟的事情时，他就是把自己引向了极端的、负面的不良情绪状态之中。糟糕至极常常是与人们对自己、对他人及对周围环境的绝对化要求相联系而出现的，即在人们的绝对化要求中认为的“必须”和“应该”的事情并非像他们所想的那样发生时，他们就会感到无法接受这种现实，因而就会走向极端，认为事情已经糟到了极点。非常不好的事情确实有可能发生，尽管有很多原因使我们希望不要发生这种事情，但没有任何理由说这些事情绝对不该发生。我们必须努力去接受现实，尽可能地去改变这种状况；在不可能改变状况时，则要学会在这种状况下生活下去。

在人们不合理的信念中，往往都可以找到上述三种特征。每个人都会或多或少地具有不合理的思维与信念，而那些严重情绪障碍的人，这种不合理思维的倾向尤为明显。

认知对情绪的影响

美国心理学家沙赫特（S. Schachter）提出了情绪受环境影响、生理唤醒和认知过程三种因素所制约，其中认知因素对情绪的产生起关键作用。沙赫特和另一位美国心理学家辛格（J. Singer）于1962年设计了一项实验，用来证明上述三因素在情绪产生中的作用。

实验前告诉被试者，要考察一种新维生素化合物对视敏度的影响效果。在被试者同意的前提下，为他们注射药物。但实际上控制组被试者接受的是生理盐水，实验组被试者接受的是肾上腺素。肾上腺素使被试者出现心悸、颤抖、灼热、血压升高、呼吸加快等反应而处于典型的生理唤醒状态。药物注射后，实验组被分作三组，“告知组”：告诉被试者药物会导致心悸、颤抖、兴奋等反应；“未告知组”：对被试者说药物是温和的，不会有副作用；“误告知组”：告诉被试者药物会导致全身麻木、发痒和头痛。

人为地安排两个实验情境：“欣快”情境与“愤怒”情境。实验组三组被试者一半人进入

“欣快”情境，另一半人进入“愤怒”情境。当被试者进入“欣快”情境时，看见一个人（实验助手）在室内唱歌、跳舞、玩耍，表现得十分快乐并邀请被试者一同玩耍。而进入“愤怒”情境的被试者则看见一个人（实验助手）正对填写着的一张调查表发怒、咒骂、跺脚，并最后撕毁调查表；被试者也被要求填写同样的调查表，表上的题目带有人身攻击和侮辱性，并会引起人极大的愤怒。

实验假设：如果生理唤醒单独决定情绪，那么三组被试应产生同样的情绪；如果环境因素单独决定情绪，那么所有进入“欣快”情境的被试应产生欣快，所有进入“愤怒”情境的被试应产生愤怒。实验结果：控制组和告知组的被试者在室内安静地等待并镇静地进行他们的工作，毫不理会同伴的古怪行为；未告知组和误告知组的被试者则倾向于追随室内同伴的行为，变得欣快或愤怒。

结果分析：控制组被试者未经受生理唤醒，告知组被试者能正确解释自身的生理唤醒，他们都不被环境中同伴的情绪所影响，因此没有任何情绪反应；未告知组和误告知组的被试者对自身的生理唤醒没有现成的解释，从而受到环境中同伴行为的暗示，把生理唤醒与“欣快”或“愤怒”情境联系起来并表现相应的情绪行为。

结果表明：生理唤醒是情绪激活的必要条件，但真正的情绪体验是由对唤醒状态赋予的“标记”决定的。这种“标记”的赋予是一种认识过程，个体利用过去经验中和当前环境中的信息对自身唤醒状态作出合理的解释，正是这种解释决定着产生怎样的情绪。所以，无论生理唤醒还是环境因素都不能单独地决定情绪，情绪发生的关键取决于认知因素。

第三节　提升积极的情绪智力

一、什么是情绪智力

长久以来，人们一直认为一个人能取得成就，智力水平是第一重要的，即智商越高，取得成就的几率就越高。但是随着近年来对成功人群的深入研究，我们发现，一个人控制情绪、调整情绪的能力比智商更能够影响其个人的生活与人生发展。丹尼尔•戈尔曼对全世界 121 家公司与组织的 181 个职位的胜任特征模型进行分析后发现：67%的胜任特征都与 EI（情绪智力）相关。在他 1995 年出版的《情绪智力》一书中，戈尔曼阐述了他的研究结果。他认为，人类的自我意识、自我约束、毅力和全情投入等能力对一个人一生的影响在大多数时间内都要比智商更为重要。如果我们忽视了情绪智力因素的存在，对我们自身发展将会是极为不利的。

（一）情绪智力的概念

情绪智力（Emotional Intelligence）的概念是由美国耶鲁大学的萨洛维（Salove）和新罕布什尔大学的玛依尔（Mayer）提出的，是指“个体监控自己及他人的情绪和情感，并识别、利用这些信息指导自己的思想和行为的能力”。换句话说，情绪智力也就是识别和理解自己和他人的情绪状态，并利用这些信息来解决问题和调节行为的能力。在某种意义上，情绪智力是与理解、控制和利用情绪的能力相关的。

（二）情绪智力的构成

萨洛维认为，情绪智力主要体现在以下五个方面。

1. 认识自身情绪的能力

认识自身情绪，就是能认识自己的感觉、情绪、情感、动机、性格、欲望和基本的价值取向等，并以此作为行动的依据。

知道自己的情绪。别把自己看太重，也别把自己看太高。当正确认识自己的状态后就会心平气和：“如果没理，发怒就没有用；如果有理，何必要发怒？”我们并非生活在真空中，所以总会有阻力。工作学习生活都一样，都需要有一颗平常心。

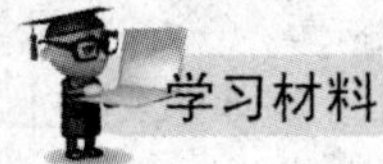

情 绪 周 期

所谓“情绪周期”，是指一个人的情绪高潮和低潮的交替过程所经历的时间。它反映人体内部的周期性张弛规律，亦称“情绪生物节律”。

人如果处于情绪周期的高潮，就表现出强烈的生命活力，对人和蔼可亲，感情丰富，做事认真，容易接受别人的规劝，具有心旷神怡之感；若处于情绪周期低潮，则容易急躁和发脾气，易产生反抗情绪喜怒无常，情绪周期常感到孤独与寂寞。

那么，每个人怎样才能知晓自己的“情绪周期”呢？科学研究表明，人的情绪周期与生俱来。从出生的那一天开始，一般28天为一个周期，周而复始。每个周期的前一半时间为“高潮期”，后一半时间为“低潮期”。在高潮与低潮之间，即由高潮向低潮或由低潮向高潮过渡的时间，称为“临界期”，一般是2至3天。临界期的特点是情绪不稳定，机体各方面的协调性能差，易发生事故。

情绪周期是人生情感的晴雨表，我们可据此安排好自己人生耕耘的茬口。情绪高涨时安排一些难度大、较烦琐的任务，而在情绪低落时多出去走走，多参加体育锻炼，放松思想、放宽心情，有了烦心的事多向亲人、同学、朋友倾诉，寻求心理上的支持，安全地渡过情绪危险期。

同时，遇上低潮和临界期，我们要提高警惕，运用意志加强自我控制；也可以把自己的情绪周期告诉自己最亲密的人，这样一方面也让他们能提醒你，帮助你克服不良情绪，另一方面避免不良情绪给你们之间带来的误会。

2. 妥善管理自身情绪的能力

情绪管理是一种能力，包含情绪适应能力、情绪宣泄能力和情绪控制能力。妥善管理自身情绪，是指对自己的快乐、愤怒、恐惧、爱、惊讶、厌恶、悲伤、焦虑等体验能够自我认识、自我协调。情绪适应是指对情绪表达和发生情绪的环境之间的关系进行调整，即对情绪进行积极的调节，让自己的情绪表达适应周围的环境。情绪宣泄是采用适当的方式把心中郁积的情绪发泄出来，以此改变情绪对自己的不良影响。情绪宣泄是一种重要的适应方式，郁积在心中已久的情绪如果不能及时得到宣泄，很容易演变成心理疾病。不过情绪宣泄也要注意方式，不恰当的宣泄方式可能解决一时的情绪问题，但往往会带来更长久的情绪困扰。情绪控制是指选择情绪反应的方式和内容及情绪反应的程度。如果情绪适应不良，或者说情绪控制不当都会带来与情绪有关的心理和行为问题，反之如果能很好地控制自己的情绪，就能让自己的情绪臣服于理智。

学会管理自己的情绪，就要学会做到情绪的操之在我。不能改变环境就适应环境、不能改变别人就改变自己、不能改变事情就改变对事情的态度，控制好自己的情绪才能让生活愉悦、顺畅。不能操之在我者将会受制于人，容易被周围的不良情绪所影响，成为连锁反应的牺牲品。不轻易被伤害也是高情商的重要标志。谅解的心是最佳的灭火剂，要学会宽容和谅解，学会制怒，学会合理宣泄自己的情感，使自己的情绪达到平衡，但一定要注意方法和环境。能从容地操之在我者则可以做自己情绪的主人。当自己情绪不佳时，可用以下方法帮助调整情绪：①正确查明使自己心烦的问题是什么；②找出问题的原因；③进行一些建设性引动。

测试情绪适应方式

测试 1：测试一下你的情绪适应方式。

比如，当有人对我生气时，我会：

a. 不理睬他；b. 以生气的方式回应他；c. 要求对方说明生气的理由，并以坦率的方式面对；d. 不问理由地先向他道歉；e. 暂时避开他，待对方情绪平息后再问原因；f. 开个玩笑，尽量用幽默的方式来缓和双方情绪；g. 从此尽量疏远他。

消极的方式有 a、b、d、g；积极地方式有 c、e、f。看看你的选择是积极多还是消极多呢？

测试 2：看看你对消极情绪的宣泄采用了怎样的方式（可以把波浪线上的词汇换成其他自己的不良情绪）。

例如：当我很生气或愤怒时，我会做__________来平息怒火。

适当选择：听音乐 看电影 运动 阅读 写日记 找朋友倾诉 做深呼吸 哭

中性选择：吃东西 购物 撕纸 喝水 做作业 睡觉

不当选择：骂人 找人打架 摔门 生闷气 伤害自己 以牙还牙 砸东西 伤害他人

看看自己对消极情绪的宣泄是适当的方法多呢，还是不适当的方法多呢？你认为自己还可以用哪些方式来宣泄不良情绪呢？

3. 自我激励

自我激励，指面对自己欲实现的目标，随时进行自我鞭策、自我说服，始终保持高度热忱、专注和自制。如此，使自己有高度的办事效率。自我激励让我们在失败的时候不气馁，成功的时候不止步，让我们的人生充满挑战的激情和不断创造的勇气。大多数时候，我们都需要通过自我激励来鼓励和鞭策自己完成目标。

4. 认识他人的情绪

只了解自己的情绪是不够的，我们还必须解读他人的情绪。认识他人的情绪指对他人的各种感受，能“设身处地”地、快速地进行直觉判断；了解他人的情绪、性情、动机、欲望等，并能做出适度的反应。在人际交往中，常从对方的语言及其语调、语气和表情、手势、姿势等来做判断。常常真正透露情绪、情感的就是这些表达方式。故捕捉人的真实性情绪、情感的常是这些关键信息，而不是对方“说的什么”。

知道别人的情绪。知道别人情绪的工具就是学会站在对方的角度思考，从别人的眼中看这个世界，这就是一种同理心。在人际交往中，体会他人的情绪和想法、理解他人的立场和感受，并站在他人的角度来思考和处理问题就是同理心。一言以蔽之，同理心就是“设身处地”、“将心比心”、“感同身受”。

学习材料

同理心三步走

（1）倾听。同理心的重要条件是正确接受对方发出的信息。交谈时，要单纯去听，不要附加自己的解释；耐心倾听的同时观察其非言语行为传达的信息，打断时注意技巧，不要伤害对方的感情。

（2）表达自己的感受。不作回应一般会被认为忽视了其感受；但是，如果没有等对方说完就急于回应，可能会带来个人推测成分，不一定是对方想要表达的。

（3）共鸣。倾听完对方的表达，运用判断、推理挖掘其隐含的情绪和需要，才能完全理解对方，产生共鸣，真正识别和理解他人的情绪感受。交谈时，以理解的态度回应对方的感受，鼓励其寻找解决的办法。适时用自己的话或巧妙引用对方的话，给予情感支持。

5. 管理他人的情绪

人际关系的管理，就是管理他人情绪的艺术。一个人的人缘、人际和谐程度都和这项能力有关。深谙人际关系者，容易认识人而且善解人意，善于从别人的表情来判读其内心感受，善于体察其动机想法。这种能力的具备，易使其与任何人相处都愉悦自在；这种人能充任集体感情的代言人，引导群体走向共同目标。

管理别人的情绪很难，工具有：赏识对方、批评自己、传递自己积极的情绪来影响对方。工作之前，调整一下你自己，把不良情绪都抛在脑后，用良好的心态去感染他人可以使我们的工作过程充满乐趣。

二、提升积极情绪智力

健康的情绪会给人的学习、工作和生活带来高质量、高效率；不良的情绪对人的学习及生活都存在不同程度的影响。因此，合理的调控情绪，培养积极的情绪，调节和控制不良情绪对于我们的健康生活具有重要意义。我们可以通过以下的方法提升积极的情绪智力。

（一）合理情绪疗法

合理情绪疗法（Rational-Emotive Therapy，RET）是20世纪50年代由阿尔伯特·艾利斯（A . ElliS）在美国创立的。合理情绪治疗是认知心理治疗中的一种疗法，因为它也采用行为疗法的一些方法，故被称之为认知—行为疗法。这种疗法的主要目标是：帮助人们培养更实际的生活哲学，减少自己的情绪困扰与自我挫败行为，也就是减轻因生活中的错误而责备自己或别人的倾向（消极目标），并学会如何有效地处理未来的困难（积极目标）。只要领悟了疗法的精神，任何人都可以通过自身的努力来改善自己的情绪。

合理情绪疗法的基本理论是A-B-C理论。A-B-C理论指出，诱发性事件A只是引起情绪及行为反应的间接原因，而人们对诱发性事件所持的信念、看法、理解B才是引起人的情绪及行为反应的更直接的原因（见下图）。例如两个同学一起上街，碰到他们的老师，他们与老师打招呼，但老师看都不看他们径直过去了。这两个同学中的一个认为："他可能正在想别的事情，没有注意到我们。即使是看到我们而没理睬，也可能有什么特殊的原因。"而另一个却可能有不同的想法："是不是老师不喜欢我，他就故意不理我。"两种不同的想法就会导致两种不同的情绪和行为反应。前者可能觉得无所谓；而后者可能忧心忡忡以至无法平静下来生活学习。从这个简单的例子中可以看出，人的情绪及行为反应与人们对事物的想法、看法有直接的关系。因为情绪是由人的思维、人的信念所引起的，所以艾利斯认为每个人都要对自己的情绪负责。他认为当人们陷入情绪障碍之中时，是他们自己使自己感到不快的，是他们自己选择了这样的情绪取向的。当然合理情绪疗法并非反对人们具有负性的情绪。假如一件事失败了，感到懊恼，有受挫感是适当的情绪反应；而抑郁不堪，一蹶不振则是所谓不适当的情绪反应了。长期持有不合理信念，处于不良的情绪状态之中，最终将导致情绪障碍。

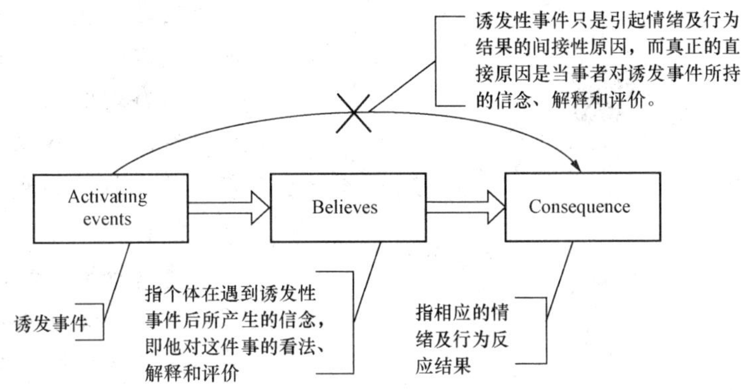

合理情绪疗法完整的治疗模式由 ABCDEF 六个部分组成。

A：Activating Events，指发生的事件。

B：Beliefs，指人们对事件所持的观念或信念。

C：Emotional and Behavioral Consequences，指观念或信念所引起的情绪及行为后果。

D：Disputing Irrational Beliefs，指反驳不合理信念。

E：Effect，指改变信念后的效果。

F：New Feeling，指新感觉。

合理情绪疗法的操作方法是：

（1）找出使自己产生异常紧张情绪的诱发事件（A），例如当众讲话、考试、工作压力、人际关系等。

（2）分析挖掘自己对诱发事件的解释、评价和看法，即由它引起的信念（B），从理性的角度去审视这些信念，并且探讨这些信念与所产生的紧张情绪（C）之间的关系。从而认识到异常的紧张情绪之所以发生是由于自己存在不合理的信念，这种失之偏颇的思维方式应当由自己负责。

（3）扩展自己的思维角度，与自己的不合理信念进行辩论（D），动摇并最终放弃不合理信念，学会用合理的思维方式代替不合理的思维方式。还可以通过与他人讨论或实际验证的方法来辅助自己转变思维方式。

（4）随着不合理信念的消除，异常的紧张情绪开始减少或消除，并产生出更为合理、积极的行为方式。行为所带来的积极效果，又促进着合理信念的巩固与情绪的轻松愉快。最后，个人通过情绪与行为的成功转变，从根本上树立起合理的思维方式，不再受异常的紧张情绪的困扰（E）。

合理情绪疗法 ABCDE 技术举例

我们想象一个对于大多数同学来说，困难的情境，就是被老师抽到上台发言。如果是你，你会如何产生怎样的情绪呢？如果特别紧张焦虑的同学可以试试用如左图所展示的合理情绪疗法来调节。

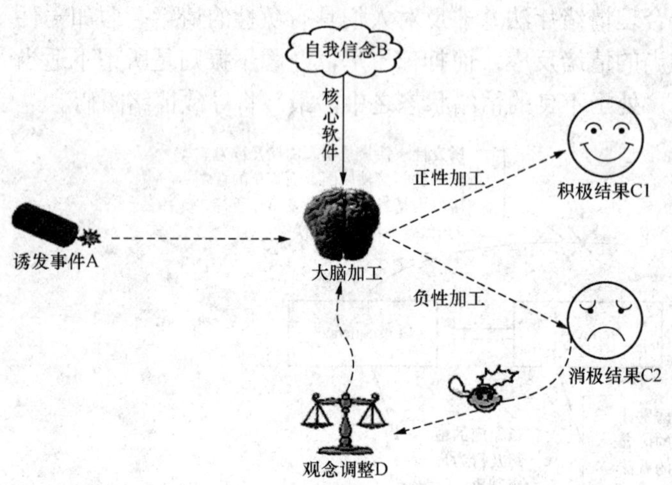

问题情境 A：被老师抽到当众发言或讲话。

不合理信念 B：我一定要表现得很好，否则会被人笑话的/我真倒霉，怎么就抽到我，讲不好的话简直就是丢丑。

情绪行为后果 C：紧张、焦虑、浑身发抖，无法集中注意力，如果讲不好，会生气懊恼，逃避发言。

反驳不合理观念 D：如果我没表现好，结果真的有那么糟糕吗？/别人会整天无事可干，天天评论我吗？/我想表现好，就一定可以表现得好吗？有些结果怎样并不完全由我控制。/我为什么非要表现那么好呢？难道敢于尝试不是一种勇气吗？别人上来难道就一定比我强吗？/我又有了一次锻炼自己的机会，讲不好也没什么，锻炼得多了，就自然讲好了。

改变信念 E：如果我继续坚持这个信念，我会更焦虑，会更糟。你想紧张就紧张吧，你想脸红就使劲红吧，爱怎样就怎样吧！豁出去，又能咋样？上！

新感觉 E：平静、快乐、适度紧张，慢慢进入状态，体会每次进步的满足，不断锻炼自己。

想象一个让你产生焦虑恐惧紧张情绪的现实情境，用合理情绪疗法来试一试，改变自己的不良情绪吧。

（二）其他调节情绪的方法

通过认知改善我们的情绪是提升积极情绪智力最根本有效的方法，但有些情绪我们需要疏导和调节，以下提供一些方法。

1. 宣泄法

适度的情绪宣泄是运用理性表达，把不良情绪释放出来，使心情趋于平静。

（1）眼泪宣泄。生理学家对眼泪的化学测定发现：情绪冲动流出的眼泪与眼睛受到刺激流出的眼泪成分不尽相同——蛋白质含量前者要远高出后者。情绪冲动时的眼泪能把体内和精神受到沉重压力时产生的有关化合物排出体外，情绪不佳的人在流泪后会感到轻松一点。大禹挖渠引水缓解水灾，我们也要学会让“情绪水库”中超过警戒线的不良情绪跟随眼泪一起排出。

（2）运动缓解。有人曾将两只老鼠放在转动的阶梯式滚筒上进行试验。其中一只被绑在滚筒上，而另外一只则是放在滚筒的台阶上。滚筒转动时，捆绑在上面的老鼠就躺着不动，而另一只老鼠则是随着滚筒转动的频率跑动，直到跟不上速度滚下滚筒为止。结果却是：跑动的老鼠精疲力竭，但休息一会就无大碍，而捆绑的老鼠没耗能量却死了。实验者说："两只老鼠都处于恐惧、惊慌的状态，奔跑的老鼠经过运动能将产生的负面情绪宣泄出来，所以仍然活着；而被捆绑的老鼠，无法动弹，虽然毫不费力，但产生的负面情绪也越积越多，不能排除，最终被吓死了。"

运动有助于释放激动、强烈或持久的不良情绪带来的能量，为积压的情绪提供一个公开合理的发泄渠道。不良情绪困扰时，不妨试试以下运动：慢跑、快走、爬山、游泳、骑自行车、跳健美操、跳舞等，让消极情绪带来的能量在运动中释放。

（3）倾诉。纸上宣泄，写日记或给自己写信。把经历的感觉写下来，不必在意修辞或文句优美与否，要把造成消极心理的事件和环境清晰地描述出来。不善交流、性格内向的同学常常采用这种方法。但需要注意的是，对自己的消极关注不宜过长，内向的人容易对自己过多的消极关注造成更深的情绪困扰。因此，找好朋友倾诉，说出自己的感觉；注意平时多交几个知心朋友，建立良好的社会支持系统；在倾诉的过程中建立支持方阵，对于摆脱情绪困扰更有作用。

2. 转移法

研究表明，强烈情绪产生时，大脑中存在一个较强的"兴奋灶"，此时如果建立另外一个或几个兴奋灶，便可以抵消或冲淡原来的优势兴奋灶。因此当不良情绪出现时，我们要有意识地转移注意力，建立新的兴奋灶，以达到管理情绪的目的。注意力的转移能中止不良情绪刺激源的作用，防止消极情绪泛化、蔓延；同时参与感兴趣的活动能增强积极情绪体验。如苦恼、烦闷时，去听听音乐、看看喜剧片，或者找朋友聊聊天、换换环境等；初次被点到名到讲台上发言，心情紧张，就把注意力集中到发言的内容上或教室后面的墙上；从高处往下看而心发慌时，就将视线投向远方；如果要对某一个人发火，就尽力想想这个人平时对你的种种好处。这些方法如果运用恰当，都能起到转移注意力、稳定情绪的作用。

另外，采取行动也是转移注意、排解烦恼的一种有效的心理途径。采取行动正是根据自我要求，有意识地转移注意力，使不良情绪得以转移，使之缓解。一旦出现不良情绪时，要激励自己多做有意思的事情，把作息时间表尽可能排得满一些、紧凑些。在兴趣中忙碌可以摆脱意志消沉，培养积极情绪。为别人做点事，助人为快乐之本，帮助别人不仅可以使自己忘却烦恼，还可以确认自己的存在价值，更会获得珍贵的友谊；为自己做点事，打扮一下、洗洗衣服、打扫卫生等使自己进入忙碌状态，烦恼的情绪就会在忙碌中消退。

3. 情绪放松技术

情绪放松技术是让人从紧张、抑郁、焦虑等不良情绪中解脱出来的技术。这里介绍一些缓解情绪、放松心情的小方法。

（1）478 呼吸操。面试前的紧张会让你的呼吸变浅，此时，控制自己的呼吸、确保充分吸气，是控制情绪的好方法。做法是给呼吸一个节拍，像做操一样。同时，聚焦你的目光，比如注目于手表上的一个点；然后，吸气 4 拍、屏气 7 拍、呼气 8 拍。

（2）意念柠檬。想象你拿着一只柠檬。将所有意念都集中在这只柠檬上。看着它鲜亮的黄色，感觉凹凸不平的柠檬表面的纹路。然后想象你拿一把小刀把柠檬切开，注意柠檬汁喷射出来时散发出的强烈香气。这时想象着咬一口柠檬吧。如果你可以清晰地想象出这一场景，你也许会注意到自己开始流口水。专注的想象已经引起了你的生理反应。你的紧张情绪平复了吗？

（3）嚼口香糖。你知道为什么 NBA 的球员喜欢在比赛时嚼口香糖吗？为什么美国有些学校在学生考试前派发口香糖？研究发现，咀嚼口香糖能改变人体与压力相关的生理指标，如 α 脑波与唾液皮质醇水平。咀嚼口香糖能够缓解低、中程度的焦虑，咀嚼口香糖的被试者表现出更高的警觉度、更低的焦虑水平与压力感。

音 乐 疗 法

音乐疗法（Music Therapy），是通过生理和心理两个方面的途径来治疗疾病。一方面，音乐声波的频率和声压会引起生理上的反应。音乐的频率、节奏和有规律的声波振动，是一种物理能量，而适度的物理能量会引起人体组织细胞发生和谐共振现象，能使颅腔、胸腔或某一个组织产生共振，这种声波引起的共振现象，会直接影响人的脑电波、心率、呼吸节奏等。科学家认为，当人处在优美悦耳的音乐环境之中，可以改善神经系统、心血管系统、内分泌系统和消化系统的功能，促使人体分泌一种有利于身体健康的活性物质，可以调节体内血管的流量和神经传导。另一方面，音乐声波的频率和声压会引起心理上的反应。良性的音乐能提高大脑皮层的兴奋性，可以改善人们的情绪，激发人们的感情，振奋人们的精神。同时有助于消除心理、社会因素所造成的紧张、焦虑、忧郁、恐怖等不良心理状态，提高应激能力。一些大师的古典乐作品也能起到很好的治疗作用。

（1）维瓦尔第：为充满紧张压力的喧嚣尘世带来宁静和美好，帮助消化。

（2）巴赫：催眠和抚平哀伤。

（3）海顿：镇静、疗伤和止痛。

（4）莫扎特：治疗抑郁症、慢性疲劳、镇静、头疼，学习障碍。

（5）贝多芬：使人振奋。

（6）肖邦：教你表达爱情，抒发浪漫情怀。

（7）舒曼：用音乐让你的左脑休息。

（8）克拉拉：用音乐抚平暴戾。

（9）勃拉姆斯：快乐、充实、不孤单。

（10）拉赫玛尼诺夫：走出人生的瓶颈，再造灵感。

（11）柏辽兹：教你幻想。

（12）柴可夫斯基：优美的芭蕾胎教。

（13）普罗科菲耶夫：用音乐讲故事，开发婴儿智能。

（14）舒伯特：再造病童春天。

（15）斯梅塔纳：开启自闭儿童的心智。

（16）帕格尼尼：超级技艺，防老化。

（17）拉威尔：使病人残而不废。

（18）门德尔松：温馨，使人得到安宁。

（19）韦伯：调节血压，治疗心脏病。

（20）施特劳斯：圆舞曲瘦身。

（21）德彪西：改变脑波，放松身心。

（22）穆索尔斯基：戒烟戒酒。

（23）格什温：放松止痛。蓝色的手术室。

“人非草木，孰能无情”，一般的情绪起伏和波动是正常的。人们不可能100%的时间都保持良好、稳定的情绪。生活中难免会出现诸多不如意，这时出现短期的情绪波动，如沮丧悲伤、压抑消沉、愤怒急躁等，都是正常的，只要这些负性情绪反应时间适度，持续时间不长，都属于正常范围。只有我们了解了情绪产生的机制，合理表达和控制情绪，那么我们就能很好地调节和控制自身情绪，走向快乐幸福的人生。

本章概要

（1）情绪是指一个人在对客观事物形成的某种态度时所伴有的内心体验。

（2）情绪由三个方面构成：主观体验、生理唤醒、外部行为。

（3）情绪的状态包括心境、激情和应激。

（4）表情是情绪表达的方式，可分为面部表情、身体表情和语调表情。

（5）情绪的功能包含适应功能、动机功能、组织功能和信号功能。

（6）A-B-C理论是由美国心理学家艾利斯创建的。就是认为激发事件A（Activating Event）只是引发情绪和行为后果C（Consequence）的间接原因，而引起C的直接原因则是个体对激发事件A的认知和评价而产生的信念B（Belief）。

（7）艾利斯总结了人们的不合理信念的几个特征，包含绝对化要求、过分概括化及糟糕至极。

（8）情绪智力（Emotional Intelligence）的概念是由美国耶鲁大学的萨洛维（Salove）和新罕布什尔大学的玛依尔（Mayer）提出的，是指“个体监控自己及他人的情绪和情感，并识别、利用这些信息指导自己的思想和行为的能力”。换句话说，情绪智力也就是识别和理解自己和他人的情绪状态，并利用这些信息来解决问题和调节行为的能力。

（9）情绪智力主要体现在五个方面：认识自身情绪的能力、妥善管理自身情绪的能力、自我激励、认识他人的情绪和管理他人的情绪。

（10）合理情绪疗法（Rational Emotive Therapy，RET）是20世纪50年代由阿尔伯特·艾利斯（A.ElliS）在美国创立的。这种疗法的主要目标是：帮助人们培养更实际的生活哲学，减少自己的情绪困扰与自我挫败行为，也就是减轻因生活中的错误而责备自己或别人的倾向（消极目标），并学会如何有效地处理未来的困难（积极目标）。

心灵秘诀

（1）感觉好了一切都好。

（2）我的情绪我做主。

（3）信念改变情绪。

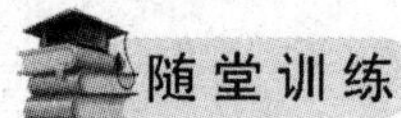

彩 绘 心 情

（1）分组进行，每组 8～10 人。

（2）做做心理游戏，体会心理历程。请每个人选用自己想用的彩笔，画出自己的心情，无任何限制，只要能代表自己的心情即可。

画好后，每个人在小组中分享自己的画，并给自己此时或今天的情绪评分，评分标准为0～10 分，0 表示情绪很差，10 分表示情绪很好，之后说出评分的理由。

（3）每位同学用三分钟的时间，在小组中轮流模拟气象预报员对同学进行自己的“一周心情预报”（把自己一周的心情变化表述出来）。要求越详细越好，说明情绪变化的原因，并尽可能带有个人特色。

（4）活动完成后小组讨论与分享：

1）你是否能从别人“天气预报”中得到关于他情绪变化的信息。

2）除了面部表情，你还可以根据什么判断一个人的情绪，你有什么表达情绪的好办法吗？

3）生活中你是如何表达自己的情绪的，有没有希望跟大家分享的小故事。谈谈自己的心情感受，交流大家的心理感受。

腹 式 呼 吸 法

介绍一种情绪放松技术——腹式呼吸法。请同学们回去尝试一下。

（1）准备工作：装着宽松柔软的衣服独自待在房间里。

（2）基本姿势：坐在凳子上，放松两肩，头稍低垂，目视前方，舒展一下身体和头部，使全身呈优美姿态。两手放在大腿上互不相碰，两脚稍微分开，使身体感到很舒适。

（3）训练工作：开始时，两臂、两腿用力伸展，两手、两脚同时用力，使之略微有颤抖的感觉。猛地一下子松劲，全身的肌肉会立刻松弛下来，练习时要体会和抓住这种感觉。接下来，闭上双目，重复一遍动作。在松劲的一瞬间开始做腹式深呼吸，张开口吐尽浮肿气息，停止呼吸片刻，再从鼻孔慢慢吸入新鲜空气，直至吸饱为止。此刻停止呼吸一二秒。再张口收腹，慢慢将腹内气息全部吐尽。腹式深呼吸做完以后，呼吸平缓下来，头脑里静静浮现出愉快的形象（形象在练习之前就要选好，这个形象应该与自己最美好的经历和感受联系着）。在愉快形象浮现的同时，随着呼吸，口中念念有词地哼几遍：“我的心里很安静。”这时，你会发现自己的情绪逐渐地平静下来。最后，每次训练的时间以 10～15 分钟为宜。最好在起床后、午饭后和睡觉前进行。掌握训练要领之后，每遇到情绪波动就可以用这种方法来自我调节。

相关链接

情绪管理能力测试

下面的测试可以测定你管理自己情绪的能力，请对照你的状况，选择符合你的选项。

1. 如果你因为在家里不顺心而带着不愉快去上学，你会（　　）。
   A. 继续不快，并显露出来
   B. 把烦恼丢在一边，投入工作学习
   C. 继续不快，但很少流露
2. 在电影、电视看到伤心和悲痛的场面时，你会（　　）。
   A. 经常哭或觉得难受
   B. 有时哭或觉得难受
   C. 很少哭或难受
3. 你正要去上课时，一个朋友打电话，向你诉说烦恼，你将（　　）。
   A. 耐心地听，宁可迟到
   B. 在电话中禁不住抱怨
   C. 向他解释上课要迟到了，不过答应中午打电话给他
4. 当你与别人发生冲突时，你会（　　）。
   A. 非常生气，久久不能平静
   B. 很快冷静下来，认为应该谅解别人
   C. 主动退让，认为多一事不如少一事
5. 你辛苦干了一天，自己很满意，不料领导却指责你，你会（　　）。
   A. 不耐烦地听他埋怨，心中满是委屈，但不作声
   B. 拂袖而去，认为自己不该受委屈
   C. 耐心地听，并在以后找适当的机会解释
6. 你在学校食堂里吃饭，饭菜的味道不合你胃口，你会（　　）。
   A. 向同桌的人发牢骚，指责食堂人员的工作
   B. 默默吃下去，然后把碗筷搞得乱七八糟
   C. 平静地告诉服务员，希望他们改进工作
7. 在影剧院里，你邻座的人吸烟，而你又讨厌烟味，你会（　　）。
   A. 很反感，希望其他人想着个人提意见
   B. 斥责吸烟是令人讨厌的习惯，并声言要叫服务员来干涉
   C. 问此人是否知道影剧院里不准吸烟
8. 一位售货员向你热情地介绍商品，但你都不满意，你会（　　）。
   A. 买一件并不想买的东西
   B. 说一声谢谢，然后离去
   C. 直率地说这些产品不好
9. 当你所爱的人去世时，你很悲伤，你会（　　）。
   A. 长时间地想念他，难以自拔，以致影响工作和学习
   B. 虽然想念他，但一段时间后能恢复平静
   C. 能很快地从悲伤中解脱出来，投入正常的工作
10. 当你考试或工作失败时，你会（　　）。
    A. 灰心丧气，长时间打不起精神
    B. 冷静从失败中吸取教训，争取今后提高

C．认为失败时常有的事，不必认真对待

11．当你在一个漆黑的夜晚独自行走时，你会（　　）。

A．非常害怕，头脑一片空白

B．有点害怕，设想如何应对突如其来的变化

C．想象自己是个英雄，一点也不害怕

12．一位同学与你差不多甚至不如你，但却得到老师的赏识，你会（　　）。

A．感到不公平，找别人说理

B．加倍努力，争取更多机会

C．认为这件事不公平，但很少表露

13．当你做出意见能够引以为傲的有成就感的事情时，你会（　　）。

A．总想找机会向别人一吐为快

B．尽管很激动，但不向别人透露

C．只告诉家人和知心朋友

14．当你遇到你很讨厌的人时，你会（　　）。

A．面带笑容与他打招呼

B．尽量回避与他打招呼

C．打招呼，但语言和面部表情很难协调起来

15．当你在工作和学习中取得成绩时，你会（　　）。

A．心情舒畅，认为自己的努力没有白费

B．心情激动，并显著地表现出来

C．尽管内心非常激动，但不表露

评分标准：

请根据下表计算你的得分。

题项	1	2	3	4	5	6	7	8	9	10	11	12	13	14	15
A	1	1	2	1	2	1	2	2	1	1	1	1	1	3	3
B	3	2	1	3	1	2	1	3	2	3	3	3	2	2	1
C	2	3	3	2	3	3	3	1	3	2	2	2	3	1	2

分数解释：

36～45 分：能够主动调节自己的情绪，经常保持一种稳定、快乐的心态。

26～35 分：对情绪不加约束，将它们坦率、自然地表现出来。

12～16 分：过度调节自己的情绪，压制自己的各种亢进情绪（例如：兴奋、激动、愤怒等），忍受各种低落情绪（例如：忧虑、悲伤、痛苦等）。

复习与思考题

一、单选题

1．情绪是指一个人在对客观事物形成的某种（　　）时所伴有的内心体验。

A．感受　　B．态度　　C．需求　　D．目的

2.（　　）是指在意外的紧急情况下所产生的适应性反应。

A．应激　B．心境　C．激情　D．冲动

3.（　　）是一种具有感染性的．比较平稳而持久的情绪状态。

A．应激　B．心境　C．激情　D．心绪

4．利用面部肌肉和腺体的变化表现情绪的是表情中的（　　）。

A．语调表情　B．身段表情　C．面部表情　D．姿态表情

5．（　　）是通过声调、节奏变化来表达情绪的。

A．语调表情　B．身段表情　C．面部表情　D．姿态表情

6．在情绪 A-B-C 理论中，A 是指（　　）。

A．激发事件　B．信念　C．后果　D．效果

7．在情绪 A-B-C 理论中，B 是指（　　）。

A．激发事件　B．信念　C．后果　D．效果

8．在情绪 A-B-C 理论中，C 是指（　　）。

A．激发事件　B．信念　C．后果　D．效果

9．“我必须成功”“别人就应该对我好”这是不合理信念中的（　　）。

A．绝对化要求　B．过分概括化　C．糟糕至极　D．选择性记忆

10．当面对失败时，认为自己“一无是处”“一钱不值”“废物”这是不合理信念中的（　　）。

A．绝对化要求　B．过分概括化　C．糟糕至极　D．选择性记忆

11．当高考失败就认为自己“前途尽毁了，完蛋了”这是不合理信念中的（　　）。

A．绝对化要求　B．过分概括化　C．糟糕至极　D．选择性记忆

12．合理情绪疗法中的 D 表示（　　）。

A．信念　B．反驳不合理信念

C．改变信念后的效果　D．新感觉

13．合理情绪疗法中的 E 表示（　　）。

A．信念　B．反驳不合理信念

C．改变信念后的效果　D．新感觉

14．合理情绪疗法中的 F 表示（　　）。

A．信念　B．反驳不合理信念

C．改变信念后的效果　D．新感觉

二、多选题

1．情绪的构成包括（　　）。

A．主观体验　B．生理唤醒　C．内心感受　D．外部行为

2．人类的基本情绪有（　　）。

A．快乐　B．愤怒　C．恐惧　D．悲哀

3．情绪的状态可分为（　　）。

A．情感　B．心境　C．激情　D．应激

4．情绪的功能包括（　　）。

A．适应功能　B．动机功能　C．组织功能　D．信号功能

5. 不合理信念的几个特征是（　　）。
A. 绝对化要求　　B. 过分概括化　　C. 糟糕至极　　D. 选择性记忆

6. 情绪智力体现在以下（　　）方面。
A. 认识自身情绪的能力　　B. 管理自身情绪的能力
C. 自我激励　　D. 认识他人情绪的能力
E. 管理他人情绪的能力

三、判断题

1. 情绪的三个构成中主观体验、生理唤醒和外部行为都可以独立存在以构成情绪。（　　）
2. 激情是一种具有感染性的、比较平稳而持久的情绪状态。（　　）
3. 应激是指在意外的紧急情况下所产生的适应性反应。（　　）
4. 大脑皮层是控制和调节情绪的最高中枢。（　　）
5. 情绪 A-B-C 理论认为引起情绪障碍最主要的原因是诱发性事件。（　　）
6. 智商对人成功的影响比情绪智力更重要。（　　）
7. 情绪的宣泄是懦弱的人的表现。（　　）
8. 同理心就是要学会设身处地站在对方角度思考。（　　）

参考答案

单选题：BABCA　ABCAB　CBCD

多选题：ABD　ABCD　BCD　ABCD　ABC　ABCDE

判断题：××√√×　××√

第五章　主动积极的人际交往

教学目标

（1）讲解人际关系的含义和重要性；

（2）介绍人际吸引的影响因素和人际交往中的认知偏差；

（3）详细讲解建立、维持、深化人际关系以及应对人际冲突的原则和技能。

学习目标

（1）识记人际交往、人际关系、人际吸引、人际冲突等概念；

（2）识记、理解人际吸引的影响因素和人际交往中的认知偏差；

（3）学会运用人际交往的语言和非语言交往艺术；

（4）学会应对人际冲突的正确态度和适当方法。

基本概念

人际交往　人际关系　自我表露　社会支持系统　人际吸引　首因效应　近因效应　光环效应　投射效应　刻板印象　人际冲突

引　言

人际交往的王牌和通行证

我们生活在一个我们正逐渐熟悉和了解的圈子里，我们认识他人，也认识自己。我们喜欢别人，也被别人喜欢。我们渴望成为人群中那个闪耀的人，可以不名贵，但是却要被感知和重视。于是，我们开始了一条漫长的交往之路。这一路走来的滋味各有不同，也颇为辛苦。

每个人都是一处奇特的风景，我们在欣赏风景的同时，也成为别人生命中的风景。想让风景成为生命中经典而温暖的回忆，我们在努力经营。

转弯，才会发现其实交往中最可贵的王牌和通行证是源自内心的那个真实的自己。所以美丽重要，但不是最重要；距离重要也不是最重要；相似重要也并非最重要；互补重要也并非最重要。

交往中最大的王牌是你自己，通行证就是你的个性和修养。

第一节　人际交往和人际关系

人类社会是一个由无数个体联结而成的大网。没有人是孤立的，每个人从生到死，都不可避免地要和别人发生互动、形成关系。一个人人际关系网的质量，深深地影响着他的生存、发展和幸福生活。

一、人际交往和人际关系概论

人际交往和人际关系是相互依存又有区别的两个概念。

（一）含义

人际交往指人们运用语言或非语言符号交换意见、传达思想、表达感情和需要等交流的过程，包括物质交往和精神交往。它是人类的特定社会现象。

人际关系泛指人们在人际交往过程中所形成的各种关系。其本质是人与人之间的心理距离。心理距离的远近决定了人与人之间的亲疏程度，因此人际关系的程度可以用心理距离进行判定。

人际交往是人际关系实现的根本前提和基础，也是人际关系形成的途径；而人际关系则是人际交往的表现和结果。二者的区别在于：人际交往侧重于人与人之间的联系与接触的过程，以及行为方式程度等，人际关系则侧重于在交往基础上所形成的心理状态和结果。从时间上看，人际交往在前，人际关系在后，人际交往是一个动态的过程，而人际关系则具有相对的稳定性。

（二）人际关系的建立和发展

人际关系是在双方相互需要的基础上建立起来的，这是人际关系的互惠原则。交往双方在满足对方需要的同时，有得到对方的报答，双方的交往关系就能继续发展。如果一方只索取不给予，交往就会中断。互惠的程度越高，交往双方的关系就越稳定、密切；互惠的程度越低，交往双方的关系就越疏远。

人际关系是随着自我表露的过程而逐渐深入的。自我表露是一种和他人分享我们私人信息和情感的特殊对话。从人际交往的广度和深度两个方向来看，良好的人际关系，是随着人们自我表露逐渐增加而发展的。随着对一个人的接纳性和信任感越来越高，人们也会越来越多地表露自我，同时也要求别人越来越多地表露他们自己。左图很好地阐述了个体自我暴露广度与深度的关系。

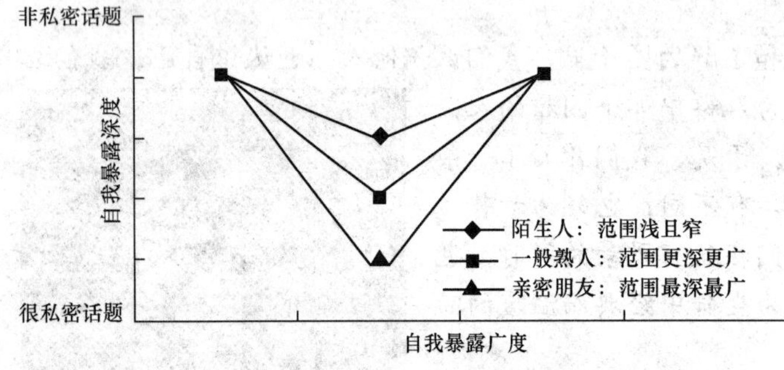

奥尔特曼和泰勒对人际关系进行系统研究后提出，良好的人际关系的形成和发展一般要经过以下四个阶段。

1. 定向阶段

在这个阶段，主要是初步确定要交往并建立关系的对象，包含对交往对象的注意、抉择和初步沟通等。人们对人际关系具有高度的选择性。生活中，人自然而然地特别关注那些在某些方面能够吸引自己兴趣的人。但究竟把谁作为自己人际关系的对象，常常还要根据自己的价值观做理性的抉择。选定交往对象后，就会利用各种机会和途径去接触对方、了解对方。通过初步沟通，人们可以明确双方进一步交往并建立关系的可能与方向。

2. 情感探索阶段

在这个阶段，双方主要是探索彼此在哪些方面可以建立真实的情感联系。尽管已经有了一定的情感卷入，但还是避免触及私密性领域，表露出的自我信息比较表面，因此仍然具有很大的正式性。

3. 情感交流阶段

在此阶段，双方的人际关系开始出现由正式交往转向非正式交往的实质性变化。表现在彼此形成了相当程度的信任感、安全感、依赖感，可以在私密性领域进行交流，能够相互提供诸如赞赏、批评、建议等真实的互动信息，情感卷入较深。

4. 稳定交往阶段

这是人际关系发展的最高水平。双方在心理上高度相容，彼此允许对方进入自己绝大部分的私密性的领域，分享自己的生活，成为"生死之交"。但是实际上，能够达到这一层次的人际关系的人很少，人们在与自己的亲朋好友的关系大多都处于第三阶段的水平上。

二、人际交往对心理健康的意义

人际交往作为个体社会性最直接的表现形式，对个体的心理发展和健康具有重大意义，具体表现为以下五个方面。

（一）人际交往是人类的基本需要

马斯洛需要层次中"归属与爱的需要"就是指人们希望与他人交往，与同事和朋友保持良好的关系，成为某个组织的成员，得到他们的关爱的需要。马斯洛认为：人人都具有这样一种基本需要，即需要归属于一定的社会团体，需要得到他人的爱与尊重，这种社会需要是与吃饭穿衣等生理需要同等重要的、不可缺失性的需要，否则，将使人丧失安全感进而影响身心健康。

友好、融洽的人际关系使人心情舒畅，情绪稳定，充满安全感，使人食欲增加，睡眠良好，精力充沛，思维敏捷，学习和工作效率大大提高。反之，不良的人际关系，则干扰、破坏了人的稳定情绪，使人产生焦虑、不安和抑郁。如果不良人际关系持续恶化则使人产生惊恐、痛苦、憎恨等一系列的不良反应，甚至引起一些心因性疾病。所以，人际关系是我们健康的基本保证之一。

想一想刚入学的一段时间内，由于认识的人很少，你是否有孤独的感觉？过了几个月后，你结交了新的同学和朋友，悲伤或高兴时都能有人分享，是不是就不再感到孤独？孤独是由于实际的社会交往水平在数量上或质量上低于渴望得到的而导致的一种复杂的情感反应。它基本上是五种体验的结合：绝望、抑郁、不耐心、厌倦和自我藐视。由于害怕孤独，人们寻求他人的陪伴，不仅希望他人在自己身边，而且希望和关心他们的人建立密切的关系。人际关系的一个重要而基本的功能就在于减轻我们孤独感。

罗素的孤独感量表

以下描述在多大程度上符合你的情况？1. 从不 2. 很少 3. 有时 4. 经常

（1）我因为总是一个人忙忙碌碌而感到不愉快。

（2）我找不到合适的倾诉对象。

（3）我感到单独一个人的时光难以忍受。

（4）我感觉好像没有人可以真正理解我。

（5）我等待着有人给我打电话，或者以其他的方式联系我。

（6）我感到自己处于完全一个人的状态。

（7）我感到无法敞开心扉和周围的人交流。

（8）我渴求他人的陪伴。

（9）我感到交朋友有困难。

（10）我感到被他人拒绝或排斥。

（大学生的平均分数是 20 分）

（二）人际交往形成人们生活所需的社会支持系统

人们需要通过与一定数量的他人交往以获得社会支持。一个人的家人、同学、朋友，以及社会系统中其他可以提供帮助的人员构成了他的社会支持系统。有稳定、良好社会支持系统的人比没有的人更有安全感、幸福感，更少受压力影响，抵抗挫折、应对生活危机的能力更强。

社会支持系统具有四个特性：第一，情感性，使人们获得被支持的感觉、被关心、被爱、被欣赏。第二，评价性，人们从他周围的人那里获得对自身的反馈，并通过和这些人进行比较认识和定位自己。第三，信息性，即人与人之间开展信息的交流。第四，工具性，即在需要时能从他人那里获得具体的帮助。

（三）人际交往促进人自身的发展

心理学家罗杰斯（Rogers）强调人际交往对人生发展有很大的益处。人们通过交往交流思想、分享隐秘的情感：对未来的梦想、内心的感受、隐秘的冲动……这些深层次的沟通可以相互启迪、丰富彼此人生，可以促进个人的成长，满足其自我实现的需求。马斯洛发现，高心理健康水平的“自我实现者”，都可以很好地接纳别人，同别人的关系也比一般人更深刻。他们对别人有更强烈、更深刻的友谊和更崇高的爱。

有一些心理学家研究了身体、智力和心理健康水平都很优秀的宇航员及心理健康水平很高的中学生、大学生和研究生。所有这些研究都得出了一个共同的结论，即高心理健康水平者同别人的交往和人际关系都很好。他们有着一系列有利于积极交往和建立良好人际关系的个性特点，如友好、可靠、替别人着想、温厚、诚挚、信任别人等。这些研究还有另外一个令人深思的发现，即那些高心理健康水平的优秀者，往往来自于人际关系状况良好的幸福家庭。

（四）人际交往是个人成功的先决条件

戴尔·卡耐基说：“一个人事业的成功，只有 15%是由于他的专业技术，另外 85%要靠人际关系和处世的技巧”。在大学中人际关系好的同学往往可以得到更多的发展机会和有效资源。人际关系好的同学在日常的学习生活中能广交朋友，获得更多的信息以增加发展的机会。在现实生活中不乏这样的例子，很多时候往往就是来自朋友的一个信息成就了一番事业。比如毕业生找工作，有些就是靠着师兄师姐提供的一个求职信息而获得了一份理想的职业。当然能够抓住发展的机会，信息不是唯一因素，但是在能力和其他各种条件同等的条件下，信息就显得至关重要了。而人际关系好就可以增加获得有效信息的几率，因此，从某种角度说，人际关系好也可以增加发展的机会。

（五）人际交往是幸福感的首要来源

在日常生活中，有些人往往认为，人的幸福就是建立在金钱、成功、名誉和地位的基础上的。实际上，对人的幸福来说，所有这些方面都远不如健康的交往和良好的人际关系重要。交往和人际关系在人们生活中的地位，无法为金钱、成功、名誉和地位所取代。

在心理咨询的实践中，人际交往常常是大学生来访者问题中占第一位的。大学生的其他心理问题也直接或间接地与人际关系不适有关。比如，部分大学生情绪低落、注意力不集中、学习成绩明显下降，原因之一是令人烦恼的人际关系；有的大学生不愿参加集体活动，其真实原因可能是他感到自己缺乏影响力，或者是社交经验缺乏，或者是对集体中某些人不满；有的大学生对别人不信任，认为周围的人都在议论他、说他的坏话，其原因可能是与同学发生了矛盾；有的大学生失恋是因为不懂得异性交往的尺度等。人际交往不当会给大学生带来不良的心境，有的影响彼此的关系，甚至影响到学业的完成；有的人孤独、空虚、抑郁、自卑，甚至产生自杀的念头。

一个人的快乐和幸福在很大程度上取决于他的人际关系，一个人的痛苦和不幸也常与人际交往的不成功有关。当人际关系和谐、融洽时，它会给人以愉快、充实、幸福、成功、欢乐，并能充分调动起人的积极性；而当人际关系紧张、失调时，它又会给人带来烦恼、痛苦、失望、忧伤和阴影。

第二节　人际交往的心理规律

人与人交往过程中遵循着一定的心理规律。两个完全陌生的人通过交往建立关系并最终发展成亲密关系的过程离不开人际吸引，人际吸引使人际关系逐渐深入发展，导致心理距离的缩短。

一、人际吸引的影响因素

人际吸引有情境性、诱发性、互动性和异性吸引四种形式。由特定情境因素激发的吸引是情境性吸引；由个人特质，如外表、能力、人格特质引起的吸引是诱发性吸引；由人际互动过程中的特性，如相似性、互补性、交互性产生的人与人之间的吸引力就是互动性吸引；男女两性交往时产生的轻松、愉悦感受，是异性吸引；不同形式的人际吸引有不同的影响因素。

（一）空间邻近性

人们生活空间上的距离越小，双方越容易接近，彼此越容易相互吸引，这一规律称为邻近律或时空接近原则。人与人之间在空间位置上越接近，越容易形成彼此之间的密切关系。如上下床铺同学，因为空间距离的接近，使双方相互交往、相互接触的机会更多，彼此之间容易熟悉，或成为好朋友，或因为彼此价值观不同而只是熟人。虽然地理位置不是人际关系好坏的唯一的、决定的因素，但是，远亲不如近邻，空间位置接近的优势，无疑是影响人际交往的一个有利的条件。邻近律的发生不是无条件的，在以下两个条件的作用下，邻近律才能发挥作用。

第一，交往频繁。日常生活中，我们总是喜欢跟熟人在一起，心理学研究结果表明，熟悉本身就可以增加一个人对另一个人的喜欢。因为熟悉，彼此更加了解，产生相互吸引；吸引又进一步地促成交往，变得更加熟悉。人际关系正是这样一个由浅入深、从相互陌生到熟悉的一个过程。

第二，产生积极的交往体验。如果最初的交往产生的体验是消极的，两人就很可能会厌恶彼此。美国有研究者在加州做了一个实验：让人们写出自己的朋友和讨厌的人，结果他们写的62%的朋友和70%的讨厌的人都和自己住在同一个社区。

邻近律在人际关系建立之初，所起到作用较大，但是随着交往的深入和彼此了解的加深，邻近性对人际吸引的作用将逐渐减弱。

（二）相似性

人们在交往过程中，如果双方或几方在年龄、职业、性别、社会地位、文化程度，尤其是认识态度上具有某种一致性和相似性时，容易相互吸引。相似性的因素很多，包括文化背景、民族、年龄、学历、修养、社会地位、职务、思想成熟水平、兴趣、态度、观点、专长等方方面面。相似可以拉近人们之间的距离，使他们之间有很多共同的话题和感受。在大学生中也是这样。刚来到大学，一切都是陌生的，同学之间往往因为某种相似性而成为朋友。比如喜欢打篮球的几个同学会经常约着一起去打球，慢慢地由于打篮球而成为很好的球友。

相似有多重要？

人与人因相似性而产生交往，进而发展出深厚的友谊。纽科姆1961年进行的研究进一步证实了相似性能引起友谊。实验为参加研究的17名大学新生免费提供学生公寓住房，实验前对被试者的态度进行了测量。根据测验和问卷获得的结果，分配一部分态度相似的学生住在一起，而将另一部分态度相异的学生安排在一起居住。此后，研究者不再干预这些学生的正常生活。结果，一起居住的态度相似的学生，倾向于彼此相互接受和喜欢并成为好友；而一起居住但态度相异的学生，虽然同样朝夕相处，却难以相互喜欢并建立友谊。

相似性能引起喜欢，反过来喜欢也能引起相似性。巴迪尼等人对已婚夫妇进行了21年的跟踪调查。在最初的调查中，夫妻间在年龄、教育和智力方面存在相似性。随着时间的推移，夫妻之间在很多方面更加相似了。研究结果表明，最初的相似让大家吸引到了一起，随着关系的发展，他们分享经验和想法，逐渐变得更加相似。

（三）互补性

当交往双方的需要和满足途径正好形成互补关系时，双方会产生强烈的吸引力。很多大学生因为互补而结成友谊，如正负磁极相互吸引一样。比如一个擅长体育而不擅长文艺的同学有可能和一个擅长文艺但不擅长体育的同学成为好朋友，他们会受对方特长的吸引，互相学习，最后完善自己。个性互补也是一种很好的例子，例如一个脾气急躁的同学往往会与一个脾气温和的同学成为好友，一个优柔寡断的人往往和果断的人在一起，一个内向的人和一个外向的人在一起。

互补因素决定着人际交往的持续深入发展，是人际关系亲密持久的深层缘由。大量心理学研究和日常生活的事实都表明，人际吸引中的互补因素，往往在感情较深的朋友、夫妻之间发生作用。美国心理学家科克霍夫等人研究了那些已经建立恋爱关系的大学生。研究结果表明，对短期的恋爱关系来说，熟悉、外貌及价值观念的相似，是形成人际吸引的主要因素。而对于长期恋爱关系来说，互补是发展密切关系的一个非常重要的因素。互补性吸引和相似性吸引并不是矛盾对立、相互排斥的，唯有在信念、态度接近的基础上，互补性才能发挥效果；缺乏在世界观、价值观和人生观上的一致性，互补性难发挥作用。

宝黛爱情或源于性格互补

《红楼梦》中的贾宝玉和林黛玉情比金坚，世间罕见。有人认为，除了书中所写两人一开始见面时，有那种神秘的一见钟情，两人的性格基本互补才是最关键的感情基础。性格互补，因而无形中相互吸引。

宝玉和黛玉的性格，书中描写展示都相当丰满复杂。但在气质方面，则相对单纯。宝玉由祖母呵护长大，整日又在女儿堆里厮混，缺少男性的粗犷因而拥有女性气质——秉性温良，心思纤细，惯会讨女孩子喜欢。黛玉的牙尖嘴利、说话不饶人，却令宝玉窃喜不已，因为这和宝玉温柔体贴的性格正好相反，令宝玉大有用武之地。宝钗对黛玉的讽刺报以容忍的态度，温柔平和，不温不火，宝玉就提不起兴趣，因为宝钗脾气太好了，好得让宝玉觉得乏味。正如凤辣子形容宝玉和黛玉——那是黄鹰抓了鹞子脚，对扣了环儿了。喜欢宝钗那样温柔体贴的女子的，大约是那种性格急躁直率而男性气质浓厚的男子，而绝不会是宝玉这一类。所以，从夫妻性格互补这方面来说，宝玉和宝钗算不得一对合适的夫妻。

来源于生活的艺术典型，常常可以反转来给生活中的人们以启示。在我们周围，如果留心一点可以发现：稳固的家庭、要好的情侣之间除了智商接近、品貌相当，多半还有性格气质互补的因素。例如性格豪放、直率的人，往往会喜欢心思细腻温婉的异性，体型壮伟的汉子会喜欢外形娇小柔弱的女人，胖大的妻子身边往往相随着矮丈夫。一般而言，人们对自己已经拥有的东西不会太在乎，苦苦追求的总是自己没有或缺乏，但却非常渴望拥有的东西。因此，当朋友、恋人、夫妻双方的需求或个性能够互补时，就能形成强烈的吸引力。

（四）交互性

社会心理学家通过大量的实验研究发现，人际关系的基础是人与人之间的相互重视和相互支持。人际交往中喜欢与厌恶、接近与疏远是相互的。在一般情况下，喜欢我们的人，我们也会去喜欢他们；愿意接近我们的人，我们也愿意去接近他们。而对于疏远我们、厌恶我们的人，我们的反应也是相应的，对他们也会疏远或厌恶。“敬人者，人恒敬之；爱人者，人恒爱之”，这时人际交往中永恒的定律。

一般来说，人们都喜欢同样喜欢自己的人。但是，由他人的喜欢而激发的喜欢他人的程度却因人而异，这主要受到各人自我意识中的自尊心、自信心的影响。自信度很高的人因为自己对大量的尊重需要已经满足，因而已不大注重他人的赞扬，常常对他人的赞扬和非难满不在乎，“不以物喜、不以己悲”，宠辱不惊，而真正需要的则是中肯、贴切的评价与建议。自尊心与自信心低下的人，则会呈现出对他人喜欢与厌恶的强烈反应，因为他们无法从自己那里获得尊重需要的满足，便非常需要他人报以尊重，同时也会因为这种心理满足与否而产生对他人十分强烈的喜欢或厌恶。对这些人的交往需要格外谨慎，往往一个细微的眼神与言语细节都会触犯他们敏感的神经，引发激烈的反应。

（五）共同挑战

人类总是处于不断遭受挑战的环境中，这种挑战有来自外部的，也有来自内部的；有自然的，也有人为的。人们为了对付危害，求得自身生存、发展的需要而感到了他人对自己的意义，产生了对他人的需要。当人们面临着共同的威胁和挑战，相互间就会加强合作，产生互助的意愿、亲和的倾向。即使原本有矛盾的双方，因共同遭受到来自第三者的强大的威胁和挑战时，双方会捐弃前嫌，化敌为友，合作一致以对付危机。但一旦第三者的威胁消除后，双方关系又有可能会发生对立。

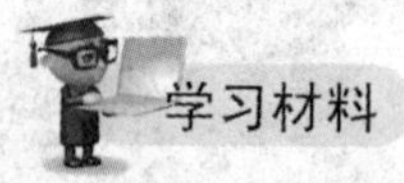

恐惧让人更合群?

有人认为，胆子小的人更合群，也就是说，恐惧可以增加人们的合群倾向。果真是这样的吗？美国社会心理学家沙赫特在 1959 年做了一个生动有趣的实验。

一般说来，女孩子比男孩子更容易产生害怕的情绪。所以，沙赫特挑选了 64 名女大学生来做实验。他把她们分成了两个组。第一组的 32 名女生看到的是一个身穿白色实验服的实验者，实验者自我介绍说，他是精神病学系的齐尔斯坦博士，将要给她们实施电击实验。他还解释说："这种电击是伤害性的、是痛苦的……但强烈的电击又是实验必须的……"女大学生们听了以后，都睁大了双眼，惊恐地面面相觑。实验者开始调试设备，并告诉她们 10 分钟后开始实验。他还解释说："你们要单独到其他房间等候，那些房间是很舒适的，有扶手椅、期刊、杂志等。如果你们不愿意单独待在房间里，可以和别人一起在旁边的大教室等候。"结果，有 20 个人都选择了去大教室等候。

第二组的女生则幸运多了。她们看到的是一个彬彬有礼的绅士，他自我介绍说是齐尔斯坦博士的助手保罗。他告诉这组女大学生们说："我向你们保证，你们将要感到的电击不会有什么伤害，它不过是有些像发痒或震颤那样的不舒服感，绝对不会伤害到你们。"结果这 32 名女大学生中只有 10 个人走进了大教室等候。

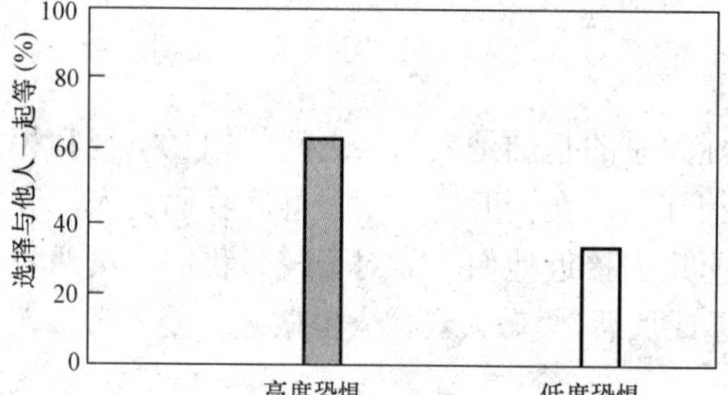

实验到此结束，其实后来根本就没有对她们实施电击。实验的目的只是想证明恐惧是不是会增加人们的合群倾向，结果确实如此（见左图）。

那么为什么恐惧的人会更合群呢？沙赫特解释说，合群能降低恐惧感。当与别人在一起时，会使人有安全感，从而减小恐惧感；同时，也能使人把自己的反应同别人相比，确定自己应不应该害怕，以此来评价自己的恐惧心理，变得不那么害怕了。因此，人越合群，就越容易成熟和保持心理平衡。

（六）外表

对于最初的吸引，外表吸引力十分重要。女性的外表吸引力对男性的重要性要高于男性的外表吸引力对女性的重要性。大量的研究表明，人们对外表有魅力的人的初步印象和评价高于相貌平平的人，这就是“美的就是好的”的刻板印象。因为“爱美之心人皆有之”，人们总是对美好的事物多一分关注和喜欢。良好的第一印象有助于社交活动的顺利进行，因此，很多外貌出众的同学会受到大家的喜爱。但这只是初期的吸引，要想发展出真正的友谊，还需要有大家喜欢的个性。

（七）人格

人格因素影响着交往的态度、频率和方式，从而影响着人际吸引程度。多血质和粘液质的人，人际吸引力一般要高于胆汁质与抑郁质的人。个性品质对人际吸引的影响很大，而且这种吸引比较稳定和持久。我们喜欢那些诚实、正直、友好、热情的人，讨厌那些虚伪、狡诈、自私、贪婪的人。在吸引人的个性品质方面男性和女性存在着差异。男性吸引他人的品质有真诚、果敢、理智、忠诚、冒险、胸襟开阔、坚强等；而女性吸引他人的品质有开朗、活泼、温柔、体贴、善解人意、待人热情、随和等。

心理学家安德森（N.H.Anderson）1968 年曾经进行了一项研究，将 555 个描绘个性品质的形容词列成表格，让大学生被试者按照喜欢程度由高到低顺序排列。结果被大学生列为最喜欢的品质、最不喜欢的品质和中间品质的前 19 个个性品质排列见表 5-1。

表 5-1　个性品质受到喜欢的程度

令人喜欢的个性品质	中间品质	令人不喜欢的个性品质	令人喜欢的个性品质	中间品质	令人不喜欢的个性品质
真诚	固执	古怪	热情	羞怯	不可信
诚实	刻板	不友好	善良	天真	恶毒
理解	大胆	敌意	友好	不明朗	虚假
忠实	谨慎	饶舌	快乐	好动	令人讨厌
真实	易激动	自私	不自私	空想	不老实
可信	文静	粗鲁	幽默	追求物欲	冷酷
智慧	冲动	自负	负责	反叛	邪恶
可信赖	好斗	贪婪	开朗	孤独	假装
有思想	腼腆	不真诚	信任	依赖别人	说谎
体贴	易动情	不善良			

由上表可见，排在序列最前面，受喜欢程度最高的 6 个个性品质中，包括真诚、诚实、理解、忠诚、真实、可信等，都或多或少、间接或直接与真诚有关。而排在序列最后的受喜欢程度最低的几个品质如说谎、装假、不诚实、不真实等也都与真诚有关，可见一个人想要赢得别人、与别人保持良好的交往，真诚是必须的品质。

为什么人们如此期待真诚，对于不真诚又如此高度拒绝呢？人作为社会的动物，需要自己在物理环境上和社会环境上都处于一个安全的境地。真诚使人们对于与自己交往的人对自己怎样行为有明确的预见性，因而更容易建立安全感和信任感。而面对不真诚和欺骗，则意味着对方对自己究竟会做什么是不确定的，这就意味着自己有可能受到侵害。“不怕贼偷，就怕贼惦记”。在心理上，最使人感到恐惧的，不是一件不幸事件的发生，而在于要随时担心一件事情的发生。这种担心会使人长期处于高度自我防卫的状态，并使人在主观上感受到焦虑和不安。因此，对于引发我们焦虑的不真诚的人，我们只能选择拒绝和逃避。

（八）能力

一个人的能力大小与被他人喜欢程度的高低有着密切的关系。一般来说，人们比较喜欢聪明能干的人，特别是有某些特长的人，会增加人际吸引力。追星族就是典型的对他人某方面能力和特长的极度崇拜。在大学生中，有的同学成绩优秀，会成为其他同学羡慕的对象，大家都愿意向他请教问题。有的同学足球踢得特别棒，每次球赛都能为自己的球队进球，是同学们心目中的球星，大家都很喜欢他。能力或才华与外貌具有互补性。一个长相一般甚至丑陋的人，如果其才华出众，或者具有某方面的特长，其能力因素就会起主导作用，产生人际吸引，而其相貌劣势可以被忽略或接受。

但是，能力与吸引力之间并非总是成正比的关系，有些能力超强的人，反而在人际交往中受到孤立和排斥。有研究发现，在一个群体中，最有能力、最有头脑的成员，往往不是最受喜爱的人。为什么会有这种现象呢？因为人对于别人有两种不同的需要。人们在交往中，一方面希望自己周围的人都很有才能，有一个令人愉快的人际交往背景。但是，如果别人过高的能力使人们可望而不可即，则会给自己造成一种压力。因此，当一个榜样被描绘成在各方面都完美到普通人不可企及的地步时，人们就只好敬而远之了。因此，不管一个人能力多强，一定要谦虚，这样才能真正受到大家的喜欢；如果恃才傲物，往往会让自己脱离群体。

学习材料

不完美的人更受欢迎

1961 年美国当时的总统肯尼迪试图在猪湾入侵古巴，结果计划遭到惨败。可是，令人费解的是，“猪湾惨败”非但没有使肯尼迪总统个人声誉下降，相反却大大提高了。心理学界猜想，之所以出现这种情况，恰恰是因为猪湾事件使人们相信，即使是当时新闻媒体所描绘的几乎无可挑剔的总统，也难免会犯错误。这使得总统的形象更接近普通人，从而使他赢得了更多过去并不喜爱他的人。心理学家阿伦森曾为此写道：“肯尼迪年轻，英俊，潇洒，诙谐；富有魅力，行动敏捷；他是个求知欲很强的读者，杰出的政治家，战争英雄……他有一位漂亮的妻子、两个逗人喜爱的孩子和一个天资高、亲密团结的家庭。一些难免的错误可能使他在民众中更人性化，因而更可爱。”

“水至清则无鱼，人至察则无友”。完美的人并不招人喜欢，“断臂的维纳斯”更富有魅力。如果你是一个强者，不要过于追求“锦上添花”，适当地“示弱”，适度地暴露些“瑕疵”反而会赢得更多的掌声。

（九）异性吸引

产生异性吸引的原因很复杂，除性爱成分外，异性吸引的心理因素主要有四个方面。

一是异性相悦。追求愉悦永远是人性的重要精神诉求，有人甚至把快乐视为人生的最核心价值。男性与女性在一起学习、工作，尤其是和美丽潇洒、友好自然的异性在一起，相互之间能产生一种欣慰、快意的感受，使工作、生活、学习更主动、轻松、愉悦。

二是精神互慰。同性之间的心理帮助是重要而必不可少的，因为他（她）们之间往往面临相同的处境与问题，容易沟通与寻求帮助。但是，相当多的心理问题更需要来自异性的安慰和帮助。美国纽约州立大学的著名心理学家林兰博士对1000多名各种年龄组的男女进行调查表明，绝大多数人能从自己的异性朋友那里得到精神安慰和心理帮助。异性间的友谊和交往最有利于摆脱紧张、焦虑、压抑等不良情绪。

三是个性互补。一般而言，女性比较勤快、体贴、细腻、善解人意，男性则相对豁达、开朗、豪爽、刚毅，看问题较坚定而长远。男性的刚健豪迈与女性的婉淑细腻在相互交往时可以得到平衡与升华，克服各自的缺点，发挥各自的优点。

四是寻求肯定。在一般情况下，人们更要求得到异性的肯定，这种需要往往在异性交往尤其是在与自己有所看重的异性交往中才能得到真正的满足。很多人往往是在自己亲密的异性艳羡的目光中步入了成功的殿堂。

二、人际交往中的认知偏差

大脑在加工和认识客观事物的时候，难免会产生一些不符合客观实际的认知偏差。在人际交往中，这种效应可以帮助我们更快地对他人形成印象，但也容易使我们对他人产生错误的判断。

（一）首因效应

首因，即最初的印象或称第一印象。在人际交往中，人们往往注意开始接触到的细节，如对方的表情、身材、容貌等，而对后来接触到的细节不太注意。这种由先前的信息而形成的最初的印象及其对后来信息的影响，就是首因效应，即我们常说的“先入为主”。

第一印象赖以产生的信息是有限的，第一印象不一定是真实可靠的。由于认知具有综合性，随着时间的变化、认识的深入，人完全可以把这些不完全的信息贯穿起来，用思维填补空缺，形成一定程度的整体印象。正如“路遥知马力，日久见人心”。

（二）近因效应

近因，即最后的印象。近因效应指的是最后的印象对人们认知具有的影响。最后留下的印象，往往是最深刻的印象，这也就是心理学上所阐释的倒摄抑制。

首因效应与近因效应不是对立的，而是一个问题的两个方面。在大学生的人际交往中，第一印象固然重要，最后的印象也是不可忽视的。在对陌生人的认知中，首因效应比较明显；而对熟识的人的认知中，近因效应比较明显。这就告诉我们，在与他人进行交往时，既要注意平时给对方留下的印象，也要注意给对方留下的第一印象和最后印象。

（三）光环效应

光环效应又称晕轮效应，指的是在人际交往中，人们常从对方所具有的某个特性而泛化到其他有关的一系列特性上，从局部信息形成一个完整的印象，即根据最少量的情况对别人做出全面的结论。所谓“情人眼里出西施”，说的就是这种光环效应。

光环效应实际上是个人主观推断泛化的结果。在光环效应状态下，一个人的优点或缺点一旦变为光环被扩大，其缺点或优点也就隐退到光的背后被别人视而不见了。在人际交往中，你有过这种情形吗？对外表吸引人的同学赋予较多理想的人格特征，或为那些长相比较靓的同学设计美好的未来。例如，“你气质好，将来求职就业一定没有问题”；“那个人第一次见面就对我关心备至、令我难忘”等。

（四）投射效应

投射效应是指在人际交往中，形成对别人的印象时总是假设他人与自己有相同的倾向，即把自己的特性投射到其他人身上。所谓“以小人之心，度君子之腹”，反映的就是投射效应的一个侧面。投射可分为两种类型：一种是指个人没有意识到自己具有某些特性，而把这些特性加到了他人身上。例如，一个对他人有敌意的同学，总感觉到对方对自己怀有仇恨，似乎对方的一举一动都有挑衅的色彩。另一种是指个人意识到自己的某些不称心的特性，而把这些特性加到他人身上。例如，在考场上，想作弊的同学总感觉到别的同学也在作弊，倘若自己不作弊就吃亏了。目的是通过这种投射重新估价自己的不称心的特性，以求得心理上的暂时平衡。

（五）刻板印象

刻板印象是社会上对于某一类事物或人物的一种比较固定、概括而笼统的看法。主要表现为：在人际交往过程中主观、机械地将交往对象归于某一类人，不管他是否呈现出该类人的特征，都认为他是该类人的代表，进而把对该类人的评价强加于他。刻板印象作为一种固定化的认识，虽然有利于对某一群体做出概括性的评价，但也容易产生偏差，造成“先入为主”的成见，阻碍人与人之间深入细致的认知。例如，男生认为女生心细、胆小、娇气；女生则认为男生心粗、胆大、傲气。农村来的同学认为城市来的同学见多识广，但狡猾、小气；城市来的同学则认为农村来的同学孤陋寡闻，但忠厚、老实等。

第三节　人际交往的艺术

人际交往是借助语言和非语言信息进行沟通的过程。因此，不同的交往方式决定了不同的结果。的确，在人际关系形成和发展过程中，人际交往可以上升为一门艺术。人际艺术可以分为语言艺术和非语言艺术。

一、语言艺术

语言交往主要指通过语言进行的人际沟通。语言交往的艺术包括赞美的艺术、批评的艺术、拒绝的艺术、选择话题的艺术、倾听的艺术和幽默的艺术等。

（一）赞美的艺术

人们对被肯定的渴望，绝不亚于对食物和睡眠的需要。无论是在工作学习中，还是在家庭生活中，人们都渴望得到认同、希望能和别人友好相处，从别人那里得到支持和帮助。而称赞就像阳光一样温暖人的灵魂，没有它我们就无法成长开花。人际交往中有这样的不等式：赞赏别人所付出的远远小于被赞赏者所得到的。如果在人际交往中人人都乐于赞赏他人，善于夸奖他人的长处，那么，人际间的愉快度就会大大增加。

生活中，我们都渴望得到别人的赞美和肯定，可是我们却很少去赞美别人。很多人在背后总是习惯批评或贬低他人，而很吝啬对他人的赞美之词。这对良好的人际关系的建立相当不利。在与同学相处的过程中，运用恰当的机会给别人以赞美，会比较容易拉近彼此的距离、增进彼此的感情。但是对他人的赞美并不是溜须拍马、阿谀奉承。赞美有三个原则：一是赞美要发自内心；二是要多赞美对方的行为或性格，我们应该在人际交往中学会去发现别人的长处，这样赞美别人才有依据，才能让别人觉得可信；三是赞美要恰如其分，这样让对方听起来比较真诚。只有发自肺腑、真诚地去赞美别人，才能达到应有的效果，而缺乏真诚会使赞美变得廉价而苍白。

赞赏的力量

真诚的赞赏也是“石油大王”洛克菲勒人际交往成功的秘诀。例如，当他的一位同事爱德华因为计划不周而在南美做砸了一大笔买卖，使公司损失上百万美元的时候，洛克菲勒本来可以对爱德华大加指责的，但他也知道爱德华尽了最大的努力，何况事情已经发生了。因此洛克菲勒并没有责怪爱德华，而是朝好的一面来看待这件事情。他找到了爱德华值得称赞的地方，对他说：“幸亏你保住了我们60%的投资，这已经很不错了。我们不可能每件事情都不出错。”

齐科菲尔德是美国最负盛名的歌舞剧团老板，他在百老汇风光无限，因为他可以让一个默默无闻的女子在一夜之间扬名四海。那些人们一眼都不想看的女子，在经过他的训练之后。总是能够魔幻般地变成舞台上富有魅力的名角。

那么，他是如何做到这些的呢？他深知道赞赏和自信的价值，因此他总是用那种热切的殷勤和温暖的关怀来使那些女子相信自己的美丽。他不仅为她们加薪水，每星期从30美元加到175美元；他还很懂感情，在歌舞剧上演的晚上，向剧中明星发电报祝贺，并将美丽的玫瑰花赠送给每一位表演的舞女。

（二）批评的艺术

一般情况下，我们尽量不要直接批评别人。任何自作聪明的批评都会招致别人的厌烦，而缺乏理解的责怪和抱怨则更是有损于人际关系的发展。如果批评是不可避免的，要选择合适的时间和地点，如不要在公众场合对别人进行批评，为别人保留面子，绝不要伤及别人的自我价值感。在同学交往中，批评别人还要注意语气、措辞不要过于严厉。如果要指出别人的错误或不足，可以使用善意的提醒方式，告诉别人他做的事情导致了什么样的后果、如果怎样就可以做得更好，使他感到自己确实在有些方面有待提高，但自己并不是不聪明或无知，这样对方就会从内心感激你。下面是一些善意、委婉的说话方式。

“发生了……我感觉……”

“我相信你有很好的道理认为……但是事情既然已经发生，我感觉……”

“我相信你没有意识到……”

如果使用下面一些语言，批评就会显得过于严厉。这些话只有在问题特别严重、需要引起高度重视，或者是某人屡教不改的情况下才酌情使用。

“你令我失望，怎么能够……”

“如果不是你……”

“你本来应该……”

要注意的一点是，即使是严厉的批评，也应该遵循就事论事的原则，即批评只针对他做错的事或某一方面的行为习惯，不应对对方进行人身攻击，否则很难让对方心服。

如果批评的目的是使人改掉他的缺点，最有效的方法就是先赞美对方的其他优点，他才会乐于迎合你的期望、自我矫正。这就是批评的艺术。因为无论是谁，只要他们听到别人赞美自己的某一优点，他一定会全心全力去维护这份美誉，生怕辜负了自己和别人。

许多人在开始批评之前，虽然记得先真诚地赞美对方，然后接下来一定会说“但是”，再开始批评。例如，要改变某个孩子读书不专心的态度，我们可能会这么说：“王小华，我们真的以你为荣，这学期你的成绩有了进步。但是，假如你的代数再努力的话，就会更好了”。在这个例子里，可能王小华在听到“但是”之前，会感觉到高兴。但当他听到“但是”时，马上就会怀疑这个称赞的可信度。对他而言，这种称赞只是批评他失败的一种开头而已。由于可信度遭到了曲解，我们也许就不能达到要改变他的学习态度的目标。对于这个问题，只要把“但是”改为“而且”，就可以轻易解决了。如“王小华，我们真的以你为荣，这学期你的成绩有了进步。而且，只要你下学期继续努力，你的代数成绩就会比别人好了。”这样一来，王小华就会接受这种称赞，因为你没有把失败的推论放在后面。我们已经间接地让他知道我们想使他有所改变，因此，他会尽力去实现我们的期望。

（三）拒绝的艺术

在实际生活、工作中，我们很难做到，其实也没必要做到“有求必应”，必须的时候应该会“拒绝”。拒绝同样是一门学问，应该体现出个人品德和修养，使别人在你的拒绝中，一样能感觉到你是真诚的、善意的、可信的。拒绝别人时，我们应该遵循以下原则。

首先是要说出真实情况。有的人在拒绝的时候，因为不好意思而不敢实话实说，采用闪烁其词的方式反而让对方产生很多不必要的误会。其实，拒绝本是件很正常的事情，别人有求于你的时候，也多少会有这个思想准备。只要处理得当，因为拒绝而伤害关系的并不多；倒是拒绝的时候吞吞吐吐、模棱两可，反而让人反感，而更容易影响关系。

其次是要选择好拒绝的时间、地点和机会。当你拒绝别人的时候，这是必须考虑的因素：及早拒绝，以免耽误了对方的计划、伤害对方。要据实向对方表明你的态度，好让对方有所准备。坚决拒绝，避免迂回曲折。从场合来看，在小的场合更容易拒绝对方，也更容易被对方接受。从心理学的角度来说，和对方正对着脸的时候，拒绝最不容易让人接受。

再次是要给对方留个退路。当你拒绝那些总喜欢坚持自己的意见、自以为是的人时，要好好考虑。这种人的自尊心很强，直接拒绝的方式无疑会使他们下不了台。最好能引用对方的话，用“不肯定”他的要求的方式，这样既给对方留了足够的面子，又给他留下了一个退路。

最后是用友情来说服对方。要想让自己拒绝的意见不引起对方的反感，最好让他明白：你是他忠实的朋友；你是最关心他的人，你的拒绝是从他的长远利益来考虑的。

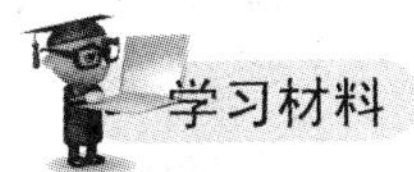

如何说“NO”

谢绝法：对不起，谢谢，这样做可能不合适。

婉拒法：哦，是这样，可是我还没有想好，考虑一下再说吧。

不卑不亢法：哦，我明白了，可是你最好找对这件事更感兴趣的人吧，好吗？

幽默法：啊！对不起，今天我还有事，只好当逃兵了。

无言法：运用摆手，摇头，耸肩，皱眉，转身等身体语言和否定的表情来表示自己拒绝的态度。

缓冲法：哦，我再和朋友商量一下，你也再想想，过几天再决定好吗？

回避法：今天咱们先不谈这个，还是说说你关心的另一件事吧！

严词拒绝法：这可不行，我已经想好了，你不用再费口舌了！

补偿法：真对不起，这件事我实在爱莫能助了，不过，我可帮你做另一件事！

借力法：你问问他，他可以作证，我从来干不了这种事！

自护法：你为我想想，我怎么能去做没把握的事？你让我出洋相啊。

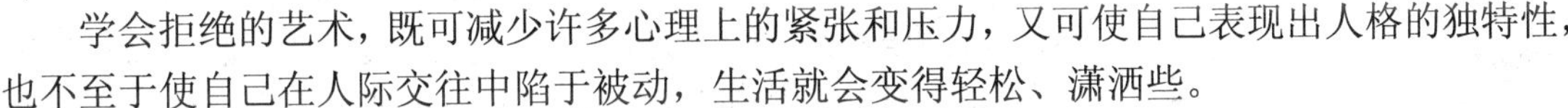

学会拒绝的艺术，既可减少许多心理上的紧张和压力，又可使自己表现出人格的独特性，也不至于使自己在人际交往中陷于被动，生活就会变得轻松、潇洒些。

（四）选择话题的艺术

与人交谈时，选择话题是关键。如果你发现要使你的交往对象开口畅谈十分困难，可能是因为他还害羞，或者是还没触及他的兴趣所在。

做到谈论他人感兴趣的话题一般要经过三个步骤：找出别人感兴趣的事物；对他感兴趣的事物应该先获得若干知识；对他表示出你对那些事物确实感兴趣。

如果是和陌生人或者刚认识的人在一起谈话，最好的办法是从一个话题到另一个话题地试着说，如果某个题目不行，再试下一个。在尝试的过程中，可以根据你对他的年龄、外表、衣着、言谈举止的习惯等的观察来猜测他的兴趣所在，也可以问他一些关于他自己的问题。

另一个常用的方法是征求建议。例如，可以问一个热心的园艺家：“我想把花园中的一年生植物改种多年生的，您建议种什么好呢？”或对于一个在家或办公室办公的人，可以问：“我想买一部传真机，您有什么好的推荐吗？”如果没有反应，可以问他的观点。问他或她有关任何方面的观点是很稳妥的：体育、股市、时尚和当地新闻，所有的都可以，只要不是已经问过的和引起激烈地反对或争论的话题。

二、非语言艺术

非语言交往指通过眼神、姿态、表情、动作、声调等非语言信息进行的沟通。心理学研究发现，人们大量应用非语言符号表达自己的情绪情感、态度兴趣和思想观念，在沟通中传递的非语言信息达70%以上。非语言交往能发挥语言沟通无法起到的作用，主要表现在以下六点。

（一）表情艺术

上扬的眉毛、亮丽的眼神，不仅使人具有青春朝气，而且让人产生信任和接近的愿望；顾盼自如、灵活有神的眼睛马上会让人感到内心的灵动和活力；对视时间的长短、目光的投向、视线的位置，也都说明了沟通的程度和效果。

微笑是热情的标志，是友善的信号。它可以使初交者感受到亲切和友善，使朋友间体味到信任和支持，也会使对立者感受到谅解和宽容——由此可见微笑的魅力和魔力。轻松的微笑，能抵御那些无聊或不近人情的问题；真诚的微笑，能使人如沐春风。但是，微笑必须是真诚的、自然的、发自内心的，而不是强颜做笑或虚伪的笑。此外，微笑还要根据时间、场合恰当地使用。

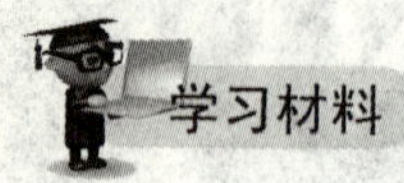

微笑——最快捷的交往艺术

卡耐基曾经建议他所教的商业学员，让他们花上一个星期的时间，每一天的每一小时都对别人微笑，然后再回到班上来谈他们的体验。事实上，他们这样做之后的效果怎样呢？

纽约证券交易所的会员威廉·史丹哈德写来一封信。他是一位饱经世故的，到过世界各地的富有智慧的经纪人。

“我结婚已经有 18 年了，”史丹哈德写道，“在此期间，我从起床到准备好出门上班，我都很少对我的妻子微笑或对她说上一两句话。我是那些在百老汇匆匆行走的人当中脾气最坏的一个。”

“因为你建议我们去体验微笑，并要求我们就此进行演讲，于是我就想试一个星期，看看效果如何。所以，第二天早上，当我梳头的时候，我就看着镜中那副阴沉的面孔，对自己说：‘比尔，你今天必须扫除你脸上的愁容，你一定要微笑。你现在就必须开始。’我坐下吃早餐的时候，我对我妻子说：‘亲爱的，早上好！’我说这话的时候，脸上带着微笑”。

“你的确曾提醒过我，她可能会感到惊讶。可是，你低估了她的反应程度。她不仅是惊讶不已，简直是惊呆了。”

“我告诉她，她将来每天都能看到我的这种愉快的表情。从此以后，我每天早上都是这样，至今已经有两个月了。”

“由于我改变了态度，结果我们家在这两个月中所得到的快乐，比过去两年中所得到的所有快乐还要多。”

“现在，当我去办公室的时候，我会对大楼开电梯的人大声说‘早上好！’并对他报以微笑。我还微笑着和看门人打招呼。当我站在交易所大厅的时候，还会对那些以前从未见过我微笑的人微笑。”

“不久，我就发现每个人都对我也报以微笑。对于那些爱发牢骚的人，我也不再恼怒，而是和颜悦色对待他们。当我听他们抱怨的时候，我会保持微笑，这样问题就很容易解决了。我发现，微笑给我带来了巨大的财富，我每天都会收获许多财富。”

……

“现在我开始改掉了批评别人的习惯。我只欣赏和赞美别人，而不再指责他们。我也不再只考虑自己的需要，我现在更希望从别人的立场来看待问题。这些做法真的改变了我的生活。现在，我已经变成另一个完全不同的人了，我成了一个更快乐、更充实的人，而且富有友谊和快乐。这些显然才是最重要的。”

（二）目光接触的艺术

在日常生活中，很多信息和情感的交流，都是通过目光接触来实现的。

第一，目光接触直接表示对对方的注意。在人际交往和沟通中，不时地保持目光接触，那表示对对方的尊重和感兴趣，使得沟通持续进行。

第二，目光接触可以实现各种情感的交流。如果善于利用这种方式，它比语言所传达的情感更丰富、微妙、直接明确。例如，人们可以通过目光接触准确交流好感、接纳、喜欢、爱意、眷恋等各种不同的情感，可以用眼神交流愉快、高兴、兴奋、激动、幸福的感受，可以用眼神传达失落、挫折、悲伤、绝望的情绪，也可以用眼神显示程度不同的惊奇、拒绝、厌恶和恐惧等体验。

第三，目光接触的频率和每次接触的时间，传达了重要的信息。在情侣和亲人之间，频频的目光对视是表示亲切。但对初次相见的异性，长时间的目光凝视，则是一种无礼行为；而上下打量人，则是一种挑衅的表示；如在对方的注视下，垂下视线，往往表示信心不足，退让或屈服等。

最后，目光接触可以传达肯定或否定、提醒、监督等信息。目光在显示肯定或否定意义的同时，常伴有轻微的点头或摇头。

（三）身体姿势的艺术

在人际交往过程中，人的躯体的各个部分都会有一定的伴随动作，这些动作在特殊情况下可以传递一定的信息。双手相绞，显得神情紧张；十指交叉叠放，显得漫不经心。心事重重，常步履沉重；烦躁不安，常频繁变换架腿姿势；怡然自得，常跷二郎腿并用脚尖有节奏地敲打地面。最具有交际意义的动作要数握手。握手时，一般由主人、长辈和女性先伸手有所表示，客人、年轻人再伸手与其相握。通常的握手方式，是右手往前偏下伸出，迎接别人伸出的手，然后两手虎口相触，手掌紧贴，有力地握住别人的手，小幅度但利索地上下晃动几次。在一般的社交场合，这种方式的握手最为适合。如果是特别郑重的场合，如外交会见，晃动的次数可以更多一些。握手应热情有力，同时保持适当的目光接触。

当身体各部位处于相对静止的状态时，体态也会传递交际信息。拘谨内向的人体态僵硬，外冷内热；傲慢无礼的人挺胸腆肚，自高自大；溜须拍马的人奴颜婢膝，点头哈腰；注重形象的人端庄自然，不卑不亢。在交谈中，身体微微前倾往往表示兴趣；双手抱胸，往往表示抗拒或冷淡。

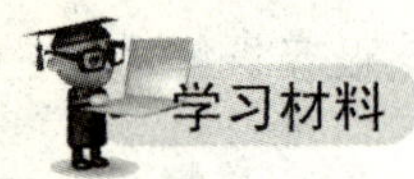

SOLER 技术

关于人际交往中的姿态，艾根提出过一个很好的建议，也就是 SOLER 技术。

S（Squarely）——坐或站要面对对方。不一定是正面对正面，关键是要将身体朝向对方，这种身体语言告诉他，你正与他同在。

O（Open）——姿势要自然、开放。这种身体语言显示出一种接纳对方的态度。

L（Lean）——身体要稍微前倾。我们经常看到两个亲密交谈的人上身自然地向对方倾斜。它是一种体现关切的交流手段，表达了你正全身心地投入到对方所关心的事情上的心理状态。

E（Eye）——要保持良好的目光接触。眼睛是心灵的窗户，可以传达你对对方的关切、温暖、支持与重视。

R（Relax）——全身要放松。放松意味着表情大方自然、泰然自若。这不仅使你更有信心，也有助于对方保持轻松状态。

如果能做到这几点，则意味着向对方传达了诸如“我很尊重你”、“对你很有兴趣”、“我的内心是接纳你的”、“我们可以交往下去”等积极的含义。如果我们用这种方式与人交往，对方会感到被我们真诚地接纳。当然，比技术更重要的是我们内心真诚的态度。

（四）选择适当的交往距离

人际交往距离包括心理距离和身体空间的物理距离。不同的距离表达出人际间不同的亲密程度。心理距离与物理距离是相互联系的，一般情况下，空间的物理距离依赖于双方的心理距离；心理距离近则空间物理距离也近，反之亦然。突破双方的交往距离会引起不同的心理反应，因为不同的交往对象间有不同的心理空间需要。因此，交往中需要选择恰当的交往距离。

美国西北大学的爱德华·霍尔教授的研究表明：0～0.5 米间的物理距离是心理上的亲密带，只限于亲密的朋友或夫妻、情侣之间，如果不是亲密的人突破这样的距离会引起反感等心理反应。0.5～1.25 米的物理距离是个人距离带，0.5～0.8 米的距离是较亲密朋友的接触距离，一般朋友的人际距离在 0.8～1.25 米之间比较合适。1.25～3.5 米的距离是社会地带，一般是职务上的公开交往时的距离。3.5～7.5 米的距离往往是陌生人的交往或非正式交往的距离。

当然在不同的文化中，人际距离是有所变化的。大学生应该根据自己与他人的关系来决定交往距离，以加强亲密感、避免冲突或者反感。

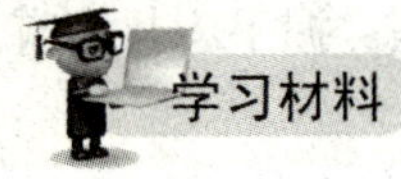

刺猬的智慧

森林中有十几只刺猬冻得直发抖，为了取暖，他们只好紧紧地靠在一起，却因为忍受不了彼此的长刺，很快就各自跑开了。可是天气实在太冷了，他们又想要靠在一起取暖，然而靠在一起的刺痛使他们又不得不再度分开。就这样反反复复地分了又聚、聚了又分，不断在受冻和受刺两种痛苦之间挣扎。最后，刺猬们终于找出了一个适中的距离，既可以相互取暖又不至于被彼此刺伤。

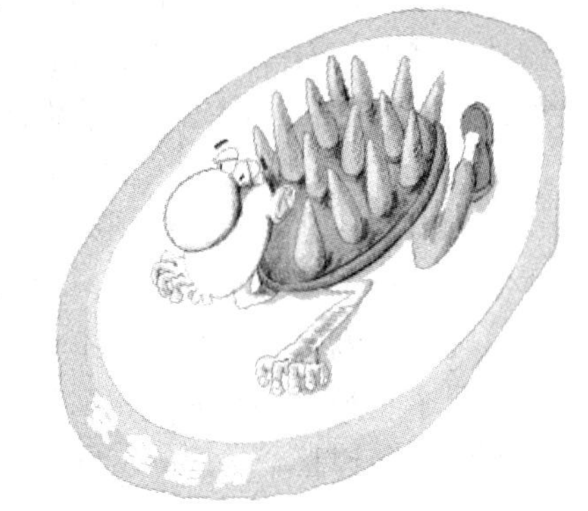

这群刺猬的故事告诉我们一个如何与人相处道理：在人际交往中，距离是一种美，也是一种保护。很多要好的朋友就是因为一天到晚在一起，所以才散了，为什么呢？好朋友最初在一起，都能融洽相处，但因为彼此来自不同的环境，受不同的教育，因此人生观再怎么接近，也不可能完全相同，无可避免地要触碰彼此的差异。于是他们会从尊重对方，慢慢变成容忍对方，到最后成为要求对方。当要求不能如愿，便开始挑剔、批评，然后结束友谊。所以，人与人之间的相处，彼此需要有一些空间，有时太过亲近，不小心失了分寸，口无遮拦，会造成彼此的紧张和伤害。

叔本华说：“社交的起因在于人们生活的单调和空虚。社交的需要驱使人们聚到一起，但各自具有的尊严和令人厌憎的品行又驱使他们分开。终于他们找到了能容忍彼此的适当距离，那就是礼貌。”这“礼貌”便是防止人与人之间相互碰撞而产生伤害的海绵。

（五）身体接触的艺术

日常生活中，身体接触是表达某些强烈情感的最有效的方式。人与人之间的相互理解、隔阂的消融、深厚的情谊，也常需要通过身体接触才能得到充分表达。尤其是在家庭沟通和比较亲密的朋友之间的沟通中，触摸常会起到意想不到的效果。触摸常常代表深层的相互接受和融合，对于友谊的深化、爱情的触发都具有不可替代的意义。有过恋爱经历的人会有体会，爱情是从身体接触（哪怕只是牵手）的那一瞬间发生质变的。同样道理，如果恋人之间从来没有出现过任何身体接触，那么恋爱关系的中断对双方造成的心理不平衡都会很小。但是，如果双方存在过拥抱、接吻等身体接触，则恋爱关系的中断会给双方都带来强烈的失恋反应。

给人的印象多为活泼、开朗、乐观。
每天一分钟的［抱抱］，其实影响力是很大的。

在人际交往过程中，双方在身体上相互接受的程度，是情感上相互接纳程度的最有力的支持和表示。对身体的接受是人际交往中安全感得以建立的标志。人类学家发现，如果一种文化对人们在日常生活中的身体接触较为容忍，人们在日常生活习俗中与别人有较多的身体接触，那么成长于这种文化背景中的人，在人际交往中更容易建立对别人的安全感和信任。他们的性格较为开朗、阳光、随和，与别人的相处也较为真实、坦率和容易。相反，在高度忌讳人体相互接触的文化背景中长大的人，在人际交往中也较难建立对别人的安全感和信任，他们的性格也相对压抑、封闭，与别人的相处也较为虚假、规范化和困难，难于与别人建立真实的、深刻的情感联系。

（六）倾听的艺术

西方有句俗语：“人长着两只耳朵却只有一张嘴巴，就是为了少说多听。”倾听是理解的前提。在人际沟通中，听比说更重要，要正确理解别人，必须先听懂对方，要听懂则必须专注地听，不随便打断对方的谈话，并不时用言语或非言语的方式给对方简短的回应，不明白时要礼貌地询问对方真正的意思以免曲解别人的意思。专注的倾听能使人感到自己的重要，能鼓励对方表达自己的想法，能促进真诚的沟通，产生良好的沟通效果。

卡耐基在《人性的弱点》中说到："千万不要忘记，那个正在与你交谈的人，只会对他自己、他的需要、他的问题最感兴趣，这要比对你及你的问题胜过上百倍。"要使别人喜欢你，首先必须做一个善于倾听的人。如果说话是一种艺术，倾听同样是一种智慧。倾听不但要用耳朵，还要用到所有的感官；不仅用头脑，还得用心，做到虚心、专心、耐心、会心。在交谈中，一个漫不经心的动作和细节，如一个不耐烦的眼神、一个不经意的哈欠和伸懒腰的姿势，都可能毁掉整个交谈的友好气氛和基础。

倾听——最好的灭火剂

喜欢挑剔的人，甚至那种最激烈的批评者，也常常会在一个具有忍耐心和同情心的倾听者面前，变得态度柔软起来。当怒火万丈的寻衅者像一条大毒蛇张嘴咬人的时候，最好的方法是保持缄默，只是认真地倾听他说的话。

纽约电话公司在几年前不得不想办法去安抚一位曾凶言恶语咒骂接线员的顾客。他骂起来有些歇斯底里，甚至威吓要毁掉电话线路；他不仅拒绝支付某些费用，认为那是不合理的，还写信给各家报纸、多次向公众服务委员会投诉，并好几次向法院起诉这家电话公司。

最后，电话公司派了一位经验丰富的调解员去见这位喜欢找麻烦的顾客。这位调解员到了这位顾客家中后，没有说任何话，只是静静地听他说话，无论对方说什么，他都认真地倾听着并不断说"是"，表示同情他的冤屈。

"他继续毫无顾忌地说他的话。我静静地听了将近3个小时，"这位调解员说，"以后我又多次去他那里，每次都静静地听他诉说。我总共见过他4次，而在第四次访问即将结束之前，我已经成为他正在创办的一个组织的主要会员了。他将这个组织称为'电话用户权益保障会'。我现在仍然是这个组织的会员。然而，除了这位老先生之外，据我所知，我是他这个组织唯一的会员。"

"在这几次拜访中，我始终都是倾听他说话，并且赞同他所谈的任何一件事。以前从来没有电话公司的人像我这样和他谈话，这使得他变得几乎友善起来。我在第一次访问他时，并没有提到见他的目的。但在第四次，我使这个问题有了完美的结局——老先生将所有的欠费都付清了，并且他自从与电话公司作对以来，第一次撤销了他向公司服务委员会的投诉。"

三、积极应对人际冲突

语言和非语言沟通的艺术可以帮助我们建立起人际关系的大厦。但是，若不能很好地排除随处都可能潜藏的危险——人际冲突，这座大厦随时都有可能崩塌，让我们的心血毁于一旦。

（一）概念

人际冲突是与人际吸引相反的概念，指人与人之间互不接纳、互不相容的现象，包括背离、排斥、侵犯等方面。主要有两种表现形式：一是隐性的冲突，表现为心理上和情感上的对立或不相容；二是显性的冲突，表现为行为上的对抗、侵犯、伤害等。人际冲突具有以下的特征。

（1）客观性。由于人与人之间的目标、认知、情感和行为等诸多方面存在着差异，人际冲突是人际交往中不可避免的必然现象，它是一种客观存在，无法人为消除。正如古龙所言：有人群的地方就有江湖，有江湖的地方就有争斗。人们对此无法回避，只有面对，并在实践中不断加以化解，以培养和提高解决人际冲突的应变能力。

（2）知觉性。冲突是人的主观感受，是人的知觉问题。冲突的知觉性表现在由于已经知道彼此的目标不相容、意见或价值观不一致或为了竞争稀少的资源，从而导致对立现象的发生。至于潜在形态的冲突，即可能导致双方冲突的客观条件已经具备，但双方没有意识到这种不兼容，也无所谓人际冲突。

（3）对立性。冲突是一种对立行为，它来自双方互不兼容性。这种对立的表现形式和程度会有很大的差别，并伴随着强烈的情绪体验。研究表明，绝大多数人际冲突使人们都有不愉快体验。人际冲突会带来强烈的情绪体验，尤其是负性情绪增强。这种负性情绪以潜在的愤怒的形式影响个体，潜在的愤怒会增强个体的郁闷体验和对外部世界的敌对行为，甚至会诉诸暴力。

（4）递增性。发生人际冲突的可能性，会随着两个人彼此依赖的增加而提高，也就是人们互动得越密切，产生意见相左或争论的机会也就越多。所以人们之间的关系越深，越有可能发生冲突，冲突激起的感情就越激烈。例如工作单位和家庭就是人际冲突的高发区。

（二）人际冲突的作用

关于人际冲突的坏消息是：它无法避免而且极具破坏性。关于人际冲突的好消息是：它并非只有坏处。如果能认识到人际冲突的积极面，并在实际生活中努力使这些积极面表现出来，就可以化干戈为玉帛，使冲突成为改善我们的人际关系的机会。

1. 人际冲突的破坏性作用

（1）冲突发生可能使当事人经历伤害、生气、挫折等消极情绪。那些深深触动着人的利益、引起强烈的不满、不快和情感压力的冲突会导致神经功能的失调，从而产生精神疾病，诸如神经衰弱、歇斯底里和强迫症，严重的还会引起自杀、自伤行为。

（2）冲突会给双方的关系带来压力和紧张，尤其是一方使用威胁、责难或暴力手段时，更可能伤害对方，增加彼此的敌意，甚至造成关系的破裂。

（3）冲突所引发的挫败感易使人产生报复的心理。这是人的本能反应，对他人实施侵犯，获得心理上的平衡，这样就导致了恶性事件的发生。

2. 人际冲突的积极意义

虽然人际冲突对人际关系有很大的负面影响，但冲突也可以有正面的意义。

（1）冲突能宣泄愤怒和敌意，避免过度累积各种负性情绪而导致关系破裂。生气和发怒的等行为具有宣泄人的内心情感、调节人的情绪、保持人的心理和生理健康、保持人的活力等作用。人们在应对矛盾时，顾及到彼此的情感、自尊等因素，为了亲近团结，息事宁人和群体的凝聚力，而对冲突的欲望加以压制。然而，对冲突的压制意味着敌对情感的不断积累，而这种情感一旦触发，往往就不可收拾。

（2）人际冲突能突显双方的问题症结，促使双方努力寻求可能的解决途径。一场争论是两个人沟通的捷径。冲突的出现说明双方在某些地方出现了问题，有些方面可能已经到了非解决不可的地步，从而促使双方积极地寻找解决的办法。个人可以借由冲突表达自己的需求或愿望，增加达成需求或愿望的可能性。冲突双方为了说服对方，为了证明自己的观点和立场是正确的，往往会千方百计地寻找证据，这样，真理越辩越明，这对于解决某些疑难问题大有益处。

（3）人际冲突也可以增进个人对自我及他人的了解。在冲突中，双方传递的信息往往是不加伪装的，这样得到的才是真实、有用的信息。透过引发冲突的事件，我们可以探索自己或他人内在的价值观及信念。经历冲突过程，我们可以学会如何了解他人的思想、感情、行为及如何处理与他人的关系，使自己逐渐长大成熟。

（三）人际冲突的有效解决

解决冲突的有效方法基于“双方同意”的原则。“双方同意”意味着双方开诚布公地讨论问题，彼此真心听取对方的陈述，经过一番协商，达成各方都满意的解决方法。当商讨结束时，每个人都欣然感觉到这确实是解决问题的最佳方案。这样，交往关系就丝毫无损。这样的交流需要时间，要求双方信守承诺。当双方都非常苛求结果时，则很难进行讨论。然而，有几条原则可以为人们通过“双方同意”来解决问题打下基础。

1. 态度

态度问题需要注意三个方面。

首先，要抱着寻找解决问题的方法的态度来进入问题的商讨，这里要寻找的是双方都满意的解决方法，而不是单方面的。这就意味着我们应当坦然听取另一方的立场，愿意从对方的角度考虑问题。

其次，我们要培养真诚、容纳和谦让的态度。记住，一个人的行事方法对这个人来说总是有一定道理的。在遇到冲突的情况之下，问题的难点往往在于存在两个或更多的“有道理”的行事方法。在解决冲突时，我们要寻找我们的“道理”与别人的“道理”在何处存在差异，然后对症下药。必须意识到自己可能会犯错误。自己对事情发展的理解有时可能是完全错误的。要敢于发现自己可能因看错了问题而得出了错误的结论。

最后，将个人情绪抛在一边，就事论事。带着情绪论事往往会很快将简单直接的问题变得曲折而复杂。努力用客观的方式讨论问题。

2. 方法

弄清事实，看看自己的假设是否正确。与人讨论要弄清别人的道理，并且准备向别人讲清楚自己的道理所在。

措辞要谨慎，预先没有深思而仓促出言可能会伤害别人。客观地分析自己对事情发展的看法。谴责会令他人在商谈中采取守势。不要责怪他人令你做出什么改变或给你造成什么困难。陈述事实、表明自己的感受、提出明确的希望和建议更易使人接受对他的批评意见。

3. 行动

第一，遇到冲突的时候，不要找别人发牢骚，而是要找当事人来化解分歧。在问题解决之前，同无关的人谈论和讲闲话是无益的，只能使问题解决变得更困难。闲话由于信息的不真实还会影响你和他人的名声。

第二，选择适当的时间地点。有些情况下遇到冲突宜于及时解决；有些情况，由于双方或一方情绪激动，则宜于另选时间商谈。如果某人在无意中伤害了另一个人，这时受害的一方需要找到另一方，约定适当的时间地点来进行沟通，化解冲突。此时，尽量找一个双方都不要感到有压力或不方便的时间；选择的地点应该安静，在谈话的期间应该不受打扰；关闭你的手机，也不要让其他的事情影响谈话，因为谈话期间应该注意力集中。

第三，在谈话的一开始就要清楚地确定好问题。有时候，确定问题的所在是谈话中最困难的地方。谈话时，一定要和气、客观，不能盛气凌人，保持平静温和的心情，不要让情绪居上风，也不要脱离谈话一开始确定的问题。谈话时心里要牢记讨论的目的是为了寻找双方都满意的解决问题的方法。

第四，适当的时候给予宽恕或请求对方原谅有助于弥合被伤害的感情。坦率地表达你所受的伤害而丝毫不责备别人，给别人请求你原谅的机会，即使对方没有请求你的原谅，也要首先主动从心里原谅对方。虽然这显得有点不公平，但是如果不这样做，你却要忍受其带来的痛苦。如果对方伤害了你，而你不愿意或不能够原谅对方，那么你所受的伤害将会恶化并毒害你的心灵，慢慢地，你会对生活抱有痛苦和愤恨的情绪。这种态度将侵蚀到你所有的交往关系之中，并起到破坏作用。饶恕对于心灵确实是有益的，而生气或要求报偿则实际上不能带走所受的痛苦，反而会造成更多的伤害。

五种典型的处理人际冲突的方式

宿舍是大学生人际冲突高发的地点。七八个观念不同、生活习惯不同的人生活在一起，很容易发生各种矛盾。例如，某日同学宣布：本周内因为兼职事务多，所以需要每天晚上在宿舍加班到凌晨四点。而你最近身体不好，需要好好休息。遇到这种情况，你的反应会是以下哪一种呢？

第一种：退缩（乌龟型）

如果你什么也不说，径直走出门去，那么你是以身体上的退缩来应对这种不愉快，你处理问题的习惯性反应是逃避问题情境；如果你看着他但不给他任何回应，心里想着别的事情，那么这是心理上的退缩。

点评：这种反应很常见，它既没有消除冲突，也没有去尝试解决冲突，效果不佳。

第二种：投降（玩具熊型）

如果你说"好吧，随便你。"那就表示你投降了。

点评：这种反应虽然是合作的态度，但是需要改变自己的立场去顺应他人。如果总是这样处理冲突，会压抑很多愤怒、委屈的情绪，对自己的心理健康不利。

第三种：攻击（鲨鱼型）

如果你说："你不准这样，我是班长，我不同意就不行。"那么你就是在口头上"攻击"别人；如果你用拳头胁迫他，那么你就采用了身体的攻击。

点评：用这种方式强迫别人接受自己的观点，有可能成为"胜利者"。但是这样往往使冲突升级，不仅问题没有得到解决，而且还输掉了同学之间的情谊。

第四种：说服（狐狸型）

如果你试图通过摆事实讲道理的方法去改变同学的态度或者行为，以获得有利于你的结果，你就是采用了说服的处理方法。

点评：如果以开放的态度、合理的内容进行说服，则有可能找到双方同意的解决措施，并有效地解决冲突。如果你只考虑自己，试图让别人同意你的观点，则很难说服成功。

第五种：问题解决式的讨论（猫头鹰型）

如果你仔细考虑问题的正反面、考虑双方的立场和需要，并与对方平等地提出看法，这是问题解决式的讨论。

点评：这种方法最能导向"双赢"的结果，是解决人际冲突的最佳方式。但是这种方式不易掌握，它需要双方的合作，并且客观地表达自己的观点和态度。当双方知觉到有冲突的时候，必须愿意退让，才可能解决问题。

我们生活在一个关系的世界里。人际关系的质量，对我们的生存、发展和幸福都有至关重要的意义。因此，了解人际交往中的心理规律、培养吸引他人的品质和魅力、学会经营自己的关系网是我们每个人的必修课。这是一个漫长而艰难的过程，需要我们在大半生中不断地学习、积累、尝试、犯错、改进。无论何时，请记住，献给有心人的回报是无比丰厚的。而且，当你有一天从学校成功毕业，你会发现和他人在一起经历的一切其实充满乐趣。

本章概要

（1）人际交往指人们运用语言或非语言符号交换意见、传达思想、表达感情和需要等交流过程，包括物质交往和精神交往。人际关系泛指人们在人际交往过程中所形成的各种关系。

（2）自我表露是一种和他人分享我们的私人信息和情感的特殊对话。良好的人际关系是随着人们自我表露的逐渐增加而发展的。

（3）良好的人际关系的形成和发展一般要经过以下四个阶段：定向阶段、情感探索阶段、情感交流阶段、稳定交往阶段。

（4）人际交往是人类的一种基本需要；人际交往形成人们生活所需的社会支持系统；人

际交往促进人自身的发展；人际交往是一个人成功的先决条件；人际交往是人们幸福感的首要来源。

（5）人际吸引指人与人之间在交往中形成的在情感方面相互喜欢、相互亲和的心理现象。人际吸引的基本形式有情境性吸引、诱发性吸引、互动性吸引、异性吸引。

（6）人际吸引的影响因素：空间邻近性、相似性、互补性、交互性、共同挑战、外表、人格、能力、异性吸引。

（7）近因效应，指的是最后的印象对人们的认知造成的影响。

（8）光环效应又称晕轮效应，指的是在人际交往中，人们常从对方所具有的某个特性而泛化到其他有关的一系列特性上，依据局部信息形成一个完整的印象，即根据最少量的情况对别人做出全面的结论。

（9）投射效应是指在人际交往中，形成对别人的印象时总是假设他人与自己有相同的倾向，即把自己的特性投射到其他人身上。

（10）刻板印象是社会上对于某一类事物或人物的一种比较固定、概括而笼统的看法。

（11）语言交往的艺术包括赞美的艺术、批评的艺术、拒绝的艺术、选择话题的艺术、倾听的艺术、幽默的艺术等。

（12）非语言交往指通过眼神、姿态、表情、动作、声调等非语言信息进行沟通的人际交往过程。

心灵秘诀

（1）我们在欣赏风景的同时，也成为别人生命中的风景。

（2）距离是一种美，也是一种保护。

（3）受不受欢迎都与真诚相关。

相关链接

人 缘 测 验

你的人缘如何？会不会交朋友？请你根据自己的实际情况，就下面 15 个测试题如实回答，并按后面的评分标准计算总分，再参照评语，就可以大体上明白自己的人缘，怎么和朋友相处心里也有数了。

1．你和朋友过得很愉快，因为（　　）。

A．你既爱玩又会玩

B．朋友们都挺喜欢你

C．你认为你不得不这样做

2．当你休假的时候，你是（　　）。

A．很容易交上新朋友

B．比较喜欢自己一个人消磨时间

C．想交朋友，但发现这不是一件容易的事

3．你安排好会见一位朋友，又感到很疲倦，却不能让朋友知道你的这种处境时，你是（　　）。

A．希望他能谅解你，尽管你没有到朋友那儿去

B．还是尽力去赴约会，并且试图让自己过得愉快

C．到朋友那儿去了，并问他如果你早点回家，他有什么想法

4．你和你的朋友在一起的时间有多长？（　　）

A．一般情况下是几年

B．有共同感兴趣的东西时，也可能呆上几年

C．一般都不长，有时是因为迁居他乡

5．一位朋友向你吐露了一个非常有趣的个人问题，你是（　　）。

A．尽自己最大努力不让别人知道

B．根本没有想到把他传给别人听

C．当那位朋友离开，你马上找别人来议论这个问题

6．当你有了问题的时候，你会（　　）。

A．通常感到自己完全能够对付这个问题

B．向你所能依靠的朋友请求帮助

C．只有当问题确实严重时，才找朋友帮忙

7．当你的朋友有困难的时候，你会发现（　　）。

A．他们马上来找你帮忙

B．只有那些和你关系密切的朋友才来找你

C．朋友们打算不来找你了

8．你通常要交朋友的时候，会（　　）。

A．通过你已结识的熟人帮助你

B．在各种各样的场合都能这样做

C．经过一段长时间的观察、考虑，甚至可能经历某些困难后才交朋友

9．在以下三种品质中，你认为哪种是你的朋友应当具备的？（　　）

A．使你感到快乐和幸福的能力

B．为人可靠，值得信赖

C．对你挺感兴趣

10．下面哪一种情况对你最适合或者最接近你的实际？（　　）。

A．我通常让朋友们高兴地大笑

B．我通常让朋友们认真地思考问题

C．只要有我在场，朋友们都感到很舒服

11．假如你应邀参加一次活动、一次比赛，或者应邀在聚会上唱歌，你会（　　）。

A．借口不去参加

B．饶有兴趣地去参加这些活动

C．当场就直率地谢绝了邀请

12．对你来说，下面哪一条是真实的？（　　）。

A．我喜欢称赞和夸奖我的朋友们

B．我认为诚实是最重要的品质之一，所以我常常不得不持有与众不同的看法，讨厌鹦鹉学舌，人云亦云

C．我不奉承但也不批评我的朋友

13．你发现（　　）。

A．你只是同那些能够为你分担忧愁和欢乐的朋友们相处得很好

B．一般来说，你能和几乎所有的人都能相处得十分融洽

C．有时候你甚至想与你漠不关心、不负责任的人相处下去

14．假如朋友们跟你恶作剧，你会（　　）。

A．跟他们一起哈哈大笑

B．感到气恼，并且溢于言表

C．可能和他人一起哈哈大笑，也可能恼怒发火，这都取决于恶作剧发生时你的状态和情绪

15．假如别人想依赖你，你有什么想法？（　　）。

A．在某种程度上，我并不在乎，但是我想和我的朋友们保持一定的距离，独立性

B．很不错，我喜欢让朋友们依赖，认为我是一个可靠的值得信赖的人

C．我持着谨慎的态度，比较倾向于避开可能要我承担的某些责任

记分方法：

根据下面的表格，将各题的得分相加，统计总分：

题项	1	2	3	4	5	6	7	8	9	10	11	12	13	14	15
A	3	3	1	3	2	1	3	2	3	2	2	3	1	3	2
B	2	2	3	2	3	2	2	3	2	1	3	1	3	1	3
C	1	1	2	1	1	3	1	1	1	3	1	2	2	2	1

结果解释：

如果你得到的总分是36～45分，那么你对周围的朋友们都很好。你愿意和他们在一起，他们也喜欢你，你们相处得不错。而且，你能够从平凡的生活中得到许多乐趣，你的生活是比较充实而且丰富多彩的。一句话，你会交朋友，你的人缘很好。

如果你的总分是26～35分，那么你的人缘不怎么好。换句话说，你和朋友们的关系并不牢固，时好时坏，经常处于一种波动的状态中。这就表明，一方面你确实想让别人喜欢你，想多交一些朋友，尽管你自己也做了很大的努力，但是别人不一定喜欢你，朋友跟你在一起时可能不会感到轻松愉快。你只要认真检查自己的言行，虚心听取那些逆耳的忠言，正常地对待朋友，学会正确地待人接物，你的处境肯定会改观的。

如果你的总分是15～25分，那就有点糟糕了。你很可能是一个孤僻的人，思想不活跃、不开朗，喜欢独来独往。但是，这一切并不意味着你不会交朋友，更不能说你的人缘很差，其主要原因在于你对社交、对人与人的关系不感兴趣。记住：人生活于社会，就是社会中的一员，人们想要和睦相处，就应当互相帮助、互相尊重、互相关心。

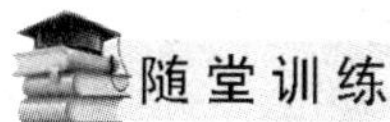

随堂训练

倾听小实验

第一步：准备四张字条，上面的内容如下。

（1）你是讲话者。现在假设你要组织一次郊游活动，请你把你设想的活动时间、地点、

行程安排和注意事项讲给另外三个同学听，并鼓动他们都参加活动。

（2）你是倾听者。你认为一心二用是可能的。现在请你一边听讲话者说话，一边做自己的事情。你的身体朝向讲话者，眼睛却看着别处。

（3）你是倾听者。请你一直看着讲话者，做认真倾听状，同时在心里想自己的事情。

（4）你是倾听者。请你一直看着讲话者，并认真听他说的话。

第二步：四个同学一组，每人抽一张纸条，然后按照上面的内容去做。如果有剩余的同学，可以当观察者。

第三步：交流和讨论

（1）讲话者有什么感受？跟哪一个人交流感觉最容易、最舒服？

（2）每个倾听者有什么感受？听明白了多少内容？

（3）你认为正确的倾听应该是怎样的？

第四步：如果有时间，交换角色，再重复一次前面的内容。

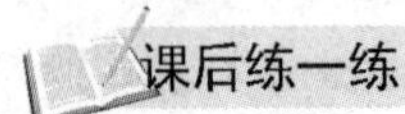

“反思自己的交际圈”

在下面的四种朋友类型后面的横线上，按照联系的密切程度由小到大列出你认为是你的朋友的人名。

（1）能分享快乐与痛苦的知心朋友：________________________，有_____人。

（2）能鞭策自己的德高之友：____________________________，有_____人。

（3）能合作去做一些事情的志趣相同之友：____________________，有_____人。

（4）能交流思想的学问之友：____________________________，有_____人。

思考回答：

（1）哪种类型的交际圈人数最多、质量最好，对你的性格、学业和未来发展最有利？

（2）交际圈的哪些是空白？哪种圈子人数最少，甚至可能一个人也没有？

（3）在哪个圈子里，我更加如鱼得水？在哪个圈子里我感到不太自在？

（4）为什么在有的圈子里我发展得好，另一些则不然？

（5）我在与人交往中存在哪些问题？这些问题如何影响我的人际网络的形成和发展？

复习与思考题

一、单选题

1．良好的人际关系的形成和发展一般要经过定向、情感探索、情感交流和稳定交往四个阶段，这说明（　　）。

A．一个人只要有足够的魅力，就可以和他喜欢的任何一个人成为朋友

B．一个人即使很有魅力，他身边的大多数朋友也只是泛泛之交

C．一个人不一定要通过袒露他的隐私，才能和另一个人成为好朋友

D．如果两个人邂逅相遇，一见如故，他们可以很快成为“死党”

2．研究表明，人际交往是人类的一种基本需要。那些自我封闭、和他人缺少联系的人容

易变得情绪不稳、思维迟钝、失眠、困乏，甚至生病。这种社交需要在本质上是一种（　　）。

A．生理需要　　B．安全需要

C．受人尊重的需要　　D．归属与爱的需要

3．以下关于人际关系的观点不正确的是（　　）。

A．对于有些人来说，获取金钱和成就比得到朋友和爱人带给他们更大的幸福感

B．朋友多的人有可能比朋友少的人更容易感到孤独

C．心理健康水平很高的人比一般人更需要深刻、有意义的关系

D．无论是谁，没有良好的人际关系是不可能成功的

4．同一宿舍的两个同学，平时不怎么说话，但是在快考英语四级那几天，他们经常互借备考资料、交流复习方法，还一起上自习，像好朋友一样。这种现象属于（　　）。

A．情境性吸引　　B．诱发性吸引　　C．互动性吸引　　D．异性吸引

5．一个人最受他人欢迎的个性品质是（　　）。

A．开朗　　B．真诚　　C．体贴　　D．幽默

6．研究表明，以下四种人中最受欢迎的是（　　）。

A．能力出众的人　　B．能力出众但犯了错误的人

C．能力平平的人　　D．能力平平又犯了错误的人

7．以下哪种现象体现了人际交往中的“光环效应”？（　　）

A．如果在找工作面试的时候穿戴得体、谈吐自信，就会给别人留下好印象

B．如果在找工作面试的时候给别人留下好的第一印象，别人就更有可能喜欢你

C．如果在找工作面试的时候给别人留下好的第一印象，别人就会以为你的工作能力也应该不错

D．有的人在找工作面试的时候给别人留下好的第一印象，后来却发现他的工作能力其实不行

8．以下对刻板印象的说法哪一个是正确的？（　　）

A．对某一个人的固定的看法，即“成见”，就是刻板印象

B．刻板印象更容易发生在熟悉的人之间

C．刻板印象一点好处也没有

D．某人认为农民都没有文化，这是一种刻板印象

9．语言沟通包括口头沟通和书面沟通。其中属于书面沟通的优点的是（　　）。

A．简便易行，迅速灵活　　B．受到时空条件的限制

C．便于表达深层的思想情感

D．对文字及沟通双方的文字能力的要求较高

10．帮助一个人成长进步的最好方法是（　　）。

A．赞美　　B．批评　　C．指导　　D．建议

11．关于拒绝，以下哪个说法是正确的（　　）。

A．拒绝朋友的时候一定要让对方明白你是为他着想的

B．为了减少误会，拒绝最好是清晰明了、直截了当的

C．有些人总喜欢坚持自己的意见，自以为是。如果要拒绝这种人不需要跟他讲道理，直接说“不行”就行了

D．经常拒绝别人的请求会损害人与人之间的感情，所以尽量不要拒绝别人

12．人们在沟通中传递的信息包括语言信息和非语言信息。以下关于语言信息的说法正确的是（　　）。

A．语言信息包括谈话的内容、措辞和表达方式等

B．人们在交谈时的面部表情、身体姿势、空间距离都不属于语言信息

C．在面对面沟通中传递的语言信息约占 70%

D．语言信息相对于非语言信息，具有丰富性、隐含性、形象性、直观性等特点

13．以下在人际沟通中对非语言信息的使用哪一个是错误的？（　　）。

A．如果要表示热情和友好，应该多微笑

B．为了表示对对方的尊重和兴趣，交谈时应该一直看着对方的脸

C．与人交谈时最好不要经常变换身体姿势，或者手上频繁做一些小动作

D．在关系亲密的亲人、朋友、恋人之间，应该经常有一些身体接触

14．人际交往中需要选择恰当的身体距离，才会让人感觉即不疏远，又不尴尬。一般的同学、朋友在交谈的时候，以下哪一个距离是最合适的？（　　）

A．0～0.5 米　　B．0.5～0.8 米　　C．0.8～1.25 米　　D．1.25～2 米

15．以下哪一条不是解决人际冲突的恰当做法？（　　）

A．包容、原谅别人　　B．请求别人原谅自己

C．选择适当的时间地点进行沟通

D．立即找一个双方都信任的人来调解矛盾冲突

二、多选题

1．以下对人际交往和人际关系两者之间的关系的陈述正确的有（　　）。

A．人际交往是人际关系的前提和基础

B．人际关系是人际交往的结果和表现

C．人际交往侧重于人与人之间的联系与接触的过程

D．人际关系侧重于在交往基础上所形成的心理状态和结果

2．在“一见钟情”的情况下，两个人的关系有可能在很短的时间内就发展到了人际关系形成和发展的哪个阶段？（　　）

A．定向阶段　　B．情感探索阶段　C．情感交流阶段　　D．稳定交往阶段

3．导致人与人之间相互喜欢的因素有（　　）。

A．相似　　B．互补　　C．外表　　D．性别

4．以下哪些因素在人际交往的初期对人们互相吸引的影响较大，而随着交往的深入，其影响又逐渐减小？（　　）

A．空间邻近性　　B．外表　　C．相似　　D．互补

5．男女同学之间建立友谊的好处有（　　）。

A．有很多异性朋友证明自己是有魅力的

B．得到异性的欣赏和肯定比得到同性的更令人满足

C．“男女搭配，干活不累”

D．有相当多的心理问题更需要来自异性的安慰和帮助

6．赞美他人有哪些原则？（　　）

A．赞美要发自内心　　B．要多赞美对方的行为或性格

C．赞美别人要有依据　　D．赞美要恰如其分

7．如果和陌生人或者刚认识的人在一起谈话，为了避免尴尬的冷场，可以（　　）。

A．一个话题一个话题地试探，直到找到对方感兴趣的话题

B．问对方一些关于他自己的问题

C．滔滔不绝地讲自己的事情，让对方了解自己

D．观察对方的年龄、外表、衣着、言谈举止的习惯等，猜测他的兴趣所在，然后谈他感兴趣的话题

8．西方有句俗语说："人长着两只耳朵却只有一张嘴巴，就是为了少说多听。"对这句话的理解正确的有（　　）。

A．因为"祸从口出"，所以要少说多听

B．理解别人是有效交谈的前提，而认真倾听是理解的前提，所以听比说更重要

C．人们都希望自己说话的时候别人认真地听，所以做一个善于倾听的人大家都喜欢

D．无论和什么样的人打交道，倾听总是比说话更重要

9．以下哪些情况属于人际冲突？（　　）

A．两个人互相看不惯对方

B．两个人看待事件的观点有很大的分歧

C．两个人曾经是朋友，最近因竞争奖学金而关系紧张

D．两个人曾经是朋友，现在已经绝交、互不来往

三、判断题

1．在增加人际魅力方面，外表美对女性更重要，能力强对男性更重要。（　　）

2．男性和女性吸引他人的性格品质是完全一样的。（　　）

3．互补的人相互吸引是因为人们都喜欢喜欢自己的人。（　　）

4．两个人因为性格互补而相互吸引，但随着交往的深入，他们发现彼此在价值观和对很多事情的态度上都大相径庭。这两人是不能成为好朋友的。（　　）

5．投射效应是对他人的认知偏差的一种，对人际交往有不良影响。（　　）

6．"路遥知马力，日久见人心"是一种近因效应。（　　）

7．英王乔治五世有六条格言，挂在白金汉宫书房的墙上。其中一条格言说："不要轻易奉承别人，也不要接受不值钱的赞美。"这句格言表明，如果一个人赞美别人多了，他的赞美就不值钱了，所以说赞美的话要适量。（　　）

8．严厉而直接的批评会引起他人的防御心理，使他人更不容易接受你的意见。（　　）

9．在拒绝别人的请求的时候，为了不伤害对方，最好不要实话实说，而是要编造某种"好听"的理由。（　　）

10．无论是谁，他最感兴趣的话题总是与自己有关的话题。（　　）

11．语言信息比非语言信息蕴含了更多的情感信息。（　　）

12．微笑让人感到亲切、友善，可以很好地化解紧张和不愉快的气氛。因此，无论什么时间场合，多微笑总是好的。（　　）

13．握手时，一般由主人、长辈和女性先伸手有所表示，客人、年轻人再伸手与其相握。（　　）

14．朋友之间发生冲突总是不好的，所以要尽量避免。（ ）

15．发生矛盾冲突的双方总是各有各的道理。（ ）

参考答案

单选题：BDAAB　BCDCA　ABBBD

多选题：ABCD　BC　ABCD　AB　BCD　ABCD　ABD　BCD　AC

判断题：√××√√　××√×√　××√×√

第六章　崇高积极的性爱观

教学目标

（1）阐释爱情的含义、构成要素及其表现形式，明了爱情的发展阶段，树立经营爱情的意识；

（2）培养爱的能力，提升爱的艺术；

（3）阐述爱与性的关系，树立高尚的性价值观和道德观。

学习目标

（1）识记爱情、俄狄浦斯情节、S-V-R、性道德、性价值等概念；

（2）理解爱情的构成要素及其不同表现形式；

（3）理解真爱的内涵，学会经营爱情；

（4）理解性爱的价值，掌握性道德的标准，收获积极健康的性爱。

基本概念

爱情　俄狄浦斯情节　爱情三元论　性行为　性道德　性价值观　性道德情感

引　言

苏格拉底与柏拉图的对话

柏拉图有一天问老师苏格拉底什么是爱情。苏格拉底就叫他到麦田走一次，要不回头地走，在途中要摘一棵最好的麦穗，但只可以摘一次，柏拉图充满信心地去了。谁知过了半天他仍没回来，最后他垂头丧气地出现在老师跟前，诉说空手而回的原因："很难得看见一株看似不错的，却不知是不是最好的，不得已，因为只可以摘一次，只好放弃，再看看有没有更好的，走到尽头时，才发觉手上一棵麦穗也没有。"这时，苏格拉底告诉他："那就是爱情——爱情是一种理想，而且很容易错过。"

柏拉图有一天又问老师：什么是婚姻？

苏格拉底叫他到杉树林走一次，要不回头地走，在途中要取一颗最好、最适合当圣诞树用的树材，但只可取一次。柏拉图充满信心地出去。半天后，他一身疲惫地拖了一棵看起来挺直、翠绿、却有点稀疏的杉树。苏格拉底问他:“这就是最好的树材吗？”柏拉图回答老师:好不容易看见一棵看似不错，又发现时间、体力已经快不够用了，也不管是不是最好看的，所以就拿回来了。苏格拉底告诉他:“这就是婚姻——婚姻是一种理智，是分析判断，综合平衡的结果。”

柏拉图有一天问老师：什么是外遇？

苏格拉底叫他到树林走一次，可以来回走，在途中要取一枝最好看的花，柏拉图又充满信心的去了。两个小时后，他精神抖擞地带回一枝艳丽但蔫掉的花，苏格拉底问他:“这是最好看的花吗？”柏拉图回答：我找了两个小时，这是盛开最美丽的花，但我采下来带回来的路上，他就逐渐枯萎下来。这是苏格拉底告诉他:“这就是外遇——外遇是诱惑，犹如一道闪电，虽明亮，但稍纵即逝；而且，追不上，留不住。”

有一天，柏拉图又问老师：什么是生活？

苏格拉底叫他到树林走一次，可以来回走，在途中要取一枝最好看的花，柏拉图有了之前的教训，又充满信心的去了，过了三天三夜，他也没回来。苏格拉底走进树林里去找他，最后发现柏拉图在树林里安营扎寨。苏格拉底问:“你找到最好看的花了吗？”柏拉图指着边上的一朵花说：这就是最好看的花。苏格拉底问:“为什么不把它带出去呢？”柏拉图回答:“如果我把它摘下来，它马上枯萎，即使我不摘它，它也迟早会枯萎。所以我就在它还盛开的时候，住在它边上。等它凋谢的时候，再找下一朵。这已经是我找到的第二朵好看的花。”这时苏格拉底告诉他:“你已经懂得生活的真谛了——生活就是追随与欣赏生命中每一次美丽。”

第一节 爱是什么

无论是在人类文明中，还是在你我的生活中，爱情都是一个永恒的主题。即使没有永恒的爱情，也无法阻止人们对爱情永恒的追求。爱情一方面成为文明的注解，另一方面也成为人性成长和显现的训练场。爱情，有关人的性本能，有关社会关系和人类规范；更重要的是，爱情是人类精神性的一种独特体现。

一、认识爱情

对于爱情这个“生理—社会—心理”的集合体，谁都有说话的权利，不过，要用文字来说明爱可不容易，往往不是流于感伤，就是陷于说教。无数哲学家和文学家都不厌其烦地通过论断、故事来表达对爱情的理解。在心理学界，心理学家对人的心理和行为的研究成果和相关理论可谓硕果累累。然而，有人评论说，心理学家们对“爱情”的研究几乎交了白卷。到目前为止，仅有鲁宾（Zick Rubin）对爱情有一个相对确定的定义：“爱情是对另一个人的一种态度，也就是对所爱的人所拥有的一组独特想法。”

究其原因，是因为“爱情”是一种极为复杂的感情，难以捉摸、难以测量。弗洛伊德和斯腾伯格等心理学大师均探讨过爱情这个话题，比较有影响力的理论是其提出的泛性恋爱论和爱情三元论等。

（一）弗洛伊德的泛性恋爱论

弗洛伊德作为心理学这门“年轻而古老”学科的旗帜性人物，其突出贡献表现在对人格结构的探索，然而“Libido”（力比多，意味“性趋力”）概念的提出，则为其人格学说奠定了基调，并在此基础上提出了泛性恋爱论。弗洛伊德认为，爱情是一种本能，出于满足性欲的需要。或者准确一些说，爱情就是以社会可接纳的方式来满足本能的欲望。爱情在现实生活中有两种依恋方式，即“对象爱”，或表现为占有另一个人的欲望；“自居”，或表现为与另一个人的欲望。人们究竟采取哪一种依恋方式是依据其童年经历而定。

人们必须追求爱情，尽管这并不是轻而易举的事情。为什么一般人常常面临爱情的困难呢？弗洛伊德认为，爱情困难一方面是源于人格的冲突。人们从孩童时起，爱欲就被同样强烈的人类毁灭性本性的力量所融化和消解，因为爱欲有时同攻击性倾向相混合，它就成为既是自我隔绝又是自我实现的过程。自我和他人处在恋爱之中的同时，自我也和他人处在对立力量相控制的冲突之中，因为，一个人必须给予他人的爱是以牺牲自爱为代价的。这种对抗性存在于现实之中，更突出地表现在家庭生活里。但是，爱欲最终是需要完成的，否则就会有无休无止的身心矛盾，如歇斯底里。爱情困难另一方面源于社会文明对于爱欲的限制，只要文明存在，压制就必然存在。

弗洛伊德认为，虽然爱情的发生往往出现在青春期、青年期，但爱情的发生却是一个过程，孩子从一出生就开始了。性欲望的发展经历口唇期、肛门期、性器期、潜伏期、生殖器期五个阶段。在儿童成长的过程中，满足其性欲发展的外部环境教育的影响会一直潜伏下来，并会影响到他以后对爱情对象和爱情方式的选择。而儿童在3～6岁性器期时，会产生“俄狄浦斯情节”，即“恋母情结”，如果该情节没有得到很好的解决，那么就会深刻地影响一个人以后的爱情生活。

俄狄浦斯情结

在古希腊神话中有这么一个预言：底比斯王的新生儿（也就是俄狄浦斯），有一天将会杀死他的父亲而与他的母亲结婚。底比斯王对这个预言感到震惊万分，于是下令把婴儿丢弃在山上。但是有个牧羊人发现了他，把他送给邻国的国王当儿子。

俄狄浦斯并不知道自己真正的父母是谁。长大后他做了许多英雄事迹，赢得伊俄卡斯忒女王为妻。后来国家瘟疫流行，他才知道，多年前他杀掉的一个旅行者是他的父亲，而现在和自己同床共枕的是自己的亲母亲。俄狄浦斯羞怒不已，他弄瞎了双眼，离开底比斯，独自流浪去了。

这就是心理学中俄狄浦斯情结的原型。

俄狄浦斯情结又称恋母情结，是精神分析学的术语。精神分析学的创始人弗洛伊德认为，儿童在性发展的对象选择时期，开始向外界寻求性对象。对于幼儿，这个对象首先是双亲，男孩以母亲为选择对象；而女孩则常以父亲为选择对象。小孩做出如此的选择，一方面是由于自身的“性本能”，另一方面也是由于双亲的刺激加强了这种倾向，即是由于母亲偏爱儿子和父亲偏爱女儿促成的。在此情形之下，男孩早就对他的母亲发生了一种特殊的柔情，视母亲为自己的所有物，而把父亲看成是争得此所有物的敌人，并想取代父亲在父母关系中的地位。同理，女孩也以为母亲干扰了自己对父亲的柔情，侵占了她应占的地位。

每个人的成长都会经历这样的时期，我们自己回想一下小时候或者说现在是否有过嫉恨自己异性父母的时候。正如故事中的俄狄浦斯当他知道了事情的真相的时候是多么的羞愧。因为在我们的伦理道德中这样是不被允许的，甚至被认为是邪恶的。在这一时期，我们是很矛盾的，不过对于大部分的人来说，在我们的意识还未完全认识到这一点的时候我们已经成功处理了。以男孩子举例：当他开始嫉恨父亲，想要拥有母亲的时候，自然会表现出对父亲的敌视，但是他会发现自己不够强大来抵制父亲，转而，他会向父亲学习产生认同，慢慢地就成长起来了。在这个转变过程中，因为家庭情况的、个人的一些经历不同，在程度上就会是不一样的。父母亲在家庭中的地位角色会影响到孩子的成长，一个强大的父亲比之一个懦弱的父亲是更容易让孩子认同的；如果母亲过于强大在家中占主导地位的话，男孩子就很有可能认同母亲，对于孩子的成长就会有影响。

（二）斯滕伯格的爱情三元论

从古至今，人们都没有停止对爱情的追逐和探索。关于爱情的核心意义，一直有着见仁见智的看法，而且在此基础上，衍生出了一个新的问题：生活中的爱情有哪些不同表现形式？它们之间存在哪些关键的差异呢？罗伯特·斯滕伯格（Robert Sternberg）对此问题作了持续的关注，提出了爱情三元论。三元论认为，爱情有三个基本的组成要素，即亲密（感到被自己所爱的人亲近和理解，亲昵）、激情（陶醉感和性兴奋）和承诺（长期的忠诚，责任），以这三个要素为顶点构成了爱情的三角形，如左图所示。

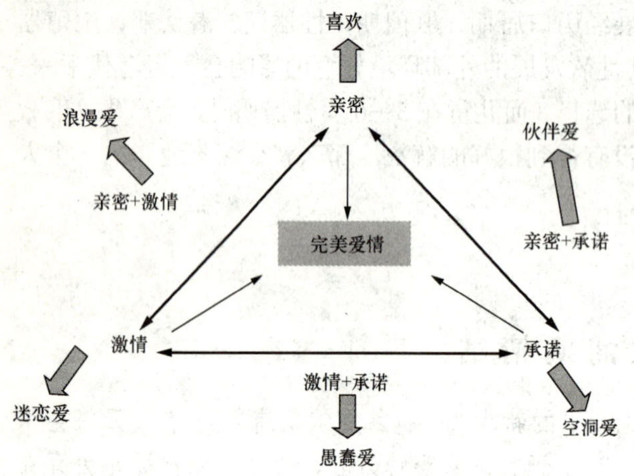

1. “亲密”

“亲密”是爱情的基础，始于自我暴露，是指爱情关系中那些促使双方亲近、志同道合、不分彼此的感情。比如相爱的双方进行真诚的沟通，从对方获得安全感、支持、鼓励、理解，互相尊重，双方都可以以自己的幸福为代价去促进另一方的幸福等。亲密具有一个慢慢的、逐渐发展的过程。

2. “激情”

“激情”是爱情的兴奋剂，是强烈的渴望跟对方结合的欲望与需求。但是激情绝不仅仅是性方面的渴求，任何形式的生理心理的激发都可以让人体验到激情，是一种“不求天长地久，但求曾经拥有”的强烈的感情。比如一个强烈需要得到尊重的人，如果遇到一个极度仰慕他的人，那么他就体验到了这种激情。

3. “承诺”

“承诺”是爱情的契约，短期的承诺是做出爱的决定，长期的承诺则是做出维护这段爱情的承诺，婚姻是承诺的表现形式之一，同时婚姻也使这种承诺合法化。

这三种爱情成分并不孤立存在，它们相互依附，共同影响着爱情。而爱情的其他许多方面，只不过是爱情的三个基本要素的具体表现形式，如关心只是亲密的一个组成部分而已。

爱情的组成也并非千篇一律，斯滕伯格认为爱情的三个基本要素的不同组合就会形成七种不同的爱情（见表 6-1）。

表 6-1　爱情的表现形式

爱的类型	亲密成分	激情成分	承诺成分	举　例
喜欢	有	无	无	每周至少一两次吃午饭的好朋友
迷恋爱	无	有	无	仅仅基于性的吸引而短暂投入的关系
空洞爱	无	无	有	被安排好的婚姻或“为了孩子”而决定维持
浪漫爱	有	有	无	经历了几个月快乐的约会，但尚未对未来做任何规划
伙伴爱	有	无	有	享受对方的陪伴和双方之间关系的伴侣，尽管彼此不再有多少性兴趣
愚蠢爱	无	有	有	只认识两星期就决定一起生活的伴侣
完美爱	有	有	有	充满深情和性活力的长期关系

（1）“喜欢”是只有亲密的爱情，是一种喜欢和另一个人在一起的感情，每当和他（她）在一起就觉得温馨、和谐和快乐，但是不想付出激情和承诺，是一种朋友、红颜知己式的爱情。

（2）“迷恋爱”是纯粹的激情的爱，我们所谓的单相思、一见钟情都属于此类，那是一种伴随着高度的生理反应、心理激发的强烈的感情，但往往昙花一现。

（3）“空洞爱”是纯粹的只有责任感的爱，一般出现在长期爱情的最终阶段，此时，亲昵感消失了、激情也荡然无存，唯一留下的仅有对婚姻、家庭的负责及对孩子的牵挂维系着整个空洞的爱情和婚姻。

（4）“浪漫爱”是亲密与激情的产物，两个相爱的人一起看日出晚霞，享受着每一个浪漫的时刻，但是双方没有相互承诺什么，前途的难料让他们充分意识到“此刻”的弥足珍贵，大学——爱情滋生的沃土往往埋藏着浪漫式爱情的种子。

（5）“伙伴爱”是亲密与责任感结合的爱情，没有任何的激情汹涌，没有见异思迁，是一辈子的相濡以沫，是一辈子的柴米油盐。

（6）“愚蠢爱”的双方往往都是处于感情波动的阶段，都如饥似渴地需要爱，例如刚刚失恋之后的闪电式结婚是这种缺乏亲密的爱情的最常见的表现形式，但旋风式的离婚往往是这种爱情的最终结局。

（7）“完美爱”是亲密、激情和责任的天作之合，大多出现在童话世界之中。“完美夫妻”往往共同经历了生活的许多波折，但仍然亲密无间，长期过着相互满意的性生活，并彼此欣赏，这种爱情也是许多爱情追梦人的必生渴望。

当人们为爱情的主要要素进行界定时，大多数人都赞同爱情是激情、亲密感和承诺的混合物。随着时间的推移，在大部分关系中，浪漫的激情会逐渐消退，亲密感则会逐渐增强。亲密感是在深刻认识他人的基础上逐渐累积起来的，因此，要产生最大限度的亲密感就得需要一定的时间；而激情则主要基于由新奇和变化产生的情感，这就是为什么人们往往在刚建立关系时激情最高，而当两个人开始推心置腹、彼此了解对方的信仰和习惯、对心爱的人无所不知的时候，激情就会变得相当的低。

批判性思维告诉我们，爱情本身或许比爱情的定义更重要。我们定义理想爱情的方式深刻地影响着人们对爱情的满意感和持久性。如果你认为只有浪漫的爱情才是真正的爱情，那么爱情就会被定义为激情的性欲和炽热的情感。

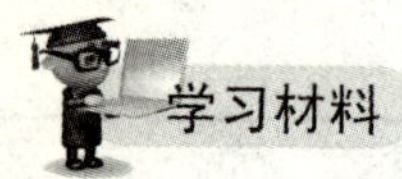

爱 的 缘 由

也许有人要问“孑然一身的自由为什么非要套上爱情的枷锁呢”？为了回答这个问题，让我们一起跟随斯滕伯格回顾历史，探寻爱情的缘由。

在斯滕伯格《丘比特之剑》一书中，达尔文的生物进化论观点备受推崇。“择偶需修千秋业，爱有源头情不竭”，他认为成年人的爱情主要源于三个人类特点：寻求依附物、保护的欲望和性的需要。

无论是孩子还是成年人，在受到外界的某种威胁的时候往往需要寻求依附物。就如我们在遇到困难时需要亲人、朋友的抚慰。这种依附性紧密连接着相爱的人。

此外，为什么男人常常被拥有长睫毛、大眼睛、光滑细嫩皮肤的婴儿式女性所吸引？为什么女人常常会喜欢自己的男朋友、丈夫的“孩子气”？为什么常常看到男女朋友之间沉溺于“逗小孩式”的谈话？为什么情侣之间的昵称那么的富有童趣？种种问题都因为爱情的另一个源头——保护的欲望。男人想通过保护一个婴儿式的女朋友来体现自己的无所畏惧，女人则期望在爱中尽显温婉可人的母性魅力，在相互保护中爱情孕育、滋生、成长。

爱情的第三个理由源自性的需要，这种需要是与爱情三角形理论中的激情关系密切。进化论中的爱情被置于一个广阔的生物学框架中，认为爱情的作用是通过性交繁杂后代，而这种“性”的意义上的爱情在三四岁孩童时期就烙上了深刻的烙印，“性铭刻”的学说类似于弗洛伊德的“情结”，就像俄狄浦斯情结中揭示的，成年人在寻找恋人时，常会选择一个某些方面和自己的母亲或父亲相似的对象，这种性本能的驱使构成了使我们追寻爱情的第三个原因。

斯滕伯格在《爱情是一个故事》中告诉我们，我们从出生开始就一直在创造属于自己的爱情故事，我们用眼睛看、用耳朵听，用心灵去体会我们从亲人、朋友那里得来的爱，不断地构造一个我们自己的爱情世界。这种本能的、生来就有的爱情故事观点，也是斯滕伯格对爱的原因的独特诠释。

二、发展爱情

步入爱情的圣殿，并不等于长久地拥有了爱情，有时我们会发现，在经历了爱情初期的甜蜜，经历了互相欣赏后，“蜜月期”的热度开始降温，两个人的感情、兴趣、社交的矛盾渐渐凸显，两个人的缺点也日益暴露，斗嘴、赌气日益增多，爱情的不完美成了两个人心中的痛。可见，爱情需要不断增添新鲜的东西。正如斯滕伯格所说：“亲密关系像建筑物一样，如果得不到维护和改善，那么他就会随着时间的流逝而衰败。”

在心理学家默斯特因（Murstein）的“S-V-R 理论”认为两个人从相识到结婚，分为三个阶段。

（一）S 阶段——刺激阶段

刺激阶段（Stimulus）受到对方外表、行为、性格等的刺激。

当两个人初次见面时，如果被对方的外表、行为和性格等吸引，就会彼此产生好感，这一阶段就是所谓的刺激阶段。在这个阶段，除了对方的外表、行为和性格等因素外，有关对方的传闻也是重要的信息。

（二）V 阶段——价值阶段

价值阶段（Value），男女双方思维方式和行为模式相似，对感情顺利发展很重要。

彼此产生好感后，如果开始建立了恋爱关系，就进入第二个阶段——价值阶段。在这个阶段，两个人在一起的时间多起来，共同完成的事情也多了起来。此时，双方的兴趣爱好和价值观是否相似是影响感情能否顺利发展的重要因素。

（三）R 阶段——角色阶段

角色阶段（Role）主要是分配角色，相互补充。

如果要进一步发展，不仅需要双方的价值观相似，还需要双方分担角色、相互补充。例如，具有支配性格的女性和服从性格的男性，喜欢帮助别人的女性和寻求帮助的男性等。实际上，除默斯特因之外，很多心理学家也都提出，恋爱关系要向婚姻关系顺利发展，男女双方能够互相补充是非常重要的。

如果将 S-V-R 理论进行简单的概括，那就是“受到对方外表、行为、性格等的吸引而相识，并产生好感”；“彼此的价值观相似，从而成为恋人”；“如果能相互补充，就可以走向婚姻”。没能走到婚姻殿堂的情侣，可能是因为不能互相补充。如果在谈恋爱阶段就分手，很可能是因为彼此的价值观差距太大。

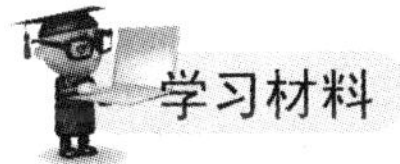

“一见钟情”的心理原因

世上恐怕没有比“一见钟情”更美的词了。看一眼，就爱上了对方，简直太美、太浪漫了。如果双方彼此一见钟情的话，我想这绝不能用“偶然”来形容，用“神奇”才贴切。

实际上，到目前为止，学者们还没有完全揭开“一见钟情”的秘密。一见钟情存在较大的个人差异，有人经常一见钟情，而有人从未一见钟情过。那么，人到底为什么会一见钟情呢？关于这个问题，目前的心理学界还是众说纷纭。

从认知心理学的角度来看，如果对方的眼睛、鼻子、嘴巴等器官和自己的相似，我们就会对对方产生亲近感，这种亲近感是发展爱情的基础。还有一种说法认为，有人会对和自己免疫类型完全不同的人产生好感，他们能从对方身上感受到一种“传达物质”，这种物质也能促进爱情的发展。的确，人类想寻找自身所具备的免疫类型，这从生物学的角度也能解释。非常有趣的是，前一种说法认为，人会对与自己相似的异性一见钟情；而后一种说法认为，人会对与自己不同的异性一见钟情。

最近又有一种新的说法，认为人的大脑具有一种在瞬间找到结论的“适应性无意识”功能。这种能力与直觉不同，它是人类所具有的一种瞬间判断能力。也就是说，任何人都能在一瞬间看清事物的本质或者找出问题的结论。有些人一生只有一次一见钟情的经历，就能和一见钟情的对象厮守终身。这让我们相信，他们就是在一瞬间找到了这辈子最适合自己的人。

因而一见钟情所产生的爱情并不是暂时的感情，也许这才是爱情的本质。

三、经营爱情

爱情需要经营，尤其是处在逆境的时候，一个小小的举动或许就让你的爱情再度升温。斯腾伯格通过研究总结出九组能经得起考验的至关重要的爱情特征。

（一）“沟通与支持”

这是最重要的一组特征，因为爱情关系的解体往往是悄悄开始的，起初一方觉得交往得不舒服，单方面觉得不满，可是什么也不说，任凭不满在心中堆砌。一般这样的默默忍受只会有两种结果：不在沉默中爆发——吵架，就在沉默中灭亡——和平分手。所以生活告诉我们出现矛盾一定要开诚布公地面对面地聊天，还有就是通过电话、短消息等方式，甚至是最原始的写小纸条让双方进行有效的沟通。而且从沟通中获得彼此的支持也可以起到防患于未然。

（二）“理解和赏识”

爱情在发展过程中往往会遇到瓶颈期，就会有挑错专家的出现，优点、长处被不足取代。这也是爱情处于困境中的一个原因。所以当爱情不顺心的时候，回首看看你们走过的路，想想对方的好，给予适当的鼓励，偶尔地表扬她的美丽、贤惠，他的幽默、复杂。这种理解与赏识会让你们的爱情更加坚固。但是赞美也是有艺术的，每天的赞美就等于没有赞美，间歇性的强化比连续性地强化、确定频率的强化比不确定频率的强化所产生的效果更明显。

（三）“宽容与接纳”

这组特征常常与“灵活性和变通性”结合在一起。人无完人，吹毛求疵的爱情总是很痛苦的，宽容接纳是双方的。争吵、妥协，问题并没有解决，无法使两人找到一个两全其美的方法。一旦我们的另一半无法接受我们的某些为人处世的方式，灵活、变通性就发挥它们的作用了。丘比特也是“睁一只眼闭一只眼”才射出爱情之箭的，所以我们对待爱情也要有一种“海纳百川”的境界，如果实在没有宰相的肚子，那么就去适应、去改变。

（四）“价值观和能力”

对于对方取得成就的自豪感能使你的另一半获得尊严与荣誉之外的喜悦。双方经常念叨对方的价值和能力，并以欣赏的态度给以反馈，对增加彼此的感情有巨大作用。

（五）“经济和家务”

社会发展到如今，男女平等已不再是一个标志，男主外女主内的时代一去不复返了。女人经济的独立，使家庭的经济和家务重心都有所偏移。此时，“小女人”、“小男人”出现了，越来越多的男人分担了家务劳动。家庭中的角色的稍作变动是件好事，可以让爱情变得更加稳固和融洽。

（六）“爱好和友谊”

一个人与另一个人的结合意味着两人社会关系的结合。当你爱上了他（她）那就意味着你需要试图去与其社会关系建立积极的感情联系，这是经营爱情的重要一环。现实经验告诉我们，当爱情出现危机时，彼此的社会关系在此时能发挥修复感情的重要作用，所以经营爱要学会爱屋及乌。

（七）“身体魅力和浪漫情怀”

浪漫没有年龄限制，浪漫更多表现的是一种个人特质和行为习惯。懂得浪漫的人对生活充满了激情，对彼此多了一些呵护和感恩。因此，浪漫对增进恋爱双方感情所起到的作用是显著而明显的。

（八）“家庭和宗教”

女性往往更重视对方是否孝顺父母。双方若都能很好地完成孝顺，特别是对对方父母的孝顺，给对方制造一些意料之外的惊喜，能更好地促进彼此的融合。

（九）“忠贞”

忠贞是最薄弱的特征。但从道德层面上看，是双方爱的能力的一种体现，表现为面对外界各种诱惑的心如止水。

这样看来，在体验爱情的幻灭之前，就将其扼杀在萌芽之中是我们爱情的理想境界。当然，“执子之手”是一件伟大的工程，“与子偕老”是一项艰巨的任务，希望我们在爱情遇到坎坷的时候能用我们补爱的巧手，让爱情转危为安。

爱情经历了寻觅的彷徨、初始的亲昵、激情的迸发、挫折的考验，最终爱情的结果是甘甜还是苦涩，是过上了幸福的生活还是旧爱情解体、新爱情萌生？这取决于我们的决断。但是，无论我们做出何种选择，都要本着对自己负责的态度，相信爱情的道路上终会有我们的一片天高海阔。

柏拉图的身体爱欲与灵魂爱欲

大众常常将柏拉图式的爱情理解为没有肉体欲望的爱。但柏拉图认为，灵魂不仅有不朽的理性成分，还有激情和欲望，这两者隶属于身体，具有物性，是要死亡的。在《斐德罗篇》中他打了一个关于马车的比方，形象地表述爱情过程中爱欲与理智对人产生的作用。如果说身体爱欲比作一匹劣马，理智则是一匹驯良的好马。当灵魂的驭手看到爱情的对象时，整个灵魂就体会到爱欲。此时，良马节制，不敢贸然扑向爱人；而劣马不知羞耻，蹦跳着驰向爱人。驭手和良马拉不住劣马，被劣马拉着不断接近被爱者。靠近时，驭手看到被爱者光辉照人，“好像看到美与节制并肩而立，站在神座上，他不禁肃然起敬”，向后猛拉缰绳，拉得劣马口破血流，栽倒在地。这种事重复多次，劣马终于学乖了，丢掉了野性，俯首帖耳地听从驭手的使唤。“到了这个时候，有爱情的人的灵魂才带着肃敬和真诚去追随被爱的人。”这样，节制使爱情高尚，使灵魂中善的力量得到解放，从而给人带来善和快乐，让人体会到爱情带来的光荣与伟大。

如果没有完全遗忘灵魂的爱，做“一些凡人认为快乐的事情来满足欲望”也是被认可的。“由于他们有爱情，因此到了该长羽翼的时候，他们还是会长羽翼的”。爱情永远是向上的。从认识美的形体到美的道理、美的制度等，一级一级逐步上升，经过飞跃最后认识了美自身，即“美的理念”。它是永恒的、不生不灭的、绝对的、单一的，这就进入了理念的永恒王国。

所以身体的爱欲是一个阶段的正常想象，就好像花朵盛开一样，人难免醉心于其中，关键是，不要以为肌肤之亲可以拥有精神上的永垂不朽。等开到荼靡，花事终了，我们终将发现，月光仅仅就是那一个夜晚的事情，只有对于善的追求永远存在。当心灵离开肉体而走向真理的时候，此刻的爱情才是最好的，它经得起时间的考验，是一种永恒的爱。

第二节 爱的能力和艺术

人人都渴望得到甜蜜的爱情。正像一个过去的时代永远不会过去一样，对爱情这一形式的迷恋，长久地存活于我们的记忆之中。爱情如此重要又是如此美妙，可为什么还会有那么多人为情所伤、为情所累、为情所困？我们可以经营，却离爱情越来越远，这只能说明你还不知道什么是爱。爱充满了挑战，学会理性化、系统化、优先原则地管理生活，爱自然就会强大。正如许多人将爱情视同于一门艺术，像所有艺术一样，领悟爱情这门艺术的真谛也需要具备一定的专业知识并付出一定的努力。

一、学会自爱

爱情关系是人际关系中的一种特殊关系，它比一般的关系接触要亲密得多、感觉要微妙得多、期望值要大得多。我们在学会处理好两性关系之前，首先要处理好与自我的关系，这是处理好一切人际关系的基础。自爱就是“对自己的生活、幸福、成长及自由的肯定”。我们怎样在生活中快乐地接受所爱的人，关键在于我们怎样拥有一个快乐自信的我。正如爱克哈特所说的：“你若爱自己，那就会爱所有的人如同爱自己。”

（一）认识自我

一个自爱的人是自知的，一个心理成熟的人是自然而坦然地表达自我的。在爱情里，有的因为恋爱失去了自我，有的因为恋爱更加自恋，有的因为恋爱更加成熟，其中的差异在于个体对自我的认知。在现实生活里，我们常常见到太多的“围城男女”为情所困、为爱而伤，却始终搞不明白是什么原因让自己和对方感到莫名的不开心。

其中一个很重要的原因在于他们没有看清自我的“真相”，并不明明白白地知道“我是谁”、“我要什么”、“我为什么要”等问题的答案。这些为“爱”受伤的人因自己“付出”了却没有得到而觉得“受伤”。实际上，他们并不知道自己是否是真的在“付出”、是否是真的“爱”对方，还是仅仅人云亦云的“爱”与“付出”以填补内在的匮乏及爱的缺失。有人说“恋爱损伤女性的大脑，降低判断力”，事实上，热恋中男女都会将恋人“理想化”。固然，恋爱双方强烈而丰富、敏感而不稳定的感情并非异常，但如果陷入情感的幻想中，自我判断、自我评价与自我意识都会发生偏差。只有全面清晰认识自我的人，在亲密关系里才能游刃有余，进退自如而有分寸。一个没有达到产生高度自我知觉的人，或是以为很自我其实没自我的人，倾向于把自己所爱的人“神化”，把自己的力量异化并把自己的力量反射到他爱的人身上，将他爱的人当作一切爱情、光明与祝福的源泉而受到他的崇拜。这一过程中，人失去了对自己力量的觉悟，在被爱者身上失去了自己，而不是找到自己。因此，在爱情里常伤及对方或被其所伤，最终要么两败俱伤、祸己殃人，要么一方“心有戚戚”，受伤而逃。

（二）接受自我

人的一切成长都始于接受自我。从心理学的角度来说，快乐地接受自我，良好的自我形象与自我效能感是充实人生的源泉。我们接受的自我不是理想中的自我，而是现实中的自我。我们知道自身的缺点和不足，但我们要像同情一切不完美的人一样同情自己、理解自己，而不是诅咒自己，盲目改变自己。

自爱就是要成为你自己，而非通过爱情变成他人。“自己若是世界上最好的李子，而你所爱的人却不喜欢李子，那时你可以选择变成杏树。不过经过选择变成的杏子，是次等品质的杏子，只有做原来的李树，才能结出好的果子；如果你甘愿变成次等的杏子，而爱你的人喜欢上等的杏子，你就可能被抛弃，于是只有倾心全力使自己变成最好的杏子或者找回做李子的感觉”。世界上没有两片相同的叶子，更何况人呢？个体正因为其差异性才构成色彩缤纷的世界。

弗洛姆将爱分为两种形式：一种是不成熟的形式，即“共生有机体结合”。爱的双方互相需要，其一方主动，另一方被动。被动就是屈从，虽然“他永不感到孤单——但他依附于人，没有任何尊严，不是一个完全的人”。主动就是支配，是想通过使另一个人成为自己的重要部分来摆脱孤独和禁锢感。主动形式与被动形式“没有遵守的结合”，双方都失去了独立性和完整性，都是不成熟的爱。与“共生有机体结合”相对的是“成熟的爱”。真正的成熟的爱是建立在平等与自由的基础上的，“是在保留自己完整性和独立性的条件下，也就是保持自己个性的条件下与他人合二为一”。我们越是相信和接受自己，越能够从别人是否相信和承认我们的疑虑中摆脱出来，就越有信心向自己心爱的人表达自己。而越是总是盯着自身的缺点不放，就会长期陷入痛苦的、无休止的内心矛盾冲突中。

（三）对自己负责

恋爱不是为了让我们放弃自我，而是学会更加负责地生活，这当然也包括失恋后的自爱。一个人只有本着对自己高度负责的态度学习、生活，才能处理好恋爱中的自我与他人、现在与未来、学业与爱情等关系。爱不仅是情人节的玫瑰，也不只是每日的相守，更是守望的美丽与对彼此生命负责的人生态度。

爱自己要学会珍惜自己的感情，尊重自己的感情。当“新新人类”进入大学校园，以一种反传统、自我贬损、充分的自我张扬的方式凸现其个性。时尚的未必是永恒的，也未必是正确的。大学生时期的感情纯洁、真诚，这也是将来幸福生活的基础。有的同学因为恋爱而放纵自己的感情，甚至本不是爱情，仅仅为了满足自己生理与心理甚至物质的需求，用青春与爱情赌明天，这些都不是珍惜感情的体现。大学新生入学常会听到这样的规劝“谈恋爱要趁早。大一嫩，大二娇，大三大四没人要！”可是放眼看看大学恋情中的悲悲凄凄，你会明白：恋爱，就像选修课，不是每个人都有能力应付得了的。爱情产生于何时，我们无法精确计算。但很多悲剧产生于开始，因为开始本身就意味着错误。特别是大学新生，来到陌生的城市，面对陌生的环境，显得无助与孤独。此时，可能一声问候、一束鲜花都会令孤独无助之中的你感动之极。要记住：在孤独无助时，更需要广泛的社会支持，如友情，而不一定是爱情。特别是因寂寞产生的爱情，多半是靠不住的，它没有以责任为核心的基础。让人羡慕的是校园中这样的一些情侣：他们有各自的理想，而这理想又构筑在两人共同的未来之上，面对升学、找工作等困难时相互扶持，他们也许少了花前月下的浪漫温情，却懂爱情的真谛，愿意担起一份责任。当我们收获学业的果实时，爱情同样得到了最真挚的祝福。还有些大学生带着满身的“伤口”进入恋爱，有的“伤口”是与父母亲缺乏沟通造成的；有的“伤口”是在上一段感情里落下的。带着这些未曾治疗的“伤口”盲目开展一段新的恋爱，本身既是不明智的，而且对另一半也是不公平的。对自己负责还要承担起实现自我的责任。实现自我有很多的含义，除了追求事业的成功以外，还意味着我们可以自由地表达我们的感情、见解和对事物的看法。从某个角度而言，完整的自我=健康的自我=爱情的幸福。

二、理解真爱

爱情是人类高尚的精神体验，是灵与肉的完美结合。爱情不同于人类其他的情感体验，它是个体独特的心灵历程，更是双方心与心的沟通与交流，只有真正爱过的人才能体察心灵的互动。爱情不可以被抑制，但爱是上苍赐予个体神圣的礼物，不可滥用。爱情不是存在银行中的钱，随需随取。爱情的成本是人生情感成本最高的。正确地理解爱情，才可能与幸福同行。

（一）爱是给予，不是得到

爱情是对生命及我们所爱之物的积极的关心。弗洛姆认为，爱意味着将自己最宝贵的东西给予对方，包括生命，但并不意味着为对方牺牲生命，而是给予对方自己生命的活力。我们给对方的是我们的快乐、我们的志趣、我们的理解、我们的知识、我们的悲哀，给予对方生命活力的全部表达方式，我们在表达生命感的同时提高了对方的生命感。为对方着想、体贴对方、尽力扶持对方，同对方分享快乐、兴趣、理解力、知识、悲伤等，这一切创造了新的希望。彼此关怀，将产生单独一人所无法出现的力量。付出的人，将同时在此过程中有所收获，且发现自己所忽略的无比潜力。

因此，爱的本质是“给予”。“给予”并不是“放弃、被别人夺走东西或作出牺牲”，也不是以交换为条件，更不是“一种自我牺牲的美德”。“给”比“得”带来更多的愉快，这不是因为“给”是一种牺牲，而是因为通过“给”表现了我的生命力。“给”是力量的最高表现，恰恰是通过“给”，才体验自己的力量，自己的富裕，自己的活力，体验到生命力的升华，使自己充满了欢乐。

（二）爱是责任，不是义务

不成熟的爱情是“我爱，因为我被人爱”，成熟的爱情是“我被人爱，因为我爱人”；不成熟的爱是“我爱你，因为我需要你”；成熟的爱是“我需要你，因为我爱你”。所有的爱情都包含着一份神圣的责任，这种责任不是义务，不是外界强加的而是内心的自觉，即为自己所爱的人承担风霜雨雪，去关怀对方，完成对方的成长和发展，而不仅是感官上的愉悦与寂寞时的陪伴。这种责任是自发性的，而非来自外界的管制或约束。

爱一个人也是爱一份生活，仅仅因为某种需要产生的爱未必能承担爱的责任。因为大学生活的孤单与寂寞，需要异性的呵护，需要被关爱，也需要消磨业余时间，这些都不会是真正的爱情。不在乎明天，只关注此刻的感受对爱情本身的伤害是严重的。一个从不考虑未来生活的人，恋爱注定没有结果；同样，缺乏责任感的爱情没有坚实的土壤，不可能枝繁叶茂。爱情不是感情冲动，它必须受自我约束，肩负着道德责任。

（三）爱是尊重，不是束缚

真诚的爱是建立在双方平等与理解基础之上的尊重。尊重就是努力使对方能成长和发展自己，以他自己的方式和为了自己而成长，而非剥夺，也不是服务于我。如果爱他人，就应该接受它本来的面目，而不是要求他成为我们希望的那样，以便使我们把它当作使用的对象。恋爱既是两人心灵的共鸣，又是自我成长，使双方积极的潜能充分发挥。事实上，每一份爱情中，都包含着期待效应，对方都在向着彼此喜欢的方向发展。这就要求更加尊重你所爱的人，让对方在爱的港湾中自由发展，以他自己喜欢的方式发展自我。许多人把自己的愿望和需要强加于伴侣身上，为对方塑造出一个理想形象，然后再费尽心思去维持虚假的交往关系，这种爱只会使人陷于孤独。

只有当我们自己独立时，在没有外援的情况下也能独立地走自己的路，才能做到尊重。尊重，是正视对方的存在。爱别人，是尊重别人存在的权利，欣赏其自由的发展。我们爱一个人，是爱其本身的存在，而不是爱我们“理想中的对方”或“我们想要的对方”。

（四）爱是能力，不是天成

这世上没有所谓“完美的爱情”，有的只是“完整的爱情”。构成“完整的爱情”的心理基础则是双方健康的“心智”及“自我”。其实，很多人梦想着甜蜜的爱情，积极地投身于各种条件的准备——大部分是“物”的准备，却忘记或忽略了“人”的建设——自我成长。爱需要在自我检视中不断地修炼成长。

在人实现自身价值的过程中，爱起到了极其重要的作用，它是人的基本需要，决定了人的生存问题。这种爱不能仅仅是内心的冲动或者赖以依存的方式，它是人本身所具有的一种精神能力，通过这种能力，人才能与他人发生关系。对自己的生活、幸福、成长及自由的肯定是以爱的能力为基础的，看你有没有能力关怀人、尊重人，有无责任心了解人。这种能力不是与生俱来的，也非随着生理成熟自然形成的，而是在社会生活中逐渐成长起来的。这种能力包括施爱的能力，接受爱的能力，自我成长的能力，与你爱的人共同创造美好生活的能力。有人说：“好男人是一所好学校，好女人也是一所好学校，由两性构成的学校促使男人与女人共同学习，共同进步”。爱的能力要求恋爱的人始终保持高度理性而非随着感觉走。恋爱唤醒沉睡的心灵，积极的恋爱使个体潜在的心理能量得以释放，为所爱的人努力。爱也是积极向上的精神力量，催促着相爱的两个人向着更好的自我发展，更加努力地自我完善，而非自我束缚、自我放纵。

（五）爱是创造

精神分析家弗洛姆认为，创造性的爱是让现代人超越自我中心，回到充分诞生状态的最佳途径。在爱情当中遇到的种种挑战，其实是自我得以成长的机会；我们只有意识到自己的情感，才会对日常生活有忠实的体验，在这些体验中情感得以分化和升华，然后又利用自己的日常生活经验去培育和扩大我们的爱，最终引导我们直达爱的怀抱。这就是爱情的奇妙力量，它具有的魔力能够使人开创一个新的自我。爱情是神奇的，爱情不仅能够创造新的生命，而且真正的爱情对恋爱双方都是一个新的创造，它净化我们的灵魂，鼓舞着我们为挚爱的人奋斗进取，也创造着两人美好的明天。爱让人打破自身经验的局限和自我中心，而融入精神合一。真正的爱是内在创造力的表现，包括关怀、尊重、责任心、了解等。它使现代人破除了心灵的分割，重新统一思想与情感，回归到存在的终极意义。爱不是一种消极的冲动，而是积极追求被爱人的发展和幸福。与此同时，爱也是对人性中的不足和缺陷做出必要修复和补充的重要手段。爱可以包容一切、弥补一切、创造一切。

三、爱的艺术

“爱是两个人的合作艺术”，在爱情中，我们爱上的其实是我们自己；爱情其实是用爱异性的方式来说明爱自己的程度。这样看来，爱情似乎是一个人的事情，但一旦爱情得到实现，就由想象变为了现实。你找的爱人和你一样，是个活生生的人。对方有感受，善于思考，感情会起波折，同你一样是个细腻敏感的人。两个人在一起的时候，没法不顾及爱人的感受。因此，爱情，是两个人的事情，就好像一台两个人的戏剧。不求精彩纷呈，也能平淡偕老。用天空般的开阔来包容，用大地般的胸襟来体谅，这才是爱情长久的不二法门。

（一）互相调整

爱并不是一件轻松的事情。爱他人与被他人爱，牵涉一个更深层次的问题——爱别人与爱自己的问题，这是人性深处一个深刻的难以解决的矛盾。因为这个矛盾，爱情才会爱恨交加，欲罢不能。只有解决了这样深层次的一个矛盾，人格才能获得成长。

“恋爱的艺术，是一个男子和一个女子在人格方面发生最亲切的协调的结果。”男女个性上原本就存在着差异，例如男性更为理性，女性则热爱情调和色彩。如果男性以自己的理性嘲笑女性的思想，女性认为男性沉默是内心冷淡、对自己不够真诚，则往往会导致爱情触礁。现实生活中，很多情况下激情的受挫、泯灭，并不是哪个人的过失，而是源于两性之间的不了解而产生的冲突。这时，更需要彼此的尊重和理解。如果处理不好，就种下了不和谐的根基。因此，在爱情中，男女双方需要互相调整。例如，要克服自我中心的优越感，彼此要学会妥协，保持相互欣赏等。这样才能让爱情之树枝繁叶茂，永不枯萎。

（二）在沟通中成长

我们对自己是一个谜，别人对我们来说也永远会是一个谜。我们只有客观地去认识对方和自己，才能够看到对方的现实状态，克服幻想和想象中的被扭曲了的对方的图像，在爱中了解他的本质。男人和女人是一对亲密的敌人、陌生的朋友，没有彼此的沟通和努力的学习，这对矛盾是无法成功解决的。爱情不是静止的，在爱情里我们要学会倾诉、学会倾听、学会感受别人的感受，在沟通中将爱情不断往前发展。

1. 学会自我揭露

自我揭露即在对方面前真诚地表达自己的想法和感受，展示自己的行为。通过这样的方式，可以及时得到对方的理解，实现自己的期望，还可以通过对方的反应和自己的观察认识自己和对方。自我揭露的程度既是双方亲密程度的重要体现，也是帮助个体走出自我、看到自我的一条有利途径。当然，这种自我揭露一定是真诚的，否则只会使自我迷失，陷入逃避现实的虚假的自我当中。

2. 认真倾听

认真倾听对方的想法和感受。如果有一天对方不再渴望向你倾诉或者期待你的回应，也就说明你们的爱情质量已大大下降了。当我们能用心接受从另一个人传来的深刻信息时，意味着我们已在敞开胸怀对待所爱的人了。

3. 学会道歉

我们每个人都会有伤害对方或者让对方误会的时候。因此，我们还要学会道歉。道歉并不是向对方认输和伤自尊的表现，因为知错能改实在是一种令人尊敬的行为。真诚而谦虚地道歉需要很大的勇气，缺乏安全感或者缺乏自我价值感的人很难做到这一点。因为他们的自我价值建立在别人对他们的看法上，他们通常寻找别人的错误作为自己的借口，例如：“我也许是做错了，可是你又做了什么呢？”他们即使道歉，也并不心甘情愿。道歉的方式可以多种多样，例如送个小礼物，留个温馨纸条或者信件以避免尴尬，或者一个亲密的动作。

（三）独处的必要

有人说，欲解脱现代人的孤独悲剧，爱是最佳良方。人是一种社会性的动物，他需要与他的同类交往，需要爱和被爱，否则就无法生存。可相爱是否就意味着两个人形影不离呢？大学里一个很普遍的现象就是——谈了恋爱，生活的范围就随之缩小。因此，“谈恋爱的人往往人际关系不好”，这种说法也是有一些道理的。在热恋的时候，我们总是会想念对方，热切盼望见到对方，恨不得时时刻刻与对方相互相守。可是过段时间后，当自己独处时，会觉得有种莫名的轻松。事实上，每个人的心理都是需要一定空间的。

世上没有一个人能够忍受绝对的孤独，但是，绝对不能忍受孤独的人却是一个灵魂空虚的人。人经常在渴望群居和希望孤独之间摆动。一个性格活泼喜欢朋友的人，无论他怎么乐于与别人交往，独处始终是他生活中的必需。当然，世上正有这样的一些人，他们最怕的就是独处，让他们和自己待一会儿，对于他们来讲，简直是一种酷刑。只要闲下来，他们就必须找个地方去消遣，或者就找人聊天。这样做的结果是他们将变得越来越贫乏，越来越没有了自己，形成了一个恶性循环。也许这就是静心者和凡夫俗子的区别：凡夫俗子不断努力地去忘记自己的寂寞，而静心者开始越来越熟悉自己的寂寞。只有在与单独的自己和谐一致后，才能与人产生良好的关系，这种关系带给你的将是更多的喜悦，而不是恐惧。找出自我融合的方式后，你就能够顺心地做任何事情，这样的你就不会再逃离自己。此时，你自然地表现和表达自己，展现出自己的潜能。当你进入自己本性的最内在核心，你将无法相信自己的眼睛，你是携带着如此多的喜悦、如此多的快乐和爱，而自己在繁杂的生活中却一直没有感受到，或者在逃避这些宝藏。

独处的确是一种检验，用它可以测出一个人灵魂的深度，测出一个人对自己的真正感觉——他是否厌烦自己。对于每一个人来说，不厌烦自己是一个起码的要求。一个连自己也不爱的人，我们敢断定他对于别人也是不会有多少价值的，他不可能有高质量的社会交往；他跑到别人那里去，对于别人只是一种打扰、一种侵犯。一切交往的质量都取决于交往者本身的质量。唯有在两个灵魂充实丰富的人之间，才可能有真正动人的爱情和友谊。因此，如果我们懂得了独处的必要，当听到对方说“我想一个人待会”的时候，就不会有被拒绝或者被伤害的感觉，你恰恰应该为对方有独立人格和独立的思维方式而自豪。

学习材料

爱情的吊桥理论

爱情会在各种各样的地方产生，也许你认为谈恋爱和场所没有关系。实际上，有些地方更容易让人擦出爱情的火花，比如令人两腿发软的高空吊桥。著名情绪心理学家阿瑟·阿伦（Arthur Aron）曾经做过一个经典的现场实验，从心理学的角度说明了其中的缘由。

实验人员分别在两座桥上对 18～35 岁的男性进行问卷调查。一座桥是高悬于山谷之上的吊桥，吊桥距离下面的河面有几十米高，而且左右摇晃，非常危险；而另一座桥是架在小溪上的一座坚固的木桥，高度也很低。心理学家让一位漂亮的女士站在桥的中间，并由这位女士在桥中央对男士们进行问卷调查，然后让接受实验的男性过桥。

做完问卷调查后，那位女士会对男士说：“如果想知道调查结果的话，过几天给我打电话”，并将自己的电话号码告诉给男士。结果数日之后，在给这位女士打电话的男士中，过吊桥的男士远比过木桥的男士多。为什么过吊桥的男士会有这样的行为呢？心理学家经过分析认为他们把过吊桥时那种战战兢兢、心跳加快的感觉误认为是恋爱的感觉了，而恋爱也会令心跳加速。这就是所谓的“恋爱吊桥理论”。

第三节 性行为与性道德

爱一向被视为走向生命的原动力，性则是男女爱情的伊甸园，是爱欲与性携手创造了生命。早期的希腊神话记载了爱欲创造地球上的生命的故事。当世界没有生命而显得一片贫瘠时，是爱欲拉起了它的生命之箭，才使得亚当和夏娃偷吃禁果，造就了人类的繁衍生息，于是“褐色的地表覆满了一片膏腴的葱绿”。

一、情爱与性爱

性爱和情爱是两个既相互区别又相互联系的概念。

（一）概念

性作为一个人生命过程中最重要的组成部分，是人类起源和存在的基础，伴随人类的一生。随着人类社会的发展和社会文明的进步，人类对于性的理解赋予了更多的心理学与社会学意义，而不是单纯从生物学的角度去定义。

性爱是指个体一种生物本能的原始的性需要，是情欲释放的直接表现。而情爱是指有意识地追求精神上的愉悦和美感，按照一定的目的认识和调整自己的行为。尽管人们始终提倡专一忠贞的爱情，尽管人们为性爱蒙上了“万恶淫为首”的耻辱和羞涩，但情爱和性爱，始终作为人类的本能需求，真实地存在于我们的思想身心中。

（二）关系

爱情作为人类生活中特殊的心理现象，在不同的民族、不同的时代和不同的环境里有不同的含义。人们一般把爱情理解为男女之间的情爱。实际上，爱情的成分来自心理与肉体两个层面，恋爱中的男女主要是从心理需求和情欲释放两个方面来寻求自己的合适对象。休谟在《人生论》里说：“两性爱最值得我们注意……这种感情在它的最自然的状态下是由三种不同的印象或情感的结合而发生的，这三种情感就是：由美貌发生的愉快感觉；肉体的生殖欲望；浓厚的好感或善意。”由此可以看出，完整的爱情分为情爱与性爱两个方面，缺一不可。爱情是由情爱和性爱所构成的复杂综合体，情爱是上层建筑，性爱是基础和归宿。人类的性活动不仅是生理本能的反映，也是包括感知、记忆、思维、语言、情感、意志、意识形态、个性特征在内的社会心理因素与生物学因素相互作用的结果，是行为、情欲、态度和品质的综合表现。

情爱作为婚姻中最为根本和巩固的因素，偏重于心理（精神）需要，没有情爱的爱情犹如无源之水，随着性爱的减弱或消退可能会濒临绝境；但情爱的终极方向必定是指向性爱，柏拉图式的爱情只是残缺爱情的代名词，带着这种情爱念头的人最终必将在生活中找个性爱的替身，来满足那份对残缺爱情的臆想和渴望。

性爱作为情爱的必然结果，它偏重于生理满足，没有性爱的情爱也如无本之木，婚姻中男女关系因为性的不可协调，往往会引起各种可悲后果：从失望、和谐关系的破裂或有名无实乃至背叛，最后损害和破坏婚姻。美国人类学家怀特说：“性是人类最重要的经历，是生命和几乎一切最深刻的情感的源泉。”弗洛伊德也说：“性在人类生活中是一个不可分割的组成部分，是夫妻生活的一个自然因素，是每个人均需要的乐观情绪的重要源泉，同时更是婚姻中愉快和幸福的重要源泉。”

如果说情爱是一首美妙的歌词，那性爱就可能是一支通俗的曲子。两者的和谐才是幸福的前提和基础。性爱的开始虽然未必都是缘于情爱，但有情爱的性爱却是爱情中的最高境界，也是婚姻中最牢固的基础和保证。只有情爱的爱情是残缺的，结局多半是悲剧；只有性爱的感情不能称为爱情，那只能是一种生理本能和生理需要。所以性爱和情爱是维护两性生理和心理健康的必要条件。

（三）情爱与性爱的两性差异

对于情爱和性爱在爱情中的重要性的认识，男女之间存在较大的差异。有人说，男人是为了性才付出爱，女人则是为了爱而付出性。这句话不是很全面，但是在一定程度上反映了男女两性恋情中的差异性，即男人和女人的侧重不同，男人侧重于性爱，女人更侧重于情爱。对男人来说，雄性力量的张扬和展现是对自我价值的一种肯定和褒奖，是他们人生中不可或缺的生活内容，相比之下的情爱只是他们追求性爱过程中的一种酝酿和背景。没有性的爱情对男人来说几乎是绝症，多半不会长久。而恋爱中的女人是感性的，她们认为情爱是最崇高和圣洁的，心灵上的交流和慰藉远胜于世上的任何药物。性爱只是女人用来表现情爱的一门技巧和艺术，是情爱的内容和升华的产物。她们性的基础必须要有爱，没有爱的性对女人多是一种痛苦。

因为这种认识上的分歧和差异，往往造成男女间的隔阂和误会。女人会对男人频频索取提出疑问和不满：他是爱我的身体还是灵魂？显然，单纯强调情爱或性爱，都是不明智的。片面强调情爱的高尚、漠视和排斥性爱，将直接导致人性的扭曲和变态；而片面强调性爱的自然属性，则会走向放纵堕落的反面。如果性爱不是以情爱为基础，不是建立在人与人之间的深深理解与接受的基础上，而只是一种生理需要，一种肉感满足，那么，人的本质失落和社会道德的沦丧将不可避免。人的基本需要的满足并不能代替人的发展需要，否则，人便把自己降低到禽兽的标准而不称其为人。只有情爱和性爱相辅相成才会相得益彰，从而达到身心交融、灵与欲的和谐统一的最高境界。

二、性行为

性行为对于人类是一种自然的本能行为，即两性在繁殖期里表观出的特殊活动的行为。

进化到人类之后，性行为已不仅与生殖相联系，而是扩大到性满足的更广泛领域之中。一般说来，人企图实现性欲、获得性快感的行为都是性行为。大学生性心理发展的一般特征包括：

1. 性心理的本能性和朦胧性

进入大学，大学生更加积极主动地关注自我发展，也包括自身的生理与心理。由于个体家庭教养方式、成长环境及个体差异的存在，对性意识的关注也不尽相同。相当一部分大学生，尤其是低年级大学生的性心理，尚缺乏深刻的社会内容，主要还是生理发育成熟带来的本能作用，好像情不自禁地对异性发生兴趣、好感和爱慕。加上不少学生不了解性的基本知识，对性有较浓厚的神秘感，使得这种萌动又罩上了一种朦胧的色彩。大学生由于性生理和性心理日趋成熟，希望与异性交往，他们喜欢探索异性的心理秘密。正是在此基础上，在朦胧纷乱的心理变化中，大学生的性意识逐渐强烈和成熟起来。

2. 性意识上的强烈性和表达上的文饰性

大学生对性的关心程度明显强于中学生。一方面，他们十分重视自己在异性心目中的形象，十分看重来自异性的评价，并常按照异性的要求和希望来进行自我评价和塑造自己的形象。另一方面，表现出明显的对性的强烈渴求。尽管大学生心理上对性问题和异性都很关注，很敏感，但在行为上却表现的拘谨、羞涩和冷漠，具有明显的文饰性。

3. 性心理的压抑性和动荡性

一方面，生长趋势，性发育年龄不断提前；另一方面，学业需要和事业及社会环境的要求，结婚年龄不断推后，出现漫长的“性等待期”。与此同时，日益开放的社会文化既满足了大学生对性的了解与渴望，又加剧了大学生性的冲突。在繁重的学业任务与就业压力及校纪校规的约束下，大学生的性不可以也不能自由地发挥。事实上，适度性压抑也是社会文明与进步的体现。但性压抑不是一味地压制，而是通过适当的释放、转移、升华得到合理的疏导。

青春期是人一生中性欲最旺盛的时期。但不少大学生心理不够成熟，尚未形成稳固的道德感和恋爱观，自控和自制的能力有限，他们的性心理极易受外界各种因素的影响而显得动荡不安，表现出明显的动荡性。而且大学生并不具有通常意义上的满足性冲动的伴侣，容易导致过分的焦虑和压抑，少数人还可能以扭曲的、不良的甚至是变态的方式表现出来。

4. 渴望性体验

由于性激素的作用，大学生更加渴望得到恰当的性体验，如与异性交往。在男女交往过程中，由于性激素的作用，恋人中双方的亲吻和抚摸都会引起性欲望和性冲动。

三、性道德

异性相吸，性爱、性冲动和性行为是人类的一种本能，但因为以上行为涉及第二者，并产生生物学、社会学后果，为了协调双方及与周围人的关系，必须有性道德。性道德是调节人们性行为的准则和规范，调节人们生理机能与社会文明之间的矛盾，是人类性行为的标准，也是衡量人类两性关系文化发展水平的重要标志。

有学者提出，性行为道德由“贞操、感情、自愿、责任、忠诚”五因素构成。性道德强调性关系以爱情为主，恋爱、婚姻与性行为三者统一，反对婚前、婚外性行为，对性行为的评价应坚持自愿、无伤、相爱、合法、私密、平等的原则。

（一）健康的性价值观

性价值观是指人对自身和他人性活动的主观感受与评价，它反映了性道德及其所依存的价值观多样性存在的现状。健康的性价值观应包括以下几个方面。

（1）健康：接受“性”是人的性格及生活一部分，接纳自我的性别、“性”需要及感受、免除可能出现的罪恶感、污秽感等。

（2）平等：尊重个人“性”的权利和选择，不侮辱、利用、侵害或强制他人。

（3）开明：超越个人的经验和成见，基于较全面的性知识建立对性的看法，同时尊重他人不同的观点。

（4）负责任：性行为中的男女不仅应履行对对方的义务，而且还应该承担相应的社会责任，适当地处理自己的性需要，明确性行为的可能后果并做出承担。

（5）自我控制：青年男女对异性的倾慕是正常和常见的，但需要知道如何控制自己的感情，寻求适当的社交场合与异性交往。

（二）良好的性道德情感

道德情感是指从社会形成的道德范畴出发，用道德原则的观点感知各种现实的观点时，人所体验到的一切情感。性爱不仅是一种本能的性欲望和两个人交往中纯生理的享受，而且也是按照和谐的规律把自然的性欲和升华的爱欲、把机体的生理规律和精神准则交织在了一起。一般认为，性道德情感包括以下三个方面。

（1）责任感：性的问题不仅是个人的私事，其结果和影响更是一个社会问题。大学生要对性行为中的另一个人、恋爱中的另一个人及社会负有责任感。

（2）义务感：每一个人当性生理、性心理成熟时，都有恋爱和结婚的权利，同时也有相应的义务。人们在享受爱情的甜蜜时，有付出的义务，对对方要有照顾的义务，甚至为对方作奉献的义务。

（3）羞耻感：羞耻感是人所具有的一种伦理调节手段，瓦西列夫认为："羞怯是一种道德和审美反射和自我监督的表现，即使和所爱的人独处，即使是在亲昵的环境中，也避免直接提到有关肉欲、色情的一切。"但羞耻感不是天生的，而是文化修养的结果。所以，要真正懂得处理有关性的问题时，树立正确的荣辱观和美丑观，知道真正的美好与丑恶。

（三）性道德标准

性道德标准，即两性关系过程中所应遵循的道德标准，是指导人们性行为的最基本的原则。我们评价人们的两性关系和性行为道德的标准，主要的有以下几方面。

1. 自愿的原则

性行为自主权是人的基本权利之一，非自愿下的性行为，是对他人的粗暴侵犯，会给被害者造成肉体和心灵上的巨大创伤。性道德的标准之一，就应该是建立在自愿原则，即双方自愿的原则上。

2. 无伤原则

假如只片面强调"自愿"原则，只要两性同意，就可以发生性关系，显然也是不道德的，这里还有个"无伤"的原则。"无伤"主要指两人之间的性行为不会伤害其他人的幸福，不会伤害后代的健康，不会伤害社会的安定发展。另外也有讲究性卫生，使性交行为不会损害于自己或对方的身心健康。就第一方面的意义讲，我们可以理解，无论用什么样的辩词，婚外性行为是不道德的。性行为具有明显的社会性，尽管只是男女之间的事情，也会给社会带来种种后果，如导致生育、引起疾病传播等。婚前性行为虽然符合"自愿"原则，也无所谓伤害他人，但实际上若形成风气，无疑是对社会的一大危害。同时，这样的青年男女本身由于经常处在兴奋、紧张、担忧、沮丧等心理交替中，也妨碍本身身心健康的发展。何况若未婚先孕，对自己、对孩子都是极大的危害。所以，无伤的原则应从各方面广义理解，以保持性行为的道德准则。

3. 爱的原则

男女之间发生性行为，必须具有爱情。它不仅仅是生理上的冲动，更主要是复杂的情感交流活动，是对对方相貌、体魄、气质、思想、品质、才华等许多方面爱慕的表现。因此，男女之间只有在相互产生爱情的基础上发生的性行为，才是高尚的、道德的。

性道德的标准，只有自愿和无伤是远远不够的。人类社会活动区别于动物性的活动，就在于人类具有超乎于动物界的思想与情感。因此，在性活动中具有对异性的、尤其对特定的"某一个"异性的爱情，就成为人类性道德的重要原则。

4. 符合社会规范的原则

人类社会的性道德具有明显的社会性，而社会又是充满各种规范的，性行为同样须受社会道德规范和法律的制约。婚姻缔约，就是性道德规范在法律上的表现。两个异性之间产生性爱，即使是自愿与无伤的，也必须符合伦理道德和社会规范。俗话说：“男大当婚，女大当嫁”，这明确告诉我们，人对两性生活的追求，最终必须通过婚姻这条途径去实现和得到满足。可以认为，婚姻是古今中外最普遍、最规范化的满足性生活的方式。如果两性之间的性行为不符合社会规范和伦理道德，必然给双方带来舆论和道德的压力，也不利于双方身心健康的发展。

5. 隐秘原则

性生活都具有较强的隐秘性。

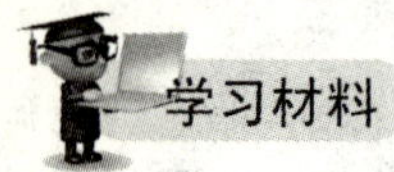

罗密欧与朱丽叶效应

在莎士比亚的经典名剧《罗密欧与朱丽叶》中罗密欧与朱丽叶相爱，但由于双方世仇，他们的爱情遭到了极力阻碍。但压迫并没有使他们分手，反而使他们爱得更深，直到殉情。这样的现象我们叫它“罗密欧与朱丽叶效应”。所谓“罗密欧与朱丽叶效应”，就是当出现干扰恋爱双方爱情关系的外在力量时，恋爱双方的情感反而会加强，恋爱关系也因此更加牢固。

为什么会出现这种现象呢？这是因为人们都有一种自主的需要，都希望自己能够独立自主，而不愿自己是被人控制的傀儡。一旦别人越俎代庖，替自己做出选择，并将这种选择强加于自己时，就会感到主权受到了威胁，从而产生一种心理抗拒：排斥自己被迫选择的事物，同时更加喜欢自己被迫失去的事物。正是这种心理机制导致了罗密欧与朱丽叶的爱情故事一代代地不断上演。

心理学家的研究还发现，越是难以得到的东西，在人们心目中的地位越高，价值越大，对人们越有吸引力；轻易得到的东西或者已经得到的东西，其价值往往会被人所忽视。因此，当外在压力要求人们放弃自己选择的恋人时，由于心理抗拒的作用，人们反而更转向自己选择的恋人，并增加对恋人的喜欢程度。

面对“罗密欧与朱丽叶效应”，恋爱男女和他们的家人都应该从中得到启示。对于青年男女来说，自由恋爱固然是值得称道的，但父母的反对肯定也有一定的道理，不妨理性地与父母亲交流一下看法，而不是把恋爱建立在“逆反”、“抗拒”、“维护自尊”、“满足好奇”上，恋爱更重要的是建立在共同的基础之上。要理性对待“罗密欧与朱丽叶效应”：外界阻挠越大越要爱的“荡气回肠”。或许在旁观者的眼中两人的爱是“轰轰烈烈”的，但出人意料的是，这样成就的婚姻很多最终都走向了离婚。受外界阻力而激发升温的爱情，往往经受不住悲伤的考验。两个人一旦遇到悲伤的挫折，爱情就容易产生裂痕。

爱情是爱和情的组合，有爱无情理应不是爱情，而有情无爱理应也不是爱情。生命因爱情而变得更有生机和活力，生活也因爱情而变得更加精彩。爱情里，除了甜蜜，也有苦涩，因为并不是每一个人的爱情都是一帆风顺，或多或少或大或小有着这样或那样的波折，也只有经过重重考验的爱情，才会经得起风吹雨打，这样的考验才更能显出爱情的可贵和价值。

爱是一种付出，是一颗心为另一颗心默默付出；只有付出，爱情才会生机盎然，坚不可摧。爱是一种分享，而不是一种负担；当爱成为一种痛苦，爱情也就成了阴暗角落里枯萎的花朵。在两人世界里，爱情需要双方精心经营，当一颗心并不能敲开另一颗心，爱也就变得毫无意义。既然爱得心碎，爱得破碎，不如放开爱情的双手，或许推开另一扇窗，远方的爱情正在向你招手。当爱情走了，就不要过多地去埋怨，因为在爱情世界里，没有孰对孰错，不妨收拾好心情，无声的珍藏那段走了的爱情，再好好的珍惜和呵护另一段爱情。

本章概要

（1）爱情是一个人对另一个人的一种态度，也就是对所爱的人所拥有的一组独特想法。

（2）爱情在现实生活中有两种依恋方式，即“对象爱”、“自居”。

（3）性欲望的发展经历口唇期、肛门期、性器期、潜伏期、生殖器期五个阶段。

（4）爱情有亲密、激情和承诺三个基本的组成要素。

（5）“S-V-R 理论”认为两个人从相识到结婚，分为刺激阶段（Stimulus）、价值阶段（Value）、角色阶段（Role）三个阶段。

（6）情爱是指有意识地追求精神上的愉悦和美感，按照一定的目的认识和调整自己的行为。

（7）性爱是指个体一种生物本能的原始的性需要，是情欲释放的直接表现。

（8）性行为对于人类是一种自然的本能行为，即两性在繁殖期里表现出的特殊活动的行为。

（9）人类性行为结构可分为性行为者、性行为对象和性行为方式手段三个方面。

（10）性价值观是指人对自身和他人性活动的主观感受与评价，它反映了性道德及其所依存的价值观多样性存在的现状。

（11）性道德情感包括责任感、义务感、羞耻感。

（12）性道德标准必须满足自愿、无伤等原则。

心灵秘诀

（1）爱能拯救世界。

（2）爱情需要经营。

（3）爱是男女两性合作的艺术。

（4）丘比特也是“睁一只眼闭一只眼”才射出爱情之箭的。

相关链接

爱 情 测 验

指导语：下列表述如果与你的情况符合请在题号上打勾。

1. 他情绪低落的时候，我觉得很重要的职责就是使他快乐起来。
2. 在所有的事件上我都可以信赖他。
3. 我觉得要忽略他的过失是一件很容易的事。
4. 我愿意为他做所有的事情。
5. 对他，有一点占有欲。
6. 若不能跟他在一起，我觉得非常不幸。
7. 我孤寂时，首先想到的就是要去找他。
8. 他幸福与否是我很关心的事。
9. 我愿意宽恕他所作的任何事。
10. 我觉得他得到幸福是我的责任。
11. 当和他在一起时，我发现我什么事都不做，只是用眼睛看着他。

12．若我也能让他百分之百地信赖，我觉得十分快乐。

13．没有他，我觉得难以生活下去。

14．当和他在一起时，我发觉好像二人都想做相同的事情。

15．我认为他非常好。

16．我愿意推荐他去做为人所尊敬的事。

17．在我看来，他特别成熟。

18．我对他有高度的信心。

19．我觉得跟他相处的大部分人对他都有很好的印象。

20．我觉得他跟我很相似。

21．我愿意在班上或团体中，做什么事都投他一票。

22．我觉得他是许多人中，容易让别人尊敬的一个。

23．我认为他是十二万分聪明的。

24．我觉得他在我所有认识的人中，是非常讨人喜欢的。

25．他是我很想学的那种人。

26．我觉得他非常容易赢得别人的好感。

结果分析：

你的勾选项目若集中在 1～13 项，表示你对他（她）的感情以“爱情”成分居多，而若多集中在 14～26 项，表示你对他（她）的感情以“喜欢”成分居多。

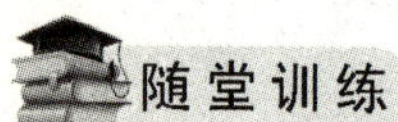

“爱情进行时”

一见钟情、不解风情、翻脸无情、一片真情。

操作：向志愿者说明表演内容，然后成员自行准备，10 分钟后全体一起观看。演出结束后小组交流，拿出自己的判断并说明理由，注意倾听表演者演出过程中内心的反应。理想的爱情应当是激情、亲密和承诺三者的有机结合，识别及表达爱是一种能力，觉知行为背后的心理世界、情感语言也是一种能力，需要学习。

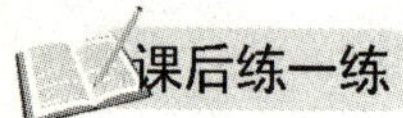

“爱要怎样说出口？”

可能你有过一段轰轰烈烈的恋爱，但目前已经曲终人散；或者你正在热恋之中，不能自已；抑或你有了自己的意中人，但一直苦于表白。爱要怎样说出口？爱一个人不需要理由，但爱渴求委婉而真诚地表达。

请给自己真正爱的人，不论是过去的、现在还是将来的写一封求爱信。

复习与思考题

一、单选题

1．“俄狄浦斯情结”也叫（　　）。

A．恋父恋母情结　　B．仇恨情结　　C．亲和情结　　D．爱慕情结

2．斯滕伯格的爱情构成因素不包括（　　）。

A．亲密　　B．激情　　C．承诺　　D．责任

3．刚刚失恋之后的闪电式结婚，属于下列哪种爱情类型？（　　）

A．空洞爱　　B．迷恋爱　　C．愚蠢爱　　D．完美爱

4．下列不属于“迷恋爱”类型的是（　　）。

A．单相思　　B．一见钟情　　C．闪婚　　D．海枯石烂的爱

5．下列爱情类型中没有“亲密”成分的是（　　）。

A．喜欢　　B．迷恋爱　　C．伙伴爱　　D．浪漫爱

6．“父母之命，媒妁之言”属于下列哪种类型的爱？（　　）

A．空洞爱　　B．伙伴爱　　C．完美爱　　D．愚蠢爱

7．爱情中自爱的内涵不包括（　　）。

A．认识自我　　B．接纳自我　　C．完善自我　　D．对自己负责

8．真爱的内涵不包括（　　）。

A．爱是尊重　　B．爱是责任　　C．爱是给予　　D．爱是义务

9．以下不属于性道德情感的是（　　）。

A．责任感　　B．义务感　　C．羞耻感　　D．忠诚感

二、多选题

1．“俄狄浦斯情结”的表现包括（　　）。

A．亲和同性父母　　B．仇视同性父母

C．仇视异性父母　　D．亲和异性父母

2．经验爱情的手段包括（　　）。

A．沟通与支持　　B．理解和赏识　　C．宽容与接纳　　D．价值观和能力

3．由爱情到婚姻必须经历的阶段包括（　　）。

A．刺激阶段　　B．磨合阶段　　C．价值阶段　　D．角色阶段

4．下面属于健康的性价值观的是（　　）。

A．健康　　B．平等　　C．开明　　D．负责任

5．性道德情感包括（　　）。

A．责任感　　B．义务感　　C．羞耻感　　D．忠诚感

6．性爱应该遵循的道德标准有（　　）。

A．自愿的原则　　B．无伤原则　　C．爱的原则

D．符合社会规范的原则　　E．隐秘原则

三、判断题

1．只有浪漫的爱情才叫真正的爱情。（　　）

2．男人是为了性才付出爱，女人则是为了爱而付出性。（　　）

3．恋爱的艺术，是一个男子和一个女子在人格方面发生最亲切的协调的结果。（　　）

4．自爱就是要成为你自己，而非通过爱情变成他人。（　　）

5．男女双方自我揭露的程度是双方亲密程度的重要体现。（　　）

6．只要两性双方同意，可以随时随地地发生性关系，这不违背性道德。（　　）

7．性的问题不仅是个人的私事，其结果和影响更是一个社会问题。（ ）

8．婚前性行为符合自愿的原则，对社会没有伤害。（ ）

9．双方自愿的性行为符合道德的标准。（ ）

参考答案

单选题：ADCDB　ACDD

多选题：BD　ABCD　ACD　ABCD　ABC　ABCDE

判断题：××√√√　×√××

第七章　乐观积极的挫折应对

教学目标

（1）帮助学生正确理解挫折的概念及构成；

（2）介绍挫折产生的原因及应对方式；

（3）增强学生对挫折承受力的理解。

学习目标

（1）识记挫折、挫折情境、挫折认知、挫折反应、动机冲突、挫折承受力等概念；

（2）能够认识挫折对于人生成长的积极作用；

（3）能够运用各种方式和资源增强挫折承受力。

基本概念

挫折　挫折情境　挫折认知　挫折反应　动机冲突　双趋冲突　双避冲突　趋避冲突　双重趋避冲突　挫折承受力

引　言

胡萝卜、鸡蛋与咖啡豆

一天，女儿满腹牢骚地向父亲抱怨起生活的艰难。

父亲是一位著名的厨师。他平静地听完女儿的抱怨后，微微一笑，把女儿带进了厨房。父亲往三只同样大小的锅里倒进了一样多的水，然后将一根大大的胡萝卜放进了第一只锅里，将一个鸡蛋放进了第二只锅里，又将一把咖啡豆放进了第三只锅里。最后他把三只锅放到火力一样大小的三个炉子上烧。

女儿站在一边，疑惑地望着父亲，弄不清他的用意。

20分钟后，父亲关掉了火，让女儿拿来两个盘子和一个杯子。父亲将煮好的胡萝卜和鸡蛋分别放进了两个盘子里，然后将咖啡豆煮出的咖啡倒进了杯子。他指着盘子和杯子问女儿：“孩子，说说看，你见到了什么？”

女儿回答说：“还有什么，当然是胡萝卜，鸡蛋和咖啡了。”

父亲说：“你不妨碰碰它们，看看有什么变化。”

女儿拿起一把叉子碰了碰胡萝卜，发现胡萝卜已经变得很软。她又拿起鸡蛋。感觉到了蛋壳的坚硬。她在桌子上把蛋壳敲破，仔细地用手摸了摸里面的蛋白。然后她又端起杯子，喝了一口里面的咖啡。做完这些以后，女儿开始回答父亲的问题：“这个盘子里是一根已经变得很软的胡萝卜；那个盘子里是一个壳很硬、蛋白也已经凝固了的鸡蛋；杯子里则是香味浓郁、口感很好的咖啡。”说完，她不解地问父亲，“亲爱的爸爸，您为什么要问我这么简单的问题？”

父亲严肃地看着女儿说：“你看见的这三样东西是在一样大的锅里、一样多的水里、一样大的火上和用一样多的时间煮过的。可他们的反应却迥然不同。胡萝卜生的时候是硬的，煮完后却变得那么软，甚至都快烂了；生鸡蛋是那样的脆弱，蛋壳一碰就碎，可是煮过后连蛋白都变硬了；咖啡豆没煮之前也是很硬的，虽然煮了一会儿就变软了，但他的香气和味道却溶进水里变成可口的咖啡。”父亲说完之后接着问女儿：“你像他们中的哪一个？”

现在，女儿更是有些摸不着头脑了，只是怔怔地看着父亲，不知如何回答。父亲接着说：“我想问你的是，面对生活的煎熬，你是像胡萝卜那样变得软弱无力；还是像鸡蛋那样变硬变强；抑或像一把咖啡豆，身受损而不堕其志，无论环境多么的恶劣，都向四周散发出香气，用美好的感情感染周围所有的人？简而言之，你应该成为生活道路上的强者，让你自己和周围的一切变得更好、更漂亮、更有意义。”

——谢布内姆·蒂尔凯希（土耳其）

第一节 挫折是什么

一、挫折的概念

每年春节大家都要互祝“万事如意”，每年毕业生离开学校，耳边总是充满了“一路顺风”的声音。尽管人们都希望自己在成长过程中一帆风顺、万事如意，但“人生逆境，十之八九”，我们每个人都知道生活不可能万事如意，人生的道路也不会一路顺风，痛苦、失败、失望和失落的事情总是时常在我们生活和学习中发生。这是因为人们只要有目标，有追求目标的活动，就会遇到干扰、障碍，遭受损失和失败。从来没有遇到过任何挫折的人是不存在的，伟大人物是这样，普通人也不例外，挫折和成功一样，都是一个人成长和发展中不可缺少的部分。

（一）挫折含义

挫折是指个体在通向目标的过程中所遇到难以克服的障碍或干扰，以及目标不能达到、需要无法满足时，所产生的不愉快情绪反应。每个人的人生都有自己的目标，也许整个一生都在为着实现这一目标而奋斗。可是，奋斗的道路并不平坦，有时会让你摔跤，摔得很痛，或许还会受伤，这就是挫折。在每个人的人生旅途中，由于自身、环境、机遇等主客观因素，难免会遭遇到困难和失败，甚至饱受风雨和坎坷。家庭变故、考试失利、身患疾病、恋情失败、朋友误解、就业受挫、未达到家人的期望等，都是我们人生当中可能遇到的困境。从心理学上分析，人的行为总是从一定的动机出发，经过努力达到一定的目标。如果在实现目标的过程中，碰到了困难、遇到了障碍，就产生了挫折，挫折会产生各种各样的行为。表现在心理上、生理上会有反应。遭受严重挫折后，个人会在情绪上表现抑郁、消极、愤懑；在生理上，会表现血压升高、心跳加快易诱发心血管疾病；胃酸分泌减少、会导致溃疡、胃穿孔等。总之，个人的挫折会产生反常行为。

人们都希望自己的生活中能够多一些快乐少一些痛苦，多些顺利少些挫折，可是命运却似乎总爱捉弄人、折磨人，总是给人以更多的失落、痛苦和挫折。曾经有这样一则故事。草地上有一个蛹，被一个小孩发现并带回了家。过了几天，蛹上出现了一道小裂缝，里面的蝴蝶挣扎了好长时间，身子似乎被卡住了，一直出不来。天真的孩子看到蛹中的蝴蝶痛苦挣扎的样子十分不忍。于是，他便拿起剪刀把蛹壳剪开，帮助蝴蝶脱蛹出来。然而，由于这只蝴蝶没有经过破蛹前必须经过的痛苦挣扎，以致出壳后身躯臃肿，翅膀干瘪，根本飞不起来，不久就死了。自然，这只蝴蝶的欢乐也就随着它的死亡而永远地消失了。这个小故事也说明了一个人生的道理，要得到欢乐就必须能够承受痛苦和挫折。这是对人的磨炼，也是一个人成长必经的过程。

人生在世，谁都会遇到挫折，适度的挫折具有一定的积极意义，它可以帮助人们驱走惰性，促使人奋进。挫折又是一种挑战和考验。英国哲学家培根说过："超越自然的奇迹多是在对逆境的征服中出现的。"关键的问题是应该如何面对挫折。

（二）挫折类型

根据不同的角度，把挫折分为不同的类型。

（1）从挫折的现实性角度看，可将挫折划分为实际挫折和想象挫折。实际挫折是个体实际遭遇的挫折，挫折已成为事实。人们只要正视它，是可以有效地处理的。想象挫折是个体想象未来可能出现的挫折，这种挫折也许不会发生，是人的主观想象的产物。适度地对挫折加以想象有积极意义，但如果想象超出实际，对挫折情景和后果想象得过于严重，则会对身心产生消极影响。

（2）从挫折的严重性角度看，可将挫折划分为一般挫折和严重挫折。一般挫折是指人们在日常生活和工作中遇到的不影响人生大问题的小挫折。如塞车、父母责骂、某科考试不理想等，它对人的身心影响不大。严重挫折是指在与自己关系极为密切或意义重大的事件上产生巨大影响，引起强烈情绪变化。

（3）从挫折的持续性角度看，可将挫折划分为短暂挫折和持续挫折。短暂挫折指持续时间较短、暂时性的挫折，对人的身心影响不大，随着时间推移，易于忘记。持续挫折是一种长期持续不断的挫折状态，这种持续的紧张感与挫折感，对人的身心健康十分不利，甚至可能导致人格障碍。

（4）从挫折产生原因的角度看，可将挫折划分为需要挫折、行为挫折、目标挫折、丧失挫折。需要挫折是指因外界阻碍使需要无法获得满足的情绪状态。行为挫折是指个体在一定动机支配下产生行为意向，但因各种条件的影响，行为无法付诸实施时的情绪状态。目标挫折是指行为者在行为过程中，由于遇到无法克服的障碍，不能达到目的时的情绪状态。丧失挫折是指个体自认为本来就应该属于自己的东西，却在一定条件下丧失了，由此而感受到的情绪状态。

（5）从挫折的内容的角度看，可将挫折分为学习性挫折、交往性挫折、志趣性挫折和自尊性挫折。学习性挫折指由于学生个体在学习过程中遇到的种种障碍而引起的挫折。如学习成绩达不到自己的目标，考试不及格，因学习成绩太差而留级等。交往性挫折指由于个体在处理人际关系方面或与学校及其他群体人员交往时遇到的障碍而引起的挫折。如遭到教师当众点名批评，受到同学的排斥、讽刺，交不到能讲知心话的朋友，与父母交往或因父母教育方法不当等引起的挫折。志趣性挫折指由于个体在兴趣、志向和愿望等方面所遇到的障碍而引起的挫折。如个人的兴趣和爱好得不到成人的支持，却受到过多的限制和责备；因生理条件的限制不能达到自己的愿望等。自尊性挫折指由于个体在自我尊重方面的需要没有得到相应满足而引起的种种挫折。如得不到老师和同学的信任，常受到轻视和忍受委屈；自我感觉多方面的表现都很好，却没有能获得奖学金或没被选上班干部；因生理上有缺陷如口吃或身材矮小，被人讥笑等。情境性挫折指特定的时空限制所造成的挫折。如孤身在外求学，因为经济条件限制，节假日不能回家与父母亲人团聚所产生的孤寂感等。

（三）挫折的结构

挫折是指人们在有目的的活动中，遇到了无法克服或自以为是无法克服的障碍和干扰，其需要或动机不能获得满足所产生的消极的情绪反应。挫折由三个方面构成。

1. 挫折情境

指不能满足个体需要的内外障碍或干扰等情境因素。比如考试不及格、比赛未获得所期望的名次，人际交往受挫，受到同学的讽刺、打击或冷落，失恋等。

2. 挫折认知

即个体对挫折情境的认知和评价。这是主观认识，它主观上直接决定着个体的情绪。因此，同一挫折情境，不同的人会产生不同的反应。

3. 挫折反应

指个体对自己需要不能满足、动机不能实现时所产生的情绪和行为的反映。这属于主观体验，是伴随挫折情境和挫折认知产生的情绪和行为反应。常见的有愤怒、焦虑、紧张、攻击、懊恼或躲避等。

当挫折情境、挫折认知和挫折反应三者同时存在时，便构成心理挫折。挫折反应的性质及程度，主要取决于挫折认知。一般来说，挫折情境越严重，挫折反应就会越强烈；反之，挫折反应就越轻微。但如果缺少挫折情境，只有挫折认知和挫折反应这两个因素，也可以构成心理挫折。当个体主观上将别人认为严重的挫折情境，认知、评价为不严重，他的挫折反应就会很微弱；反之，他如果将别人认为不严重的挫折情境，认知、评价为严重，则也会引起非常强烈的情绪反应。这是因为，挫折认知既可以是对实际遭遇到的挫折情境的认知，也可以是对想象中可能出现的挫折情境的认知。例如，一个人总是怀疑自己周围的同学在议论自己，看不起自己，虽然事实并非如此，但他会因此而形成与同学关系上的挫折感，产生紧张、烦恼、焦虑不安等情绪反应。

还有另外一种现象。例如，某同学在社团担任干部时受到讽刺、打击、嫉妒，但其本人并没有意识到这些情境因素的出现，或者虽然意识到了，但却不认为对自己有什么消极影响，反而认为这从反面证明了自己工作出色，并可以借此进一步锻炼自己的意志和才干。其主观上感受为一种激励而不是挫折，结果就不会形成心理挫折。

只有当主体将挫折情境感知为挫折时，才会产生挫折反应。反之，即使没有出现实际的挫折情境，但主体认为某种挫折情境将可能出现，如考试将会不及格，或将会遭到某人报复等，对其可能的后果感到担心、焦虑、恐惧等，也会产生挫折感。

所以，在挫折情境、挫折认知和挫折反应这三个因素中，挫折认知是最重要的。同样的挫折情境，不同的认知会产生不同的反应和体验。对某个人造成挫折的情境和事件，对另一个人不一定构成挫折，这就是个体感受的差异。例如，一次模拟考试，甲乙两个同学都失败了。甲同学认为这正好暴露了自己存在的问题，明确了努力的方向，是好事，就没有了挫折感；而乙同学则认为这是自己学习能力极差的表现，认为自己什么都不行，感到伤心、难过，甚至对自己完全失去信心，这就产生了极强的挫折反应。

挫折情境与挫折反应没有直接的联系，它们的关系要通过挫折认知来确定。即使没有挫折情境或事件发生，而仅仅由于挫折认知的作用，也可能产生挫折反应。例如，某同学正在热恋中，并没有任何失恋的迹象，可偏偏担心恋人会瞧不上自己，弄得自己整天紧张得睡不好觉；在跟同学相处的时候，并没有同学对自己不好，却总是担心有同学在背后议论自己；平时学习成绩不错，可却总是担心考试考不好拿不到奖学金。虽然这些挫折的事并没有发生，但却让这位同学产生了焦虑、恐惧、担忧甚至敌对、攻击等挫折的情绪反应，产生挫折感。正如巴尔扎克所说："世上的事情，永远不是绝对的，结果完全因人而异。苦难对于天才来说是一块垫脚石，对于能干的人来说是一笔财富，而对于弱者来说是万丈深渊。"

综上所述，当挫折情境、挫折认知和挫折反应三者同时存在时，便构成了典型的心理挫折。但如果个体认知不当、即使缺少挫折情境，只要有挫折认知和挫折反应这两个因素，也可以构成心理挫折。因此，挫折作为一种心理现象，既存在着现实的客观性，也存在着强烈的主观性。

二、挫折反对心理的影响

挫折对大学生心理具有积极和消极两个方面的影响。

（一）消极影响

其消极影响主要表现为以下方面：

（1）降低大学生的学习效率。学习是一种积极的思维活动，学习效率除受个体的智力水平和知识水平的制约之外，还与学习者的情绪状态、自信心等因素密切相关。当大学生遭遇挫折后，自信心降低，情绪状态长期处于焦虑不安之中，使原有的思维能力受到影响，从而会极大地降低学习效率。

（2）降低大学生的思维能力与生活能力。大学生受挫后，容易引起情绪波动和出现行为偏差。如果持续遭受挫折，则可能导致神经系统的紊乱。这样不但大大地降低大学生的思维创造力，而且使他们的生活适应能力也大打折扣。

（3）损害大学生的身心健康。大学生受挫后，其整个身心状态都处于一种紧张、压抑和焦虑不安的状态。这种消极的心理能量如果长期得不到释放，就会损害大学生的身心健康，有时可能成为精神病发病的诱因。

（4）促使大学生改变性格与出现行为偏差。当大学生遭到重大挫折或持续挫折而又无法作出相应的调整时，就会使某些行为反应形成相应的习惯模式或个性特征。如一位对爱情充满憧憬、热情开朗的女大学生，因恋爱屡次失败，而使其个性发生变化，她可能由外向热情变成了深沉世故。同时，由于受挫的大学生处在应激状态下，感情易冲动，自控能力较差，不能正确评价自己的行为及其后果，可能会做出违反社会规范的行为。如有些大学生受挫后，喜欢几个人一起酗酒闹事或调唆斗殴，甚至走上犯罪的道路。

（二）积极影响

挫折对大学生心理又有积极的影响，这些影响表现为：

（1）有利于磨炼大学生的性格和意志。坚强的性格和意志，往往是长期磨炼的结果。

挫折能给人压力，人们所经历的挫折越多，他们承受挫折的能力就越强，其性格也就变得愈坚强。

（2）有利于增强大学生的情绪反应能力和解决实际问题的能力。当大学生面临困难或挫折时，其神经中枢受到强烈的刺激会引起情绪激奋、精力集中，使整个神经系统兴奋水平提高。在这种情况下，人的精神焕发，思维加快，情绪反应能力大大提高。同时，在解决困难和应对挫折的过程中，大学生可以从中学习到经验与方法，提高分析问题和解决问题的能力。

（3）有利于大学生正确地认识自我，提高生活适应能力。许多大学生对社会、对自己有一些不切实际的想法，当他们用这些想法来指导自己的行动时，就容易出现挫折。挫折的产生，无疑给他们吃下一粒清醒丸，使他们对自己做出一个合乎实际的评价，同时也使他们对生活、对社会有一个较为客观的认识，从而增强其适应现实生活的能力。

日本妈妈的挫折教育

曾有一些日本市民到上海居民家中做客。日本妈妈的教子方法使中国人大开眼界。有个2岁多的日本小孩抓起桌上一只生馄饨就往嘴里塞，中国房东想制止，其母却说："让他吃，这样他才知道生的不能吃。"小孩咬了一口，果然皱着眉头吐出生馄饨。有个日本小孩摔了一跤，先是哭着求助，后见无人相帮，便自己爬了起来。中国房东看不懂，日本妈妈说："让他尝试失败，才能获得成功"。日本妈妈为何要对孩子进行"失败教育"呢？一位日本学者解释说："我们是能源贫乏国，任何事情都要靠自己努力，对孩子进行失败教育，使他们在失败中学会本领，将来才能自食其力。"日本人就凭着这种紧迫感教育自己的子女，使孩子从小养成能吃苦，会努力的韧性。日本之所以能在战后短短几十年的时间内一跃成为世界经济大国，虽然原因多多，但是与他们对孩子一贯施行"失败教育"确实大有关系。日本的孩子从小就养成了不怕挫折、勇于竞争、敢于拼搏的顽强性格。

第二节 挫 折 应 对

一、挫折原因

造成挫折的原因是多方面的和复杂的，挫折的形成与自然环境、社会环境、自身条件及个人的动机冲突等多种因素有关。大学生处于人生发展的关键时期，一方面他们精力充沛，思想活跃，自我意识强，发展欲望强烈，需求广泛而执著，个人的理想抱负水平普遍较高；另一方面他们人格发展尚不够成熟，社会阅历浅，挫折经验不足，加上大学是一个竞争激烈的环境，因此，大学生遇到挫折是必然的，也是普遍的，甚至遭遇挫折的频度相对还会更高一些。

（一）构成挫折的外界因素

构成挫折的外界因素是指个人自身因素以外的自然因素和社会因素给人带来的限制与阻碍，使人的需要和目标不能满足和实现而产生挫折。

（1）构成挫折的自然因素是指个人不能预料和控制的天灾人祸、时空限制、意外事件等，如地震、洪水、交通事故、疾病、死亡等。自然因素造成的挫折每个人都可能遇到，其后果可能很严重，对人的影响很大，如亲人去世、因交通事故致残等；也可能不严重，对人只产生暂时的影响，如有些学生刚入学时对当地的气候不适应，不习惯集体住宿等。

（2）构成挫折的社会因素是指个人在社会生活中受到的各种人为因素的限制与阻碍，包括政治、经济、法律、道德、宗教、风俗习惯等方面。任何人都生活在一定的社会历史条件下，社会生活及其变化对人的影响和限制是无处不在的，因而人们因社会因素而产生的挫折是普遍存在的。当前，随着科学技术的飞速发展，社会生活节奏不断加快，生存竞争日益加剧，人们的紧张感和心理压力大大增加，挫折感不断增强。大学生进入大学以后，面临着一个全新的环境，他们不仅受到自然环境的影响，更多是受到大学社会环境的影响，如他们要面对繁重学业和考试的压力、人际关系的冲突等。

（二）构成挫折的个人因素

构成挫折的个人因素是指由于个人在生理、心理及知识、能力等方面的阻碍和限制，使人的需要和目标不能满足和实现而产生挫折。如身高、体形、容貌、知识结构、健康状况、表达能力、自我期望、经济条件等都可能是挫折源。大学生普遍自视较高，有强烈的自尊心，争强好胜和追求完美的心理较强，所以，大学生的挫折很多都是来自个人自身因素。

在构成挫折的个人因素中，大学生的自身条件和能力与自我期望之间的矛盾是造成挫折的重要因素。许多大学生往往过于自信，过高地估计自己的能力，对自我发展的预期和要求不是从客观实际情况出发，而是从主观愿望出发，常常对自己提出不切实际的要求，制订过高的甚至无法达到的目标和计划。一旦这些目标和计划因为能力不及无法实现，而自己又不能清醒地认识到这一点，就会产生强烈的挫折感。

（三）动机冲突

在现实生活中，人们的需要是多种多样的，常常会因多种需要而产生多个动机，并指向多个目标。当这些并存的动机相互排斥时，或者由于种种条件的限制不可能全部实现而必须有所选择取舍时，就形成了动机冲突。动机冲突常常导致部分需要和目标不能满足和实现，于是就造成了挫折。动机冲突也是构成挫折的个人因素的一个方面。动机冲突在每个人的生活中是经常出现的，也是大学生的重要挫折源，其表现形式主要有双趋冲突、双避冲突、趋避冲突和双重趋避冲突。

1. 双趋冲突

双趋冲突是指人们在有目的的活动中，同时有两个并存的具有同样吸引力的目标，而这两个目标因条件所限又无法同时实现，从而产生的难以取舍的冲突情境。如有些学生在谈恋爱期间同时对两个异性有好感，但只能选择其中的一个而放弃另一个；有些学生想做好社会工作，又想不影响学习取得好成绩等。

2. 双避冲突

双避冲突是指人们同时遇到两个具有相同威胁性的目标，两者都想躲避，但因条件所限而必须选择其一，从而产生左右为难的冲突情境。

3. 趋避冲突

趋避冲突是指人们在面对同一目标时产生的互相矛盾的心态，即这一目标既具有吸引力，能够满足某些需要，同时又具有排斥力，构成某些威胁。如考试时，有些学生因平时没有认真学习和复习害怕考试不及格，于是就产生了作弊的想法，但又怕被监考老师发现受到校纪处分；有些学生想参加演讲比赛，但又怕失败有损自尊心等。

4. 双重趋避冲突

双重趋避冲突是指人们同时遇到两个或两个以上的目标，而每一个目标又同时存在趋避冲突。

（四）大学生常见的挫折来源

不同年龄段和不同类型的人群面对的挫折具有不同的特点。大学生遇到的挫折与大学生生活环境和大学生自身特点密切相关，具有鲜明的特点。

（1）大学生正处于人生发展阶段的青年期中后期，这一时期是大学生自我意识形成的关键时期，也是性生理发育日趋成熟的时期。所以，大学生遇到的挫折常常与自我认识、自我定位、性心理、恋爱等方面有关。

（2）大学是一个集体生活环境，同时也是一个学习压力大和竞争激烈的环境。很多大学生都是第一次离开父母和家庭开始独立生活，所以，大学生在人际交往、个人发展过程中经常遇到挫折。

（3）大学是一个不同于中学的新的成长环境。大学生，特别是低年级学生，将面临大量的适应问题，在生活习惯、专业学习、人际关系、经济来源等方面经常会遇到各式各样的挫折。

（4）大学是为未来职业生涯打基础的阶段。大学生，特别是高年级的学生，越来越关注就业问题，在求职择业过程中也常常会遇到这样或那样的挫折。

二、挫折反应

人们对挫折的反应有着不同的表现，有的情绪反应强烈，有的则不明显；有的以各种偏激的行为表现出来，有的则以积极的方式来对待。一般来讲，人对挫折的反应主要表现在以下三个方面。

（一）情绪性反应

情绪性反应是指人们在受到挫折时伴随着强烈的紧张、愤怒、焦虑等情绪所做出的反应，可能表现为强烈的内心体验，也可能表现为特定的表情或行为反应。情绪性反应多为消极性反应，主要表现为焦虑、冷漠、退化、幻想、逃避、固执、攻击、自杀等。

（1）焦虑是一种模糊的、紧张不安的综合性负性情绪，常常伴随焦急、忧虑、恐惧等感受，甚至可能会出现出冷汗、恶心、心悸、手颤、失眠等神经生理反应。当人们面临心理冲突、情境压力或遇到挫折，或者预感到某种不祥的事情或不良的后果将要发生，或者感到需要付出努力的情境将要来临而又感到没有把握预防和解决时，一般都会产生焦虑情绪。挫折是引起焦虑的重要原因，人们遇到挫折时一般都会表现出某种程度的焦虑情绪。

（2）冷漠是指当一个人遇到挫折时，表现出的一种无动于衷和漠不关心的态度。这是一种复杂的挫折反应。表面上看，冷漠似乎是逆来顺受，毫无情绪反应，而事实上冷漠并不意味着当事人没有反应，而是人面对挫折时更加痛苦的内心体验，以被压抑或间接的形式表现出来了。一般情况下，对挫折的冷漠反应是由于一个人长期遭受挫折或感到没有任何希望摆脱或消除困境时产生的。

（3）退化是指当人们受到挫折时所表现出的与自己年龄和身份不相称的幼稚行为。通常，不同年龄阶段的人，各有其不同的情绪和行为模式。随着年龄的增长，在社会生活方方面面的影响下，人们在情绪和行为方面会日益成熟起来，逐渐学会控制自己，在适当的场合和适当的时候，做出与自己年龄相符的情绪反应和行为表现。当人们遇到挫折后，一些人在一定程度上会失去对自己的控制，以低于自己年龄的简单、幼稚的方式应对挫折，以求得别人、有时是自己的同情和照顾。而这种情况常常当事人自己不能清醒地意识到。

（4）幻想是指一个人在遇到挫折时企图以自己想象的虚幻情境来应对挫折。任何人都有幻想，大学生又处在多幻想的年龄段，所以大学生的幻想特别多。通过幻想，人们可以暂时脱离现实，在自己想象的情境中满足一些自己的需要和欲望，使人产生一种愉快和满足的感觉。如有些学生在幻想中想象当自己在事业上获得了巨大成功，当自己处于很高的地位，当自己得到了意中人的青睐时，如何受到世人的敬仰，如何风流潇洒的情境。应该说，当人们遇到挫折时，暂时的幻想，可以使人在一定程度上缓冲挫折情绪，偶尔为之，也是正常的。但如果用幻想来应对现实中的挫折，特别是长期处于幻想状态，或养成了从幻想中实现现实生活中实现不了的目标的习惯，就会使人降低对现实生活的适应能力和严重脱离现实生活，甚至可能导致精神疾病。

（5）逃避是指一个人在遇到挫折或感到可能面临挫折时，不能面对现实、正视挫折，而是以消极的态度躲开挫折现实的一种挫折反应方式。如有些学生谈恋爱失败后就不敢再谈恋爱；有些学生当众演讲失败受别人嘲笑后再也不参加集体活动等。逃避虽然可以使人们降低因挫折产生的紧张感，或者避免再次受到挫折的伤害，但当事人面对的现实问题并没有得到解决，而有些问题又是不能回避的，所以，逃避常常使人害怕困难，不求进取，长期下去将大大降低他们的适应能力和自信力，甚至可能会导致适应不良。人们逃避挫折的方式各种各样，幻想也可以看作是一种特殊的逃避方式。

“习得性无助”

美国心理学家赛利格曼（Seligman，M.E.P）和他的同事对“习得性无助”的分析是最系统化和有影响的。在 1967 年赛利格曼用狗做过实验。塞利格曼把狗分为两组，首先把其中一组放进一个设有电击装置但又无法逃脱的笼子里。然后给狗施加电击，电击的强度足以引起狗的痛苦体验。在实验中发现，这些狗最初被电击时拼命挣扎，想逃脱这个笼子，但发现经过再三努力仍无法逃脱后，它们挣扎的程度逐渐降低了。随后，把这些狗放进另一个用隔板隔开的笼子里，隔板的高度是狗可以轻易跳过去的。隔板的一边有电击，另一边没有电击。实验的结果是，当经过前面实验的狗被放进这个笼子并受到电击时，它们除了在头半分钟惊恐一阵子之外，此后一直卧倒在地上接受电击的痛苦。面对容易逃脱的环境，它们连试也不去试一下。相比之下，实验者把另一组没有经过前面实验的狗直接放进有隔板的笼子里，发现它们全部都能轻而易举地从有电击的一边跳到安全的另一边。当狗处于无法避开的、有害的或不愉快的情境时获得的失败经验，会对以后应付特定事件的能力起破坏效应。它们会消极地接受预定的命运，不做任何尝试和努力，塞利格曼称这一现象为“习得性无助”。

“习得性无助”是描述动物（包括人在内）在愿望多次受到挫折以后，表现出来的绝望和放弃的态度。这时的基本心理过程是退缩和放弃，对人来说，还有自我怀疑、自我否定和自我设限等，使人变得悲观绝望、听天由命，听任外界的摆布，任自己的命运随着外力的强弱而波动起伏。

人成长的过程中，如果在某一方面总是受到其他人的批评或负面评价，则容易渐渐倾向于形成一种信念，认为自己在这方面真的不行，从而放弃努力。同样，人在做一件事的时候，如果一次又一次地遭到失败，他也会倾向于放弃再试一次的努力，认为自己无论如何也做不好这件事。就跟实验中的场景一样，那个禁锢我们的笼子其实就存在于我们心里。

但是，人终究是人，是有智慧的生物，在我们的历史上，的确有很多这样的人，他们决不轻言放弃，决不会被挫折击倒。失败对他们而言，是学习和吸取教训的机会，是下一次努力的台阶。这样的人克服了内心的恐惧和障碍，从而具备了顽强的意志和高远的智慧。他们不是“屡战屡败”的愚人，而是“屡败屡战”的斗士。

（6）固执是指一个人在受到挫折后，采取刻板的方式盲目地反复进行某种单调、机械的无效动作，尽管知道这些动作对目标的达成、需要的满足并无帮助。通常，固执是在一个人反复遭受挫折而又一时无法克服或回避的情况下产生的；过多、过严的惩罚和指责，或者当人处于惊慌失措的状态时也容易产生固执行为。固执行为的特点是呆板无弹性，具有很大的强制性。固执是在人们遇到挫折后感到无能为力和不知所措时产生的反应方式，所以，这种挫折反应方式并不是不可改变，当人们一旦获得了更适当的反应方式，就会取代固执行为。

（7）攻击是指当一个人受到挫折时，为了将愤怒的情绪发泄出去，或者对构成挫折的对象进行报复而产生的攻击性行为。攻击性行为的对象可能是构成挫折的人或物，也可能是其他替代物，还有可能是受挫者自身。攻击性行为的表现形式多种多样，一般分直接攻击和转向攻击两种。直接攻击是指受挫者将愤怒的情绪直接指向构成挫折的人或物上，通过动作、表情、言语、文字等形式表现出来。转向攻击是指受挫者感到引起挫折的真正对象不能直接攻击或不便攻击，或者挫折的来源无法确定时，将愤怒的情绪发泄到其他人或物上的一种变相的攻击方式。如有些学生在比赛时没有获得期望中的名次，便乱砸乱摔东西等。

（8）自杀是一个人遭受挫折后的一种极端反应方式，也可以看做是受挫后针对自身的一种典型的特殊的攻击行为。当一个人受到突然而沉重的挫折打击，或者长期受到挫折的困扰和折磨，使受挫者感到万念俱灰不能自拔时，受挫者就可能产生自暴自弃、轻生厌世的想法，此时若得不到外力的帮助，受挫者就可能采取上吊、跳楼、投河、服毒等方式自杀。通常，自杀行为是在挫折的打击大大超出受挫折者对挫折的承受能力的情况下发生的，特别是当受挫折者将受挫的原因归结为自己，并对自己丧失信心，将自己作为迁怒的对象时更易于导致自杀行为。大学生是同龄人中的佼佼者，成长过程一般都比较顺利，很少遇到大的挫折，他们对挫折的承受能力普遍较低。同时大学生一般都自视较高、自尊心强，所以，当受到挫折的打击时，有时是很小的挫折，也会产生自杀行为。如某高校的一名学习成绩十分优秀的女生，得知自己有一门课考试不及格时就跳楼自杀；还有些学生失恋后不能自拔而自杀等。

（二）理智性反应

理智性反应是指人们在受到挫折后，采取积极进取的态度，在理智的控制下所做出的反应。通常，人们在遭受挫折后都会出现紧张状态，都会在某种程度上做出某种情绪性反应。其中，有些人始终被情绪所控制不能摆脱，而有些人则能够及时调整，保持冷静，面对现实，审时度势，采取积极的态度和方式对待挫折。所以，理智性反应是对挫折的积极反应方式，主要表现在以下两个方面。

1. 坚持目标，逆境奋起，矢志不渝

当人们遇到挫折后，经过客观冷静的分析，发现自己所追求的目标是现实的和正确的，当前的挫折只是暂时的，是在实现目标的道路上遇到的一些曲折，经过努力是可以克服和逾越的。所以，我们应设法排除障碍，克服困难，坚持不懈，朝着既定目标矢志不渝地迈进，直至最终实现自己的愿望和目标。人类社会发展的历史证明，许多科学发现和发明，都是在十分艰苦的条件下，有时还冒着被攻击、迫害甚至生命的危险，经过多次失败、几经努力才获得成功的。大学生大多都有强烈的发展需求和对未来生活的美好愿望，同时大学生又面临着一个竞争激烈的发展环境，科学技术的飞速发展对每个大学生都提出了更高的要求，所以大学生在成长过程中不可避免要遇到各种各样困难的挑战和考验。这就需要大学生在实践中不断提高自己的意志力，培养顽强拼搏的毅力和敢于面对和战胜困难的勇气。如有些学生为了得到一项实验数据在实验室一蹲就是几天几夜；有些学生家庭贫困但穷且志坚，不图虚荣、刻苦学习而奋发成才等。

2. 调整目标，循序渐进，不断努力

由于自身条件或社会因素的限制，人们的需要和目标并不是都能满足和实现的，或者在目前的条件下是不可能满足和实现的。因此，人们在实现目标过程中，几经努力和尝试都失败后，就要冷静下来，认真客观地分析导致失败的真正原因，并根据实际情况对自己的奋斗目标进行适当的调整。一方面，可能自己定的目标太高，不符合目前自己的实际情况，或实现目标的条件尚不具备，这就需要适当降低目标，或将目标分成几个阶段性目标，并根据实际情况适当变换实现目标的途径和方法，循序渐进，通过不断努力，逐步获得成功。如有些学习基础差的学生，就不能一厢情愿地将目标定为每门课都考优秀，而应考虑首先通过努力，使每门课都及格，然后重点在一门或几门课上取得好成绩，最后再努力取得全面进步。另一方面，人们满足需要和实现愿望的途径和方式是多种多样的，一旦遇到挫折，发现原定的目标难以实现时，还可以改换目标，寻找新的能够实现的目标取而代之，同样可以达到满足自身需要的目的。如有些学生在集体活动中想引起同学们的关注和赞赏，就苦练唱歌，但由于自己的嗓音不够圆润，音乐基础又不太好，怎么练都达不到理想效果，这时就可以考虑练跳舞或演讲等。就适合自己的实际情况，取得理想的效果，达到同样的目的。

不轻言放弃的松下幸之助

出身贫寒的松下，年轻时到一家电器工厂去谋职，这家工厂人事主管看着面前的小伙子衣着肮脏，身体又瘦又小，觉得不理想，就信口说：“我们现在暂时不缺人，你一个月以后再来看看吧。”

这本来是个推辞，没想到一个月后松下真的来了，那位负责人又推托说：“有事，过几天再说吧。”隔了几天松下又来了，如此反复了多次，主管只好直接说出自己的态度：“你这样脏兮兮的是进不了我们工厂的。”于是松下立即回去借钱买了一身整齐的衣服穿上再来面试。负责人看他如此实在，只好说：“关于电器方面的知识，你知道得太少了，我们不能要你。”

不料两个月后，松下再次出现在人事主管面前：“我已经学会了不少有关电器方面的知识，您看我哪方面还有差距，我一项项来弥补。”这位人事主管紧盯着态度诚恳的松下看了半天才说：“我干这一行几十年了，还是第一次遇到像你这样来找工作的。我真佩服你的耐心和韧性。”

正是松下幸之助这种不轻言放弃的精神打动了主管，他得到了这份工作，并通过不断努力逐渐成为电器行业非凡的人物。

松下的成功告诉我们：失败不仅是一次挫折，也是一次机会，它使你找到自身的欠缺，不轻言放弃，补上这一课，就离成功不远了。

（三）个性的变化

通常情况下，挫折对人的影响是暂时的，随着具体挫折情境和条件的改变，随着时间的推移或受挫者认识上的变化，受挫者在受到挫折后所感受到的紧张状态会逐渐消失。但人们在受到挫折后，除了上述直接表现出的挫折反应外，还会出现间接的反应，这些反应会对受挫者产生久远的影响，甚至影响到个性的形成与发展。挫折对个性的影响，一般是在人们连续经历挫折，或者遭受特别重大挫折的情况下产生的。由于导致挫折的情境和条件相对稳定并长期持续，由此产生的紧张状态和挫折反应就会反复出现，久而久之这些反应方式就会逐渐固定下来，使受挫者形成某种习惯和一些突出的个性特点。如有些学生在儿童时期长期受到父母过分严厉的管教甚至责难和打骂，就易形成畏缩拘谨、胆小怕事、逆来顺受或者倔强执拗、偏执敌对等不良的个性特点；有些学生长期与同伴不能友好相处，长期处于紧张的人际关系状态之中，就易养成多疑、多虑、孤僻、狭隘、情绪不稳定等个性特点。另一方面，挫折对个性形成与发展也可能产生积极的影响，如经历了重大挫折或者长期身处逆境之中，使人养成了坚强、刚毅和不屈不挠的个性特点。总之，挫折对个性的影响在很大程度上取决于人们对挫折的适应情况，对挫折的消极反应如果得不到及时纠正，并在心理和行为上固定下来，就会形成对挫折的适应不良，对受挫者的个性形成与发展带来不利的影响。

新东方总裁俞敏洪在北京大学2008年开学典礼上的发言（节选）

……

学生生涯是非常美妙的，有很多美妙的回想。我还记得我们班有一个男生，天天都在女生的宿舍楼下拉小提琴，盼望能够引起女生的注意，结果后来被女生扔了水瓶子。我还记得我自己为了吸引女生的注意，每到寒假和暑假都帮着女生扛包。后来我发现那个女生有男朋友，我就问她为什么还要让我扛包，她说为了让男朋友休息一下。我也记得刚进北大的时候我不会讲普通话，全班同学第一次开班会的时候互相认识，我站起来自我介绍了一番，结果我们的班长站起来跟我说：“俞敏洪你能不能不讲日语？”我后来用了整整一年时光，拿着收音机在北大的树林中模拟广播台的播音，但是到今天普通话还依然讲得不好。

我记得自己在北大的时候有很多的苦闷。一是普通话不好，二是英语一塌糊涂。尽管我高考经过三年的努力考到了北大——因为我落榜了两次，最后一次很意外地考进了北大。我从来没有想过北大是我能够上学的处所，她是我心中一块圣地，感到永远够不着。但是那一年，第三年测验时我的高考分数超过了北大录取分数线七分，我终于下定决心、咬牙切齿填了“北京大学”四个字。我知道一定会有很多人比我分数高，我以为自己是不会被录取的。没想到北大的招生老师非常富有目光，料到了三十年后我的今天。但是实际上我的英语程度很差，在农村既不会听也不会说，只会背语法和单词。我们班分班的时候，五十个同学分成三个班，因为我的英语测验分数不错，就被分到了A班，但是一个月以后，我就被调到了C

班。C 班叫做“语音语调及听力障碍班”。

记得我在北大的时候，到大学四年级毕业时，我的成绩依然排在全班最后几名。但是，当时我已经有了一个良好的心态。我知道我在聪慧上比不过我的同学，但是我有一种才能，就是连续不断地努力。所以在我们班的毕业仪式上我说了这么一段话，到现在我的同学还能记得，我说：“大家都获得了优良的成绩，我是我们班的落伍同学。但是我想让同学们放心，我决不废弃。你们五年干成的事情我干十年，你们十年干成的我干二十年，你们二十年干成的我干四十年”。我对他们说：“如果实在不行，我会坚持心境高兴、身体健康，到八十岁以后把你们送走了我再走。”

有一个故事说，能够达到金字塔顶尖的只有两种动物。一是雄鹰，靠自己的禀赋和翅膀往上飞。我们这儿有很多雄鹰式的人物，很多同学学习不需要太尽力就能到达高峰。很多同学后来可能很轻松地就能在北大毕业以后进哈佛、耶鲁、牛津、剑桥这样的名牌大学继续深造。有很多同学身上布满了禀赋，不需要学习就有这样的才干，比如说我刚才提到的我的班长王强，他的模仿才能就是超群的，到任何一个地方，听任何一句话，听一遍模仿出来的不会两样。所以他在北大广播站当播音员当了整整四年。我每天听着他的声音，心头咬牙切齿充斥冤仇。所以，有禀赋的人就像雄鹰。但是，大家也都知道，有另外一种动物，也到得了金字塔的顶端。那就是蜗牛。蜗牛确定只能是爬上去。从低下爬到上面可能要一个月、两个月，甚至一年、两年。在金字塔顶端，人们确实找到了蜗牛的痕迹。我信任蜗牛绝对不会一帆风顺地爬上去，一定会掉下来、再爬、掉下来、再爬。但是，同学们所要知道的是，蜗牛爬到金字塔顶端，它眼中所看到的世界，它收获的成绩，跟雄鹰是一模一样的。所以，也许我们在座的同学有的是雄鹰，有的是蜗牛。我在北大的时候，包含到今天为止，我一直以为我是一只蜗牛。但是我一直在爬，也许还没有爬到金字塔的顶端。但是只要你在爬，就足以给自己留下令生命激动的日子。

第三节 培养积极的挫折承受力

一、挫折承受力

最初使用“承受力”这一概念的是美国心理测验专家罗森·茨威格。他给挫折承受力下的定义是“抵抗挫折而没有不良反应的能力”，即个体适应挫折、抗御和对付挫折的能力。1977 年就任世界卫生组织精神卫生部主任的萨托拉斯提出三条精神健康标准，其中一条就是能够经受生活的挫折及时地调适自己的情绪。由此可见培养挫折承受力对精神健康的意义之大。

（一）挫折承受力的概念

所谓挫折承受力，是指个体在遭遇挫折情境时，能否经得起打击和压力，有无摆脱和排解困境而使自己避免心理与行为失常的一种耐受能力。亦即个体适应挫折、抵抗和应付挫折的一种能力。一般来说，挫折承受力较强的人，往往挫折反应小，挫折时间短，挫折的消极影响少；而挫折承受力较弱的人，则容易在挫折面前不知所措，挫折的不良影响大而易受伤害，甚至导致心理和行为的失常。因此，挫折承受能力的大小反映了一个人的心理素质相对健康水平。许多人的心理问题就是由于遭受挫折而又不能很好地排解和调适造成的。增强挫折承受能力，是获得对挫折的良好适应和保持心理健康的重要途径。

（二）挫折承受力的影响因素

影响挫折承受力的因素有很多，总结起来主要有以下因素。

1. 生理条件

一个身体健康、发育正常的人，一般对挫折的承受力比一个疾病缠身、有生理缺陷的人高。比如，前者不怕偶尔的饥寒交迫，可以熬夜，也可以长时间工作而不感到疲劳，因而可以经受更大的挫折。这是因为挫折会引起人的情绪及生理反应，给人的心理带来压力及紧张感，对体弱多病者这会加重身体虚弱和病情，甚至发生意外。国外有人研究发现体弱多病者与身体健康者在丧偶后一年内的情况后发现，前者比后者发病率高 78%，死亡率高三倍多。看来，健康者更应珍惜“健康”这一宝贵财富。

2. 过去经验

国外曾有人做过一个动物实验。他们对一组幼小的白鼠给予电击及其他挫折情境，使其产生紧张状态，然后让它们正常发育。长大以后，这组白鼠就能很好地应付挫折引起的紧张状态。而另一组没有受到这类挫折刺激的白鼠，长大后遭受电击等痛苦刺激时就显得怯懦和行为异常。对人来说也是如此。在婴、幼儿期所受的刺激，可使成年期的行为更富于适应性和多变性。相反，极少受到挫折，一贯顺利、总受赞扬的人，就没有足够的机会学习和积累对待挫折的经验，他们的自尊心往往过于强烈，对挫折的承受力很低。

当然，任何事情都应有个“度”。如果青少年期遭遇的挫折太多、太大，也会影响以后的发展，可能形成自卑、怯懦等特征，缺乏克服挫折的勇气。

3. 挫折频率

“屋漏偏逢连夜雨，船破又遇顶头风”，刚刚失恋不久，考试又未通过，没几天又心不在焉地把钱包丢了。一个人接连遭受挫折，频率过高，其挫折承受力必大大降低。

4. 认知因素

认知是指我们对周围事物的想法和观点，也就是人的认识活动。挫折刺激正是通过人的认知而作用于情绪，产生这样那样的心理行为反应。由于认知不同，同样的挫折，对每个人造成的打击和心理压力是不同的。

一般认为，虚荣心强的人对挫折的知觉感受性高，承受力低。因为虚荣心强的人通常将名利作为支配自己行为的内在动力，一旦受挫，目标没有达到，就会因为虚荣心没得到满足而难以忍受。

5. 个性因素

个性是一个人所具有的意识倾向性和较稳定的心理特征的总和。一个人的性格特征、个人兴趣、世界观都对挫折承受力有重要作用。

性格开朗、乐观、坚强、自信的人，挫折承受力强；性格孤僻、懦弱、内向、心胸狭窄的人，挫折承受力低。当人们对某样东西享有浓厚的兴趣，一心钻研，在别人看来很苦的事，他们却乐在其中，挫折承受力就强。诺贝尔研究炸药的过程中，多次发生爆炸事故，弟弟炸死，父亲重伤，自己也有几次生命危险，却终获成功。可见，个人兴趣也是应对挫折不可忽视的因素。

6. 社会支持

正如人们常说的：“一个痛苦两人分担，痛苦就减轻了一半。”当一个人感到有可以依赖的人在关心、爱护和尊重自己时，就会减轻挫折反应的强度，增强挫折的承受力。

刘翔的“不败”之谜

刘翔，一个曾经带给我们无数感动的名字。刘翔——中国骄傲的亚洲第一飞人，他让我们中国乃至亚洲昂起了头颅，骄傲地向欧美非宣告：亚洲人，也能飞翔！刘翔在他的跨栏生涯中创下了许多傲人的成绩，同时也经历了令人难以承受的伤痛。不过，无论如何，刘翔就是全中国的骄傲。到底，是什么让刘翔在曲折的运动生涯上，保持着“不败”呢？

“田径运动员会碰上各种意外情况，世界上也没有常胜将军，不管是胜利还是失败其实都很正常。”这是刘翔一直信守的观点。刘翔的运动生涯其实是非常崎岖，充满挫折的。不过这些挫折对于刘翔而言，永远都仅仅是一种锻炼。也正因为挫折，刘翔慢慢地具备了一种抗压能力，一种在逆境中求存的能力。多次的挫折教育，让刘翔拥有了比其他人更加淡然的名利观，使得他有好的抗压能力，使他在2008年北京奥运会上遇到如此重大的挫折时，也不至于被击垮。以“挫折”去对抗“挫折”，这就是挫折教育的最终目的。在奥运会退赛之后的新闻采访中，刘翔曾直言北京奥运会退赛他并没有哭泣，“或许这是命中注定的事情，这样的挫折只会让我变得更加坚强，让我有机会静下心来考虑自己的未来。你必须做好各种准备，生活里你可能遇到任何困苦，你需要勇敢去面对它们。”

刘翔是一个非常自信的人。与其他运动员相比，刘翔有着不一样的从容，无论是应答记者的发问，还是拍广告，或者应邀去献唱，他都展现着由内而外的自信。也正因为自信，刘翔永远都不会对自己产生任何的疑问，这帮助了他克服困难。对于伤病后的刘翔，记者们许久不曾与他有过交流，于是有的记者在某次训练结束后逼着他开口说话，或者说，想挖掘他的内心感受。然而那一刻，刘翔没有选择沉默，没有用搪塞来带过，而是用一句足以拿来做标题的漂亮话代替了埋怨，“我的生活不会是灰色，我的天空永远蔚蓝！”看，这就是自信的刘翔，挫折后不自卑，而是用一种积极的态度面对生活的刘翔。对于一个如此自信的人，挫折又怎么可能将他击垮呢？

二、挫折承受力的提升

人们常说，“解铃还需系铃人”，战胜挫折，社会、学校等外界环境是重要的。但是，在众多的挫折中，许多是大学生自己主观因素导致，并且挫折是大学生自己的挫折，它引起大学生自己种种不良、痛苦体验。因此，正像大作家雨果所说，“应该相信自己，自己是生活的战胜者”，要真正战胜挫折，更主要是依靠受挫的大学生自己。

（一）正确认识挫折

正确认识挫折，是大学生战胜挫折的先导和前提。

1. 克服错误思想认识

大学是大学生人生的一段重要旅程，其间充满紧张与竞争。因而，在大学生成才之路上，不可避免地遭受学习、生活、人际等各方面的挫折，这是每个大学生都明白的道理。

然而，在对大学生挫折的分析过程中，人们发现，真正引起大学生挫折感的，与其说是他们遭遇的挫折、困难、失败本身，还不如说是当事人对它们的认识及所采取的态度。例如，一些本可以算不上什么挫折的事情，但却被“认真”当作挫折；一些虽可称得上为挫折，其实可能只是日常生活中的鸡毛蒜皮小事，但却被当作天崩地陷的大事。从我国大学生现状来看，普遍存在着对挫折认识与态度上的偏差。因此，要战胜挫折，大学生首先要克服对挫折的一些错误思想认识。

（1）主观性。一方面，大学生由于初涉社会，难以分析、把握和评价复杂社会现象；另一方面，他们内心处于青年期特有的一系列心理变化与矛盾之中，因而他们遭受挫折以后，往往不能对挫折进行客观分析，以主观判断和评价面对挫折，从而得出了不符事实的消极结论，加重了挫折感。

（2）片面性。不少大学生遭受挫折与他们认识上的片面有直接的关系。在现实生活中，一些大学生若在某件事情上失败了，就认为自己“没用”，是个失败者、弱者；某一次考试不理想，就认为自己头脑笨，不是读书的材料，将来肯定不会有什么大的前途；某个同学对自己不友好，就觉得自己人缘太差，缺乏交际能力；一次失恋，就断定自己不讨人喜欢，对异性没有吸引力等。这种以一两件事来评价自己整个人、评价自身价值的认知，其结果往往会引起强烈的挫折反应，导致自责、自卑、自弃心理，产生焦虑和抑郁情绪，容易走上自我否定、悲观失望的狭路。

（3）夸大性。由于缺乏社会经验和挫折经历，现实生活中一些受挫大学生往往夸大挫折及其对个体的影响，把小事无限夸大，甚至夸大到不可收拾。高校发生的一些大学生轻生行为，相当大的一部分与当事人认识上的这种错误思想方法有关。

因此，当大学生面临挫折而出现情绪困扰时，应当主动地检查一下自己对挫折认识上可能存在着的思想认识上的偏差，用正确的思想方法克服自己对挫折的错误的认识与态度，减少挫折感，使自己尽快地从悲观、失望、焦虑的情绪中摆脱出来，从而找到战胜挫折的有效方法。

2. 建立“失败”的正确观念

大学生初涉社会，对“失败”比较敏感，害怕失败、害怕挫折。因此，大学生首先应对“失败”有科学认识，建立对“失败”的正确观念。在实际生活中，人们把没有成功或没有达到的目标都看作是失败，但实际上这种看法并不科学。因为人们的许多工作，并不可能一蹴而就、圆满完成的，常常是经过多次的尝试、失败后的不断努力，才能有机会达到尽善尽美的境界。其中每一次失败都使人获取了更多的知识与经验，使其在下一次努力时，更接近成功。大学生面对挫折、失败之时，应坦然面对、泰然处之，没有必要过分担心、害怕。

3. 树立“失败也是我所需要的”思想

因为在现实生活中，一切事情绝不会是一帆风顺的，是充满各种困难与艰辛，而成功者的成才之路只能是脚踏一个又一个失败与挫折，去夺取胜利。挫折是一种心理预报系统，是人生的催熟剂。在现实生活中，那些担心挫折、害怕失败的人，总是把自己沉溺于万事如意的想象之中，不敢面对复杂的现实社会，更不能搏击人生，稍遇挫折就意志消沉、一蹶不振，甚至痛不欲生。这样的人，不仅不能成为社会和国家的栋梁之才，而且必将被社会所抛弃。大学生要成为卓越的人，就应当树立"失败是我所需要的"意识，投身社会、历经磨难，不断克服困难、战胜困难，提高自己的挫折承受力。

当苦难成为人生的必修课——洪战辉永不言弃

1994 年，洪战辉的父亲突发间歇性精神病，造成自己妻子受伤骨折，女儿意外死亡，家里欠下巨债。随后，父亲又捡来了一个和女儿年龄相仿的女婴。面对沉重的家庭负担，洪战辉的母亲离家出走了。年仅 13 岁的洪战辉，默默地挑起了伺候患病父亲、照顾年幼弟弟、抚养捡来妹妹的家庭重担。这副重担，对于成年人来说尚且不易，何况一个 10 多岁的孩子。但洪战辉没有退缩，一挑就是 12 年。为了挣钱养家，他像大人一样，做小生意、打零工、拾荒、种地。他利用课余时间卖笔、书、磁带、鞋袜，在学校附近的餐馆做杂工，周末赶回家浇灌 8 亩麦地。在兼顾学业和谋生之时，他牺牲了几乎所有的休息时间。为了带好捡来的妹妹，洪战辉费尽心血。每天晚上，他都让妹妹睡在内侧，以防父亲突然发病伤及妹妹。妹妹经常尿湿床单、被子，他就睡在尿湿的地方，用体温把湿处暖干。从高中到大学，他将妹妹一直带在身边，每天都保证妹妹有一瓶牛奶和一个鸡蛋，自己却常常啃方便面。在怀化念大学的日子里，他安排妹妹上了小学，每天不管学习多忙，都坚持接送妹妹，辅导妹妹功课。为了治好父亲的病，洪战辉吃尽苦头。2002 年 10 月，父亲突然发病，因为没有钱，他不得不在一家精神病医院门前跪求治疗，在他孝心的感染下，2005 年底河南第二荣康医院主动将他父亲接去诊治。现在，父亲的病情已明显好转，出走的母亲、打工的弟弟也相继回家，一家人终于重新团聚。

洪战辉说："苦难不是财富，没有人想要去经历苦难，我宁愿世界上没有人经历苦难，因为那样就代表大家都过上美好的生活。但现实是残酷的，如何直面困难，改变自己的境遇才是我们要学习的。别人真正欣赏的不是你的苦难，而是你的奋斗。我最骄傲的是：我靠自己的双手和头脑，用赚的钱养活了我的家人。"

2006 年以来，已成为公众人物的洪战辉，又将爱洒向了社会。为资助贫困学生，他在学校和政府的帮助下建立了教育助学责任基金。为推动青少年思想教育，他应邀在全国各地作了 150 多场励志报告，并欣然出任"中国宋庆龄基金会青少年生命教育爱心大使"。他还多次到湖南、河南等地贫困山区与困难学生交流，捐赠学习用品。他说："我要力所能及地帮助需要帮助的人。"

"感动中国"给他的颁奖词是："当他还是一个孩子的时候，就对另一个更弱小的孩子担起了责任，就要撑起困境中的家庭，就要学会友善、勇敢和坚强。生活让他过早地开始收获，他由此从男孩变成了苦难打不倒的男子汉，在贫困中求学，在艰辛中自强。今天他看起来依然文弱，但是在精神上，他从来是强者。洪战辉永不言弃，当代人学而从之。"

（二）培养良好的意志品质

意志是自觉地确定目的，并根据目的来支配、调节自己的行动，克服各种困难，从而实现预定目的的心理过程。良好的意志品质具包括以下四个方面。

1. 意志的自觉性

意志的自觉性是指人的行动有明确的目的，尤其是能充分地意识到行动结果的社会意义，使自己的行动服从社会、集体利益的一种品质。具有意志自觉性的人能够自觉地、独立地、主动地控制和调节自己的行动，为实现预定的目的倾注全部的热情和力量。即使在遇到障碍和危险时，也能百折不挠，排除万难，勇往直前。这种品质反映着一个人的坚定立场和信仰，并贯穿于意志行动的始终，是坚强意志产生的源泉。

2. 意志的果断性

意志的果断性是指人明辨是非，适时地作出决定和执行决定的品质。适时是指在需要立即行动时当机立断，毫不犹豫，甚至在危及生命时也敢作敢为、大义凛然；但在不需要立即行动或情况发生改变时，又能立即停止执行，或改变已作出的决定。果断性是以勇敢和深思熟虑为前提条件的，是个人的聪敏、学识、机智的结合。

3. 意志的坚韧性

意志的坚韧性是人在意志行动中坚持决定，以充沛的精力和坚韧的毅力，百折不挠地克服一切困难，实现预定目的的品质。长期坚持决定是意志顽强的突出表现。具有坚韧性的人，善于抵制不符合行动目的的主客观诱因的干扰，不但能顺利完成容易而又感兴趣的工作，而且不计较个人得失，即使是枯燥无味的工作，也不半途而废，努力作出优异成绩。

4. 意志的自制性

自制性反映着意志的抑制职能，是指人在意志行动中关于控制自己的情绪，约束自己言行的品质。大学生只有经过努力学习，树立远大的生活目标，利用日常生活中的各种事情，刻苦锻炼自己，自觉地控制自己等，才能成为具有坚强意志品质的人，才能提高自己的挫折承受力。

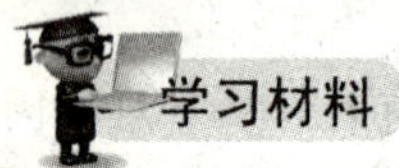

周杰伦成名前的挫折

周杰伦自小父母离异，在母亲含辛茹苦的抚养之下长大。

小学时，周杰伦对音乐情有独钟，表现出了惊人的天赋。望子成龙的母亲日积月累，凑钱为他买了一架钢琴。“玩”着琴，他挖掘着潜力，慢慢聚积着自己的音乐“资本”。

高中毕业后，周杰伦没有考上大学。回顾这段经历，周杰伦说：“我最大的挫折是没考上大学，我曾经真的很努力想考上大学音乐系，自己还去补习，但考了两次，学科都没过。只能到餐馆当服务生，被老板暴骂过，克扣过薪水。”

后来，一个偶然的机会，周杰伦被台湾乐坛老大吴宗宪“相中”，进入吴的公司作音乐制片助理。其间，他不停地写歌，结果都被吴宗宪搁置一旁，有的甚至当面扔进纸篓。周杰伦没有泄气，吴宗宪被其努力感动了，答应歌手唱他的歌。但是，许多著名歌手都不愿意一展歌喉，因为他写的歌太稀奇、太古怪。

1999 年 12 月的一天，吴宗宪将周杰伦叫到办公室，十分郑重地说："阿伦，给你 10 天的时间，如果你能写出 50 首歌，而我可以从中挑出 10 首，那么我就帮你出唱片。"

周杰伦一听老板要帮自己出唱片，激动得说不出话来，只是"嗯"了一声，便低着头走了出去。回到音乐室，周杰伦兴奋不已，但他并没有急于动手写歌，而是跑到大街上买回一大箱方便面。他想，就是拼了命，也要做最后的挣扎。因为他知道，老板给他的机会也许就这一次了。那段时间，他几乎是一首接一首地创作。而每当他疲惫的时候，就在房间的某个角落里打个盹儿，醒来之后继续下一首歌曲的创作。

就这样，仅仅 10 天时间，周杰伦真的拿出了 50 首歌曲，而且每一首都写得漂漂亮亮，谱得工工整整。面对这种惊人的创作速度，吴宗宪无话可说了。

经过大半年时间的精心制作，周杰伦的第一张专辑——《杰伦》制作出来了。2001 年初，令人意想不到的是，这个一天说不上两句话的小伙子居然一鸣惊人。他的第一张专辑刚一上市，就被歌迷抢购一空。在当年的台湾流行音乐大评选中，《杰伦》一举夺得台湾流行音乐金曲奖的最佳流行音乐演唱专辑、最佳制作人和最佳作曲人三项大奖。

仿佛一夜之间，华语流行歌坛几乎被周杰伦一个人的声音占领，从一名餐厅服务员成长为家喻户晓的当红小天王。周杰伦在接受美国《时代》杂志专访时说："明星梦并不是遥不可及的，其实任何人都可以做，只要你肯努力。我之所以能有今天，就是我不服输的结果。"是呀，一个人不想做退却的懦夫，就应该像蜗牛一样，一步一步地往上爬。如果你一直追求下去，总有一天会成功。

（三）正确对待挫折

在正确认识挫折、培养良好品质的基础上，大学生需要采取科学、理智的方式战胜挫折。

1. 避免错误的有害的不良行为

（1）避免愤怒、生气。大学生应当尽可能冷静，以具有高等教育素养的大学生的理智加以正确对待，从而找出解决困难的方法，最终克服挫折。

（2）自暴自弃。大学生遇到困难和挫折，应该以青年的朝气和勇气，在社会、学校、同学的帮助下，以积极的方式，克服困难，战胜挫折。

（3）借酒消愁。大学生受挫后借酒消愁的情况在高校中也不时发生。对此，大学生应当了解，大量饮酒会造成神经系统和肝脏的全面损害，影响大学生身体健康；同时还要认识到酒并不能真正消愁，只是对自己大脑产生一时的麻醉作用，其结果只能是"举杯消愁愁更愁"。此外，饮酒还会引发诸如打架斗殴等一系列社会问题。

2. 采用正确的方法与途径

（1）树立正确的奋斗目标。人区别于动物的最大特点是人的一切活动都是与社会发展相联系的，是有目的的、有意识的活动，并且人一旦树立自己的目标以后，就会产生一种积极的愿为之努力的动力，激励他不畏艰难、百折不挠地积极进取。也就是说目的性和社会责任感是每个人活动的内在动力。

（2）正确归因。美国心理学家韦纳（B・Weincr）对人们失败的归因进行了研究，认为一般情况下，失败由客观因素（包括任务难度和机遇）和主观因素（人的能力与努力）造成。

人们把失败归因于何种因素，对以后的活动、积极性有很大影响：把失败过多归因于主观因素，会使人感到内疚和无助；把失败过多归因于客观因素，会产生气愤与敌意。

大学生应正确分析自己的成败归因模式，特别要注意避免韦纳指出的两种错误的归因模式。例如，有的学生总是把自己学习的成败，归因于外在因素。如考试受挫折后，把失败归因于运气不好、没能猜中题目或埋怨教师的命题和评分，而不努力去克服困难和改变失败的处境。如学习上受挫折后，把失败归因于自身的能力、技能和努力的程度过低，因而抱怨自己，过多地责备自己。这两种习惯性归因，不可能找出造成挫折的真实原因，无助于战胜挫折。总之，大学生受挫以后，应当冷静、客观地分析失败的原因，找出造成挫折的真实原因，对挫折做客观、准确、符合实际的归因，从而有效战胜挫折。

（3）善于灵活应变与情绪转移。大学生在日常学习、生活中遭受失败时，只要善于灵活应变、及时理智地转变近期目标，及时改变行动的方向，就有可能摆脱挫折情境与挫折感。

（4）增强挫折容忍力。挫折容忍力是指个人遭受打击后免于行为失常的能力，即个人承受环境打击或经得起挫折的能力。一般来说，挫折容忍力低的人遇到轻微的挫折，就消极悲观、颓废沮丧、一蹶不振，甚至人格趋于分裂而形成行为失常或心理疾病。挫折容忍力高的人，能忍受重大的挫折，就是大难临头、几起几落，也能坚忍不拔、百折不挠，保持人格的统一和心理的平衡。

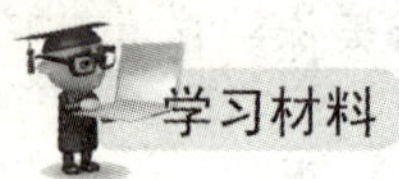

解决困难挫折和忧虑——卡耐基万灵公式

如果你有担忧的问题，就应用卡耐基的万灵公式，进行下面三件事情——

（1）问你自己：“可能发生的最坏情况是什么？”

（2）如果你必须接受的话，就准备接受它。

（3）然后很镇定地想办法改善最坏的情况。

那么让我们分享一下威利·卡瑞尔所发明的这个办法。卡瑞尔是一个很聪明的工程师，他开创了空气调节器制造业，现在是纽约州瑞西世界闻名的卡瑞尔公司的负责人。

“年轻的时候，”卡瑞尔先生说，“我在纽约州水牛城的水牛钢铁公司做事。我必须到密苏里州水晶城的匹兹堡玻璃公司——一座花费好几百万美金建造的工厂，去安装一架瓦斯清洁机，目的是清除瓦斯里的杂质，使瓦斯燃烧时不至于伤到引擎。这种清洁瓦斯的方法是新的方法，以前只试过一次——而且当时的情况很不相同。我到密苏里州水晶城工作的时候，很多事先没有想到的困难都发生了。经过一番调整之后，机器可以使用了，可是成绩并不能好到我们所保证的程度。”

“最后，我的常识告诉我忧虑并不能够解决问题，于是我想出一个不需要忧虑就可以解决问题的办法，结果非常有效。我这个反忧虑的办法已经使用三十多年。这个办法非常简单，任何人都可以使用。其中共有三个步骤。”

“第一步，我先毫不害怕而诚恳地分析整个情况，然后找出万一失败可能发生的最坏的情况是什么。没有人会把我关起来，或者把我枪毙，这一点说得很准。不错，很可能我会丢掉差事；也可能我的老板会把整个机器拆掉，使投进去的两万块钱泡汤。”

“第二步，找出可能最坏情况之后，我就让自己在必要的时候能够接受它。我对自己说，这次的失败，在我的纪录上会是一个很大的污点，可能会因此而丢差事。但即使真是如此，我还是可以另外找到一份差事。事情可能比这更糟；至于我的那些老板——他们也知道我们现在是在试验一种清除瓦斯新法，如果这种实验要花他们两万美金，他们还付得起，他们可以把这个账算在研究费用上，因为这只是一种实验。”

“发现可能发生的最坏情况，并让自己能够接受之后，有一件非常重要的事情发生了。我马上轻松下来，感受到几天以来所没经历过的一份平静。”

“第三步，从这以后，我就平静地把我的时间和精力，拿来试着改善我在心理上已经接受的那种最坏的情况。”

“我努力找出一些办法，让我减少我们目前面临的两万元损失。我做了几次实验，最后发现，如果我们再多花五千块钱，加装一些设备，我们的问题就可以解决。我们照这个办法去做之后，公司不但没有损失两万块钱，反而赚了一万五千块钱。”

这一公式告诉我们，面对挫折，首先应保持一种坦然、宽容、乐观的心态，在此基础上，最根本的一点就是把认识引导到积极的行动上，在调适好情绪的基础上，分析现状、发现问题、明确解决方案，制定一个切实可行的计划，然后再付诸积极的建设性的行动并把计划贯彻执行到底。

林语堂说过：“能接受最坏的情况，在心理上就能发挥出新的能力。”英国剧作家托马斯·海伍德说：“为最坏的情况做准备，最好的情况就会来临。”挫折总是人生难免的经历，它同时也是我们人生难得的经历，如果在我们经历挫折了之后能重新振作，并且为将来的人生积累经验教训，那么挫折不但不会成为我们人生的绊脚石，反而会成为我们人生宝贵的财富，积淀我们人生更深厚的生命价值和更宽广的人生可能。

本章概要

（1）挫折是指个体在通向目标的过程中所遇到难以克服的障碍或干扰，使目标不能达到、需要无法满足时，所产生的不愉快情绪反应。

（2）挫折由三个方面构成：挫折情境、挫折认知、挫折反应。

（3）挫折产生的原因包含外界因素、个人因素和动机冲突。

（4）动机冲突的主要形式主要有双趋冲突、双避冲突、趋避冲突和双重趋避冲突。

（5）挫折承受力，是指个体在遭遇挫折情境时，能否经得起打击和压力，有无摆脱和排解困境而使自己避免心理与行为失常的一种耐受能力。

（6）影响挫折承受力的因素有生理条件、过去经验、挫折频率、认知因素、个性因素和社会支持。

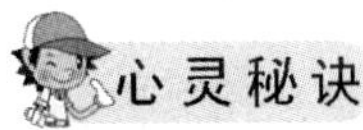

心灵秘诀

（1）挫折是人生必经的过程。

（2）挫折更多地来源于我们的想象而不是现实。

（3）战胜挫折就要改变我们对挫折的认知。

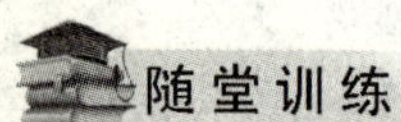
随堂训练

分享挫折，学会应对

请每个学生在纸上写出最困扰自己的一个问题，六个人一组，大家把各自写好的纸叠好，放在一个小盒子里，每个人抽出一张纸条，如果是你自己的纸条就放回去。每个同学将抽到的问题念出来，并把这个问题作为自己的问题来回答，即如果自己遇到这样的挫折情境，会采用怎样的办法来减轻内心的痛苦。

经过大家的分享之后，你是不是觉得应对挫折远比你想象中要简单。其实我们在帮助别人解决问题的时候总是比自己遇到问题时要理智，那么当我们遇到挫折时不如也拿出来跟大家分享一下，多听听别人的建议，也许我们能够选择更好的途径去解决和克服挫折。

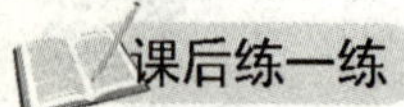
课后练一练

克服考试挫折感

考试挫折很容易对我们以后的学习产生负面的影响，并对我们的身心健康产生潜在的威胁，我们都有过考试失败的经验，那么如何克服考试的挫折感呢？

（1）首先我们就要了解产生考试挫折感的来源，请探查一下以下项目中哪些是你觉得符合自己情况的挫折感来源。

担心考糟了他人对自己的评价

担心对个人的自我形象增加威胁

担心未来的前途

担心对应试准备不足

教师的压力

社会的压力

家庭的压力

以往的失败

（2）把你的担忧按程度大小依次排列于下：

我最担心的是________________________

其次是____________________________

最后是____________________________

（3）对担忧进行分析与质辨。

1）对担忧的合理性进行分析。

我的担忧中，合理的有：________________

2）逐条寻找担忧中的认知错误。

无事实的推论。如自问“有什么事实证明这个担忧是应该的？”

以偏概全。如是否一次没考好就推向所有的学科都考不好了。

夸大或缩小。如是否夸大了“考砸了”的后果。

情绪推理。如“我感到信心不足，一定考不好了。”

以上挫折感经过分析以后也许并不存在，而都是一些假想的挫折。

（4）合理反应。对这些担忧有了正确积极地认知以后，完成下面的句子：

我准备得______________________________

我有信心______________________________

尽管我上次失败了，但____________________

我只要尽了努力，我得父母、同学____________

相关链接

挫折承受力测试

请认真思考以下题目，它可以帮助你了解自己的挫折承受力。

1．碰到令人担心的事——（　　）。

A．无法着手工作　B．照干不误　C．两者之间

2．碰到讨厌的对手时——（　　）。

A．感情用事，无法应付　B．能控制感情，应付自如　C．两者之间

3．失败时——（　　）。

A．不想再干了　B．努力寻找成功的机会　C．两者之间

4．工作进展不快时——（　　）。

A．焦躁万分，无法思考　B．可以冷静地想办法　C．两者之间

5．工作中感到疲劳时——（　　）。

A．脑子不好使了　B．耐住疲劳继续工作　C．两者之间

6．工作条件恶劣时——（　　）。

A．无法干好工作　B．克服困难创造条件　C．两者之间

7．在绝望的情况下——（　　）。

A．听任命运摆布　B．力挽狂澜　C．两者之间

8．碰到困难时——（　　）。

A．失去信心　B．开动脑筋　C．两者之间

9．接到很难完成的任务活很难完成的工作时——（　　）。

A．顶回去　B．千方百计干好它　C．两者之间

10．困难落到自己的头上时——（　　）。

A．厌恶之极　B．欣然努力克服　C．两者之间

评分标准：

A＝0 分　　B＝2 分　　C＝1 分

总分大于等于 17 分以上说明受挫能力很强；在 10～16 分之间，说明对某些特定的挫折的承受力比较弱；9 分及以下的，说明承受能力比较弱。

复习与思考题

一、单选题

1. 挫折是指个体在通向（　　）的过程中所遇到难以克服的障碍或干扰，使（　　）不能达到，需要无法满足时，所产生的不愉快的情绪反应。

A. 目标　B. 计划　C. 奋斗　D. 意义

2. 挫折按照现实性的角度看，可分为（　　）。

A. 一般挫折和严重挫折　B. 实际挫折和想象挫折
C. 短暂挫折和持续挫折　D. 目标挫折和行为挫折

3. 挫折按照严重性的角度看，可分为（　　）。

A. 一般挫折和严重挫折　B. 实际挫折和想象挫折
C. 短暂挫折和持续挫折　D. 目标挫折和行为挫折

4. 挫折按照持续性的角度看，可分为（　　）。

A. 一般挫折和严重挫折　B. 实际挫折和想象挫折
C. 短暂挫折和持续挫折　D. 目标挫折和行为挫折

5. 有些学生想做好社会工作，又想不影响学习取得好成绩，这属于（　　）。

A. 双趋冲突　B. 双避冲突　C. 趋避冲突　D. 双重趋避冲突

6. 有些学生想参加演讲比赛，但又怕失败有损自尊心，这属于（　　）。

A. 双趋冲突　B. 双避冲突　C. 趋避冲突　D. 双重趋避冲突

7. 当众演讲受人嘲笑之后再也不参加活动，这种对挫折的反应是（　　）。

A. 退化　B. 逃避　C. 焦虑　D. 冷漠

8. 当一个同学在竞赛中未取得理想成绩而回家乱摔东西，这种对挫折的反应是（　　）。

A. 固执　B. 逃避　C. 冷漠　D. 攻击

二、多选题

1. 挫折按照产生原因的角度看，可分为（　　）。

A. 需要挫折　B. 实际挫折　C. 行为挫折　D. 目标挫折

2. 挫折按照内容的角度看，可分为（　　）。

A. 学习挫折　B. 交往挫折　C. 短暂挫折　D. 自尊挫折

3. 挫折由三方面构成，包括（　　）。

A. 挫折事件　B. 挫折情境　C. 挫折反应　D. 挫折认知

4. 影响挫折承受力的因素有（　　）。

A. 生理条件　B. 过去经验　C. 挫折频率　D. 认知因素
E. 个性因素　F. 社会支持

5. 韦纳将人们对于失败的归因归纳为（　　）两种因素。

A. 主观因素　B. 个人因素　C. 客观因素　D. 环境因素

三、判断题

1. 在挫折的三个因素中，挫折情境是最重要的。（　　）

2. 挫折情境与挫折反应没有直接的联系，它们的关系要通过挫折认知来确定。（　　）

3. 只有挫折认知和挫折反应这两个因素，也可以构成心理挫折。（　　）

4．挫折对于大学生的心理只有消极影响。（　）

5．人们同时遇到两个具有相同威胁性的目标，两者都想逃避，但因条件所限而必须选择其一，从而产生左右为难的冲突情境，这是双趋冲突。（　）

6．自杀是一个人受挫后针对自身的一种典型的特殊的攻击行为。（　）

7．一个人在遇到挫折时企图以自己想象的虚幻情境来应对挫折，这是挫折反应中的退化。（　）

8．挫折承受力较强的人，往往挫折反应小，挫折时间短，挫折的消极影响少。（　）

9．如果把失败归因于客观因素，会使人感到内疚和无助。（　）

10．如果把失败归因于主观因素，会使人感到气愤和敌意。（　）

参考答案

单选题：ABACA　CBD

多选题：ACD　ABD　BCD　ABCD　AC

判断题：×√√××　√×√××

第八章　社会技能与个人发展

教学目标

（1）教会社会化，社会角色及角色的社会化的过程；

（2）解析归因及归因偏差，认知失调与平衡等社会信念和判断过程；

（3）介绍社会动机的构成及动机与行为效率的关系。

学习目标

（1）识记社会化、社会角色、角色冲突、归因、归因偏差、社会动机、自我效能、成就目标概念；

（2）能够认识个人成长中的角色变更及角色的社会化，化解角色冲突；

（3）能够用归因理论解释他人和自我的行为，养成积极归因的习惯；

（4）理解社会动机与行为的内在关系，避免出现动机冲突。

基本概念

社会化　个性化　社会角色　角色冲突　归因　认知失调与平衡　社会动机　成就动机　自我效能　自我期待　成就目标

引　言

人与社会网络

美国著名心理学家米尔格拉姆（S.Milgram）和他的同事曾做过这样一个研究，要求被试者给一位陌生人寄一封信，其中已知收信人的姓名、地址和职业，并且住在一个2400公里之外被试者从未去过的城市。被试者必须通过邮局用以下方式来传递这封信：先把它寄给一位与自己关系密切的熟人，接着，这个人也必须把信寄给与他关系密切的人，如此相传，直到那位收信人的一个熟人收到这封信，并最后把它寄到真正的收信人手中。实验结果发现，有20％的信寄到了收信人手中。更令人惊奇的是，有的信先从美国寄到欧洲，然后再寄回美国，中间平均经过7个人之手。这个实验结果说明，我们每个人都处于一个复杂的社会关系网络之中，每个人都与他人相互作用并交织在一起。由此可见，人是一种生活在关系网中的社会动物。人的这种社会属性，决定了不仅需要将人当作一个自然实体来研究，更需要将人当作社会实体来研究，以揭示人的社会性行为与心理规律。

第一节　社　会　化

人，作为一个生物个体，刚从母体分娩出来，就不是生存在真空中，而是被置于一个复杂的、组织化的社会环境中。在个体所生活的社会中，存在着一套现存的价值观、期望、行为模式和文化。任何一个社会都会采取种种方法对个体施加影响，使其成为一个符合该社会现存的价值观、期望、行为模式和文化的社会成员，使他懂得什么是正确的，是被社会提倡和鼓励的；什么是错误的，是被社会禁止和反对的。与此同时，个体以自己独特的认知方式对当前的社会环境做出种种反应，从而反作用于社会环境，表现出一定的个体主观能动性。由此可见，个体成长和发展的过程，就是一个不断社会化的过程，是一个社会角色习得的过程，同时也是个体社会认知的过程。

个体自出生以后，如何适应社会，又如何形成具有独特行为方式的主体，实质上就是个体的社会化问题。

一、什么是社会化？

社会化是心理学、社会学等诸多学科共同研究的课题。尽管不同学科对它的研究各有侧重，但却普遍认为它是社会稳定和个人发展的重要基石。从出生到长大成熟的生命历程中，每个人都是通过不断地与周围环境的相互作用，逐渐从一个自然人，发展成一个社会人的。在这个过程中，个体不仅学会了认识社会、适应社会以至改造社会，而且还各自形成了与他人不同的心理特征和行为风格。这个过程，实质上就是一个人的社会化过程。

（一）社会化的概念

社会化（socialization）通常是指在特定的社会与文化环境中，个体通过社会知识的学习和社会经验的获得，形成一定社会所认可的心理行为模式，成为合格的社会成员的过程。个体社会化的过程是通过个体与社会的相互作用而实现的，是一个逐步内化的过程。人作为自然界发展水平最高的生物，其生存方式根本区别于任何其他动物。任何一个个体，仅仅依靠其机体的自然成长所获得的能力，是不能作为正常社会的成员而存在的。无论是从个体生存和发展的意义上说，还是从人类社会整体生存和发展的意义上说，人类个体的社会化都是必要的。个体通过社会化才使自己从一个“自然人”变成一个“社会人”，以适应社会，获得发展的基点；社会则通过社会化而培养它的继承者，使得人类文化得以延续和发展。人的遗传素质客观地决定了人类独有的接受社会化的可能性，任何不具备人类素质的其他动物，即便是在人类社会中成长，也不可能社会化为具有人的意识的个体。在狼窝里长大的人——“狼孩”，虽然从小生活在动物的环境中，当他（她）回到人类社会，在一定程度上仍能恢复人的行为，除了周围环境对他的影响外，就他自身而言，是因为他是人类遗传信息的携带者，在他的体内存在着由上代所遗传给他的心理活动和行为方式的结构和机能。因此，人的社会化不仅是必需的，也是可能的。

（二）社会化与个性化

与社会化相对的概念是个性化。所谓个性化，指个体在特定社会条件影响下，在实现社会化的同时形成个人心理——行为倾向独特性的过程。个性作为决定一个人思维和行为方式的内部动力系统，是个人的社会共同性和自身独特性的有机统一体。社会化这一概念本身强调的是社会对于个人的影响和个人对于社会的适应。但是个人通过社会化，既有共同性又有个性，即每一个社会化了的个体，不完全相同。这是因为，个体的社会化是随着各人所具备的条件（遗传的特性、生理需要和状态）而有选择性地进行。当个体与社会环境发生相互作用时，并不是一个简单、被动的客体，而是一个具有主动性和选择性的主体。这种主动性和选择性使得人们的经验世界具有与他人不同的一面。因而，个人不仅因为有与其他人相同或相似的社会生活、相同的经历而被社会化，而且因为他们有不同于其他人的独特社会生活、经历和经验而产生个性化，使他们的思维、情感和行为方式都具有独特的个人色彩。

（三）社会化的内容

社会化的一般内容是从个体在社会生活中的基本需求的角度提出的，它主要包括以下三个方面的内容。

（1）学习基本的生存常识。这是社会化最为基本也是最先开始的内容，因为个体要生存和发展，其首要前提就是必须能够生存。而个体要生存下去，首先必须习得最基本的生存常识、掌握最基本的生存技能。这些生存常识包括衣食住行等各个方面，与特定的文化模式相联系；在不同的文化背景下，生存常识间存在很大区别。

（2）内化社会的行为规范。每一社会都必然有一套用以规定个体行动、维持社会秩序的行为规范。这些行为规范，就是社会对个体的外在的社会约束，而学习掌握这些规范，就是个体社会化的一项主要内容。行为规范的学习方式是不同类型的角色扮演。在个体所扮演的一系列角色（可总称角色丛）中，不同的角色有不同的行为规范和要求，同时个体在生命历程的不同阶段所扮演的角色也不尽相同，扮演角色的过程也就是学习和内化社会对该角色的行为规范要求的过程。通过这种方式，个体将外在的行为规范内化为自身的价值观，而社会则通过这种方式维持自身的稳定和延续。

（3）掌握劳动技能。与生活常识和行为规范的学习相比，劳动技能的社会化起步较晚，它要求个体必须首先具备一定的体力基础和知识水平。职业技能训练一般在少年期开始。对个体的职业技能训练的重视程度因文化模式的不同而有所差别。总体上看，基督教社会比受儒家文化影响的社会更重视个体早期的劳动技能训练。经历相对严格和完善的技能训练的个体，在将来的家庭和社会生活中，有可能比未接受相应技能训练的个体表现出更强的适应性。

二、社会化的基本途径

社会化也是人的社会行为的模塑过程。通过这一过程，人们形成了为其生存环境所认可的社会行为模式，对其所在的社会文化环境中的各种简单与复杂的刺激能够给予合适、稳定的反应。人的社会化是通过社会教化和个体内化实现的。

（一）社会教化

社会教化，即广义的教育。社会化的执行者包括家庭、学校、社会团体、社会组织、大众传媒以及法庭、监狱和劳教所等。其中家庭和学校是最重要的社会化执行者，个体成为什么样的人，与他早期的家庭生活和所受教育密切相关。社会教化的具体内容包括：传授知识、灌输行为规范、学习职业技能、培养价值观念、确立生活目标，获得社会角色等。

（二）个体内化

这是社会教化得以实现的内在因素。所谓内化，是指外在影响通过个体本身而起作用，成为个体自己的意识，并支配自己的行为。例如，我们对一个小孩讲“不能去摸电灯”，开始他是用耳朵听见的，是我们要他这样做，并非他自觉的行为。以后当他自己走近灯时，心里想或自己对自己说“不能摸电灯”，并且自动地不去碰了，那么这种行为规范已植入他的心中，这就是内化。从社会心理学的观点看，个体内化是指社会化主体——人经过一定方式接受社会教化，将社会目标、价值观、规范和行为方式等植入内心，转化为自身稳定的人格物质和行为反应模式的过程。个体内化的心理机制主要包括：观察学习、认识加工、角色扮演、主观认同、自我强化。

社会教化和个体内化是相辅相成的：没有社会教化，就没有个体内化；而没有个体内化，社会教化也就毫无意义。

三、角色的社会化

个体在社会化过程中必然面对社会角色的多次变更，社会角色的获取和适应过程本身也可以看作社会化的一部分。社会角色作为人在社会中的身份，是人在与他人、不同社会共同体发生关系的过程中形成的。而且在人的一生中，要与他人和不同社会共同体发生无数的关系，因而人的社会角色是很多的，而且随着年龄、职业等各种因素的变化而变化。

（一）社会角色

每一个人的生活都离不开与他人和社会（包括各种不同的社会共同体）的交往，然而，在此过程中每一个人的身份并不是完全相同的。社会角色（social role）是在社会系统中与一定社会位置相关联的、符合社会要求的一套个人行为模式，也可以理解为个体在社会群体中被赋予的身份及该身份应发挥的功能。

不同的社会情境，需要个体具有不同的角色。如当你在家的时候，你可能扮演着“孩子”或“兄弟姐妹”的角色；当你身处教室的时候，你是学生的角色。一般角色可以分为两类：一类是规定角色，是指那些指定的或个人无法控制的角色，如女性、女儿和青年人等；另一类是自任角色，是指那些个体自愿获得的，或是通过特别努力得到的，如恋人、医生和科学家等。

（二）社会角色的作用

人们常常将社会比喻为一个大舞台，每个人都是这个大舞台上的一个“角色”。社会角色对个体的社会行为具有很大的影响作用。比如，作为一名学生，要考虑到老师期望你如何做，如果你的行为不符合对方的期望又会怎样。因而，我们有时会听到“人在江湖，身不由己”的感叹和抱怨，这充分体现了社会角色对个体的社会行为的影响作用。一般来说，社会角色能够使我们预期他人的行为，从而使我们能以适当的方式与周围他人相处。然而，有的角色扮演多了，对个人也有消极的影响，同时担任多个角色的人经常会体验到“角色冲突”（Role Conflict），即两个或更多角色要求个体做出相互矛盾、冲突的行为，陷入角色冲突的个体通常会不知所措。假如一个执法人员，偏偏碰上自己的亲人或好朋友严重违法，你要拘留他，此时你的心情会怎样？你会有什么样的表现呢？“斯坦福模拟监狱实验”给出了很好的解释。

斯坦福模拟监狱实验

斯坦福大学心理学教授菲力普·津巴多于 1971 年进行了著名的“斯坦福模拟监狱实验”。实验的思路很简单：看看被挑选出来的最健康、最正常的普通人如何应对自己正常身份的彻底改变。24 名被认为心智正常稳定的男大学生成为入选者。他们每人可以得到每天 15 美元的补助。为了使实验充分具有仿真性，在实验开始那天，当地警察协助进行了突击逮捕，以虚拟的罪名将其中（随机挑选的）9 名志愿者抓获，他们被送往斯坦福大学心理学系馆地下室的模拟监狱，住进 3 个牢房，服刑为期两周，由其他 12 名（随即挑选的）志愿者轮班看守，另 3 人为替补。津巴多亲自任看守长。他对志愿者的指令是，在不用暴力情况下他们可以自我管理。

一开始一切都很正常，可是到了第二天，“囚犯”对于被监禁做出了反抗。狱警们迅速而残忍地采取了报复。他们把囚犯全身扒光，搬走了囚犯的床，把这次反抗的头目拉去关了禁闭，并且开始骚扰“囚犯”。不久之后，“囚犯”们开始无条件服从狱警。经过仅仅几天逼真的角色扮演之后，被试者报告说他们之前的身份似乎已经完全被抹去了。他们成为自己在监狱中的号码。同样的情况也发生在“狱警”们的身上，他们辱骂并且虐待自己的囚犯。甚至连首席研究人员津巴多也承认自己沉浸在了“监狱主管”的角色中。事实上，津巴多相信这次实验最有效的结果就是他自己被转化为一个讲究制度的人物形象——更注重监狱的安全，而不是被试者的福利。

实验组的其他成员也全神贯注于自己的新角色中。克拉格（Craig Haney）和津巴多一样，他解释说自己忙于对付管理“监狱”时每天所遇到的危机，而忘记了他们实验的目的是什么。

直到他的一位同事干预之后，实验才被停止。实验预计要进行 14 天，实际上不过总共持续了 6 天。之前是和平主义者的年轻人在作为狱警的过程中侮辱并且在身体上攻击“囚犯”，甚至有报道说个别人很享受这个过程。与此同时，“囚犯”们很快显示出典型的情绪崩溃的征兆。其中 5 人甚至在实验提前结束之前就不得不离开“监狱”。

对于被试者行为的心理学解释是，他们承担了自己被指派的社会角色。这其中包括了接受与这些角色相关的隐含的社会标准：狱警应该得到独裁，应该虐待囚犯，而囚犯则需要卑屈地忍受给自己的惩罚。

这个实验不可避免地引来了违背伦理道德等方面的批判。尽管如此，我们仍然难以否认，这个实验提供了对于人类行为的重要的洞察。或许它可以帮助解释像在阿布格莱布监狱（位于伊拉克，美国发动伊拉克战争后被曝光的许多虐囚照片正是描述了在这里发生的暴行）中这种情境下发生的虐待。

（三）大学生的角色社会化

当代大学生的社会化过程实质上是一个学习的过程。这一过程就是把一定的价值、态度、技能内化为自己日常生活中习惯性的准则和个人能力的过程；这一过程使个体获得和发展自己的社会性，成为社会的合格成员，并且能够不断适应变化着的社会生活。在人生两次重要的转变中，第一次由“中学生向大学生”转变，第二次由“大学生向社会角色、社会成员”转变。大学是人生的重要阶段，是社会化过程的一个里程碑。

社会化过程的实质是个体反映社会现实的过程，个体在群体中的社会化过程就是个人凭借其生理特点（主要是神经系统，尤其是脑）在社会实践中通过学习获得符合特定社会要求的知识、技能、习惯、价值观、态度、理想和行为模式，成为具有独特人格的社会成员并履行其社会职责的过程。从心理学来看，社会化就是社会现实内化的过程。社会化的目的不仅是使人学习和接受社会文化，获得人的语言、思想、感情，掌握基本的生活技能，学会一定的生产技能，懂得社会规范，明确生活目标，适应社会，成为社会的一分子；还应该使每代人的思想、技能、经验得以传承，使人能继承和发展文化遗产，维持代际关系，在适应社会的基础上改造社会，不断推动社会进步。

第二节 社会信念与判断

1999 年 4 月的一天，美国两名中学生哈里斯和科莱博德残杀了他们在科罗拉多科隆比纳中学的 13 名同学。对于持枪袭人者痛心不已的父母、同学及他们的国家来说，其中的原因令人费解。我们应当将他们的杀人行为归因于精神问题吗？或者归因于“其父母或其他人的疏忽”，就像后来一桩诉讼中所断言的那样？归因于二人在同学中饱受的奚落和排斥吗？还是归因于哈里斯近期约会被拒，以及某些大学和海军陆战队对他的申请的拒绝呢？

正如这些案例所示，我们对人们的判断基于我们如何解释他们的行为。根据我们的解释，我们可能判断一桩杀人行为为谋杀、一般杀人罪、自卫，或者是爱国主义行为；我们可能将一个无家可归的人看作一个懒汉或者说工作机会紧缩的受害者；我们还可能将别人对我们友好的态度看作是情感的体现抑或逢迎的讨好之举。

我们对他人做出的最重要的推断之一就是他们为什么有这样的行为。归因（attribution）是关注什么时候人们问“为什么”和人们如何问“为什么”的心理学研究领域。

人们将对他人做出解释视为自己的事情，而社会心理学家将如何解释人们的解释视为自己的任务。那么人们是如何、并且能够多么确切地解释他人的行为呢？归因理论可以就此提供一些答案。

一、归因

我们相信，世界上发生的事并不是随机而偶然的：事件的发生肯定由一个或多个原因引起。这正是归因理论的一个根本前提。此外，如果我们希望感觉到有控制力并且可以预测周围可能发生的事，那么我们就需要对特定事件或行为可能的起因进行推断。为什么我的英语没考及格？为什么我的朋友突然不理我了？人们如何回答这些问题是归因理论及大部分实证研究关注的焦点。

归因理论（Attribution Theory）描述了我们怎样来解释人们的行为，不同的归因理论都具有一些共同的假设。像吉尔伯特（Gilbert）解释的那样，“可以将人类的皮肤看作是将一种形式的作用力同另一种形式区分开的特殊边界。外表皮上的就是歪理或者说是情境的力量，其方向是指向内部的；而内表皮上的则是内力，它们竭尽全力地向外施压。有时这两种力的作用是联合的，而有时则是相反的，它们之间这种动态的相互作用表现出来的就是可观察的行为。”

（一）海德的朴素归因

海德（Heider），被认为是归因理论的创始人，他指出人们都是以“常识心理学”的方式来解释日常生活事件的。海德认为人们通常试图将个体的行为或归结为内部原因（例如个人的性格），或者归结为外部原因（例如人们所处的情境）。举例来说，当老师发现一名学生成绩不好时，那么他可能想知道这是由于他本身缺乏动机和能力不足——性格归因（Dispositional Attribution），还是由于身体情况和社会环境造成的——情境性归因（Situational Attribution）。

"So! If it's good, It's Mister Coffee. If It's bad, It's me."

我们试图将某个人的行为或者某个结果归结于内因（性格）或者外因（情境）。

内因（性格）和外因（情境）的界限通常是很模糊的，因为外部的环境会影响个体内部的改变。我们一般认为“学生害怕了”和“学校让学生感到害怕”的含义是一样的，只不过看起来前者是后者的简单表达而已。然而社会心理学家却发现，通常情况下我们不是将他人行为归因于性格就是归因于外在情境。

你有过度自信倾向吗?

我们的认知系统在加工大量信息方面是自动而且高效的。但我们的效率却存在一种权衡现象，当我们解释自己的经历和构建记忆时，我们的自动化直觉经常出错。经常，我们意识不到这些缺点。对过去知识进行的判断中存在一种“智力自负”现象（如“这个我早就知道了”），这种现象会影响对目前知识的评价和对未来行为的预测。尽管我们知道自己过去出过错，但我们对于未来的预期——我们会在截止日期前完成任务、很好地遵守锻炼计划——仍然相当乐观。正如我们会解释自己的过去和将来一样，我们也会努力解释不同的自我，这就是过度自信现象（Overconfidence Phenomenon）。

为了探讨这种过度自信现象，卡尼曼和特维尔斯基对被试者提出一些实际问题，并要求他们填写在下面的空白处，“我有98%的把握确信新德里到北京的空中航线距离要大于______英里”。大部分被试者都显得过度自信。大约30%的正确答案都在他们98%的自信判断区间之外。

为了证实过度自信倾向是否扩展到了社会判断领域，邓宁（Dunning）等人设计了一个小小的游戏，他们要求斯坦福大学的学生猜测一个陌生人对一系列问题的回答，如：“你是一个人准备一次很难的考试还是和同学一起准备？”和“你认为自己的笔记是整齐的还是凌乱的？”被试者清楚问题的类型但并不知道实际的问题，他们先要通过访谈了解目标个体的背景、爱好、学业兴趣、愿望、星座——任何他们认为有用的内容。接着，要求目标个体单独回答20个二选一的问题，然后这些访谈者对目标个体的答案做出预测并对自己预测的确信度进行评定。

在63%的情况下，访谈者猜对了答案，超过概率水平13%，但从总体来看，他们对自己的猜测有75%的确信度。而当猜测自己室友的回答时，他们猜对了68%，但却自认为有78%的确信度。除此之外，那些自信度最高的人恰恰最有可能过度自信。人们在判断他人是否讲真话或室友的活动偏好上表现出明显的过度自信。具有讽刺意味的是，能力不足反而会促进过度自信倾向。

计划者通常会低估工程所需的时间和费用。1969年，蒙特利尔市市长琼德·拉波自豪地宣称，他们将耗资1.2亿美元建设一个屋顶可以伸缩自如的体育场以供1976年奥运会使用。结果这个屋顶在1989年才完工，并且仅屋顶便花费了1.2亿美元。1985年，官方人员估计波士顿的“大坑”高速公路工程将花费26亿美元，1998年完工。而到2003年，造价飙升至146亿美元，而工程仍未完工。

投资专家在将自己的服务投入市场时常伴随着一个自信的假设，那就是他们能够获得超过股市的平均回报率，他们忘记了对于每一个股票经纪人和股民来说，在某一个价格上喊出“卖出”的同时会有另一个声音喊“买入”。而股价正是这种双向信心判断的平衡点。因此，这看起来可能令人难以置信，经济学家马尔基尔因此得出结论认为，投资分析师选出的共同基金组合的表现并不比随机选出的股票更好。

编辑对稿件的评价也显示出惊人的错误。作家罗斯利用一个笔名将Jerzy Kosinski的小说《脚步》（Steps）的打印稿邮寄给了28家大型出版社和文学代理机构。他们都拒绝出版这部作品，其中包括兰登书屋，而该出版社曾在1968年出版过这本书，并见证了它赢得国家图书大奖且销量突破40万册的历史一幕。这本书差点被霍顿·米夫林出版公司（Houghton Mifflin）接受，而它是Kosinski另外三部小说的出版者："我们中的一些人拜读了你未命名的作品，很欣赏你的语言文字和风格。我们仿佛看到了Kosinski的手笔……但贵稿的缺陷在于未能结合成为一个令人满意的整体。"

（二）凯利的三度归因

凯利（Kelly）认为，人们在归因过程中总是涉及三个方面的因素：①客观刺激物（存在）；②行动者（人）；③所处关系或情境。这三个方面构成一个协变的立体框架，所以称为三度归因。对上述三个因素的任何一个因素的归因都取决于行为的下列三个变量。

（1）区别性（Distinctiveness），针对客观刺激物，即行动者是否对同类其他刺激做出相同的反应。

（2）一贯性（Consistency），针对情境，即行动者是否在任何情境和任何时候对同一刺激做相同的反应。

（3）一致性（Consensus），针对人，即其他人对同一刺激是否也做出与行为者相同的方式反应。

这三个因素对个体归因产生作用的过程如下图所示。

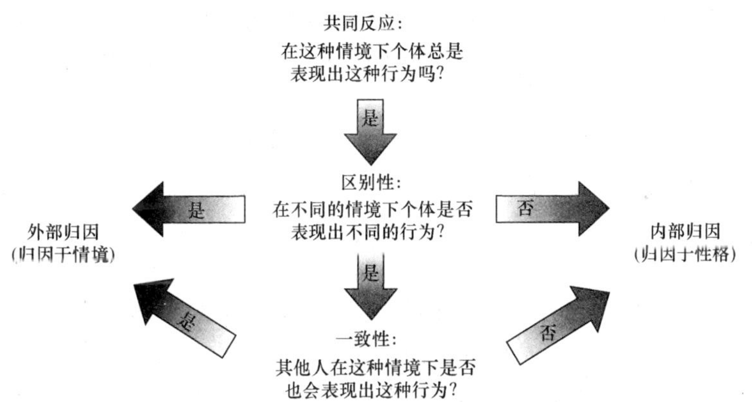

比如，当我们看到某人在看电影时发笑，在进行归因时，我们需要了解：

（1）这个人是看这个电影时才发笑，还是看所有电影时都发笑，这是区别性信息。

（2）这个人是在看电影时才发笑，还是别的场合也爱笑，这是一贯性信息。

（3）是在场看电影的所以人都在笑，还是只有这个人发笑，这是一致性信息。

根据以上三方面的信息与协变，我们可以对人的行为做出正确的归因如表8-1所示。

表8-1　　三种行为信息的协变与归因

行为信息			归因类型
区别性	一贯性	一致性	
低	高	低	人
高	高	高	刺激物
高	低	低	情境

凯利对归因理论的贡献在于，他提出了一个归因过程的严密逻辑分析模式，对人们的归因过程作了比较细致合理的分析和解释。但三度归因过分强调归因的逻辑性，而使之成为一个理想化的模式，脱离了普通人归因活动的实际。其实普通人都是根据自己的需要、期望对行为结果迅速地做出归因，并不像统计学家要求的那样做细致的分析。

（三）韦纳的成败归因

美国心理学家伯纳德·韦纳（B.Weiner）认为，人们对行为成败原因的分析可归纳为以下六个原因。

（1）能力，根据自己评估个人对该项工作是否胜任；

（2）努力，个人反省检讨在工作过程中曾否尽力而为；

（3）工作难度，凭个人经验判定该项工作的困难程度；

（4）运气，个人自认为此次各种成败是否与运气有关；

（5）身心状况，工作过程中个人当时身体及心情状况是否影响工作成效；

（6）其他，个人自觉此次成败因素中，除上述五项外，尚有何其他事关人与事的影响因素（如别人帮助或评分不公等）。

以上六项因素作为一般人对成败归因的解释或类别，韦纳按各因素的性质，分别纳入以下三个向度之内。

1. 因素来源

指当事人自认为影响其成败因素的来源是个人条件（内控），抑或来自外在环境（外控）。在此向度上，能力、努力及身心状况三项属于内控，其他各项则属于外控。

2. 稳定性

指当事人自认影响其成败的因素，在性质上是否稳定，是否在类似情境下具有一致性。在此向度上，六因素中能力与工作难度两项是不致随情境改变的，是比较稳定的。其他各项则均为不稳定者。

3. 可控制性

指当事人自认影响其成败的因素，在性质上是否由个人意愿所决定。在此向度上，六因素中只有努力一项是可以凭个人意愿控制的，其他各项均非个人所能为力。

韦纳将以上因素和三个维度结合起来，组成如下“三维度模式”，如表 8-2 所示。

表 8-2 三维度模式归因

三维度	内部的		外部的	
	稳定的	不稳定的	稳定的	不稳定的
	不可控的	可控的	不可控的	可控的
四因素	能力高低	努力程度	任务难易	运气好坏

韦纳的归因理论主要有下列三个论点：人的个性差异和成败经验等影响着他的归因；人对前次成就的归因将会影响到他对下一次成就行为的期望、情绪和努力程度等；个人的期望、情绪和努力程度对成就行为有很大的影响。

韦纳从认知心理学的角度把成功和失败的原因划分成三个维度，比海德的思想有所发展，并且有助于人们对成功行为的原因进行分析。他认为，我们对成功和失败的归因，会对以后的行为产生重大影响。如果一个人把考试失败归因于缺乏能力，那么以后考试还会预期失败，这是因为能力是一个稳定性的原因；如果把考试失败归因于运气不佳，那么以后考试就不大可能预期失败，这是因为运气是一个不稳定性的原因。

有成就需要的人会把成就归因于自己的努力，把失败归因于努力不够；不甘于失败，坚信再努力一下，便会取得成功；相信自己有能力应付，只要尽力而为，没有办不成的事。相反，成就需要不高的人认为努力与成就没有多大关系。他们把失败归因于其他因素，特别是归因于能力不足。成功则被看成是外界因素的结果，如任务难度不大、正好碰上运气等。

作为对成就需要理论的一个补充，归因理论特别强调成就的获得有赖于对过去工作是成功还是失败的不同归因。如果把成功和失败都归因于自己的努力程度，就会增强今后努力行为的坚持性。反之，如果把成功与失败归因于能力太低、任务太重这些原因，就会降低自身努力行为的坚持性。运气或机遇是不稳定的外部因素。过分地归因于这一因素会使人产生“守株待兔”的坚持行为，也是具有高成就需要的人所不屑的。总之，只有将失败的原因归因于内外部的不稳定因素时，即努力的程度不够和运气不好时，才能使行为人进一步坚持原行为。

自　我　设　限

有时，你会看见一个学生在考试的前一天晚上喝得酩酊大醉。他为什么要这样做？难道他不怕影响自己的考试吗？其实，他这样做的目的是在进行自我设限（Self-handicapping）。所谓自我设限，是指当个体担心自己没有能力完成某项任务时，故意为自己可能的失败找一些托词或理由的行为。这个考试前夜喝得酩酊大醉的人，就是要使自己在一种精神不佳的状态下参加考试，如果他考试失败了，可以将失败归因于醉酒，从而避免认识到自己没有取得好成绩的能力。

如果他在“设限”的状态下考试成绩非常好又会怎样？那就会使他自我感觉更好，维护了自尊。因为在这种情况下人们通常表现不佳，而他居然能够获得成功。这个人对自我形象的认识会出现一个很大的变化。

有些人相信，自己要么很有能力，要么一点能力都没有，这样的人易于进行自我设限。在有“设限”的情况下，人们可以避免承认自己“没有能力”。此外，还有研究发现，自我设限行为存在显著的性别差异，男性有更强的自我设限倾向。同时，自我设限与自尊水平存在显著相关。

饮酒是最为常见的自我设限方法之一。一个人可以将失败归因于自己喝多了，因而可以安慰自己说：“如果不是喝醉酒了，我就可能取得成功。”但这样做很危险。

凡是为自己表现不佳而设置理由的做法，都称为“自我设限”。自我设限的方法有多种，包括让自己生病、有意分心去做另外一件事情和故意拖延等。多数人都曾经使用过自我设限的策略，事实上，这样做有时会暂时减轻个体的心理压力，在一定程度上提升自我。但从长远来看，即使自我设限维护了自尊，而你的成绩仍然有可能降低。你应该就自己的“自我设限”行为展开进一步的思考：①自己曾经使用过“自我设限”吗？其设限的理由是什么？②自我设限行为会给个体带来哪些长期和短期的影响？

二、归因偏差

生活中，我们为什么出现归因偏差呢？归因偏差从可控上考虑，有动机性的和非动机性的。

（一）非动机性归因偏差

所谓非动机性偏差是指由于加工信息资料及认识上的原因而导致的归因的误差。其表现有两种：①观察者在解释他人行为时，贬低情境因素的影响而夸大行为者特性的作用。②行为者在对自己的行为进行归因时，常常强调外在力量的作用，强调环境的作用。非动机性归因偏差表现为主体归因时的情境差异和文化差异。

1. 情境差异

我们可以很清楚地看到人们在解释他人行为时存在一种偏见：我们通常忽略情境所起的重要作用。比如当我们开车进入加油站的时候，我们可能认为那个把车停在二号加油点的人是欠考虑的，因为他使别人无法去第一个加油点加油。但实际上，可能那个人的行为是受情境所限制的，在他刚刚到加油站的时候，一号加油点正被其他的车所占用。那我们为什么会低估环境对他人行为的影响而不是对自己行为的影响呢？归因理论学家指出当观察他人和我们自己的亲身经历时，我们的观点会有所不同。当我们成为行为的执行者时，环境会支配我们的注意；而当我们观察别人的行为时，作为行为载体的人则会成为我们注意的中心，而环境变得相对模糊。

2. 文化差异

文化同样会影响归因错误。一个持有西方式世界观的人，更可能认为是人本身而不是环境导致了事件的发生，在这种文化下，用内部原因解释人的行为更加受社会赞许。在此我们提出一个假设，具备适当的特质和态度，几乎任何人都会解决任何问题：你努力去获取你应该得到的，而你也应该得到你所努力获取的东西。因此我们通常喜欢给他人贴上“不正常”、“懒散”等标签以解释那些不好的行为。西方文化下成长起来的孩子也会学会根据他人的人格特点来解释个体的行为。心理学家罗列了一系列零散的单词“gate the sleeve caught Tom on his”，让西方的孩子组合成一个句子。西方的孩子倾向于组合成的一句话是：“The gate caught Tom on his sleeve。”由于老师将西方文化观应用于课堂中，所以老师认为这句话是错误的。老师认为，正确的答案应该将原因归在汤姆身上：“Tom caught his sleeve on the gate。”

（二）动机性归因偏差

所谓动机性归因偏差是指由于某种特殊的动机或需要，如为了维护自己的自尊心而在加工信息资料时出现的归因误差。动机性偏差也有两种主要表现。

第一，把自己的成功归结于内在原因如自己的能力、品质、人格和努力等。在一项实验中，心理学家让被试者抛掷硬币，每抛一次之前，被试者都要预言该硬币哪面朝上哪面朝下。其实这种预言是没有任何科学根据的。但被试者似乎都相信预言是可能的，那些在以前曾猜对过几次的被试者认为自己的预测是最为准确的，之所以准确是因为自己具有这种能力。

第二，把自己的失败归于外在因素的作用，如坏运气、恶劣的环境、巨大无法克服的障碍等。在现实生活中，我们可见到这样的情况，有些人遇到挫折或是办错了事情，常常不是从主观上检查一下自己，而是大肆地怨运气如何不好、环境是怎样的坏、别人故意与他作对等。显然这也是动机性偏差的一种表现。

"公平世界"的信念

人们常常持一种抱怨受害者的倾向，认为"善有善报"、"恶有恶报"。没有谁会平白无故地惹祸上身，那些不幸全是自己招来的。此即"公平世界"的信念。

一位精神病医生会见了好几百个曾被强奸、绑架、侮辱的受害者。发现这些受害人在遭遇不幸之后，他们的家人、亲友及社会上的人们对他们的责难多于同情。这些人责备受害者："为什么与素不相识的人跳舞"（自投陷阱）、"为什么打扮得那么时髦"（有招蜂惹蝶之嫌）、"为什么带那么多钱在身上"（太不谨慎小心了）。

在一个实验中，心理学家让一些学生听一卷录音磁带，其中有几个人谈论一个叫B的人的事情。B买了一辆转手于他人的汽车，后来因为一个轮胎爆破出了车祸。他的伤势很重，有可能变为终身残废。B在买车之前，曾有人告诉他，此车胎是有问题的，一组被试者得知B特意换了新轮胎，其爆破是没有料到的。另一组被试者则得知B不理睬别人的劝告，仍然使用那个有问题的轮胎。实验者要被试者回答B是否该负轮胎爆破的责任，并请被试者表明他们喜欢B的程度。听到买换新车胎的被试者比听到没有换新车胎的被试者评定B应负的责任较少，但是前一组被试者比后一组被试者较不喜欢B。以后，实验者又换了一些人做被试者也得到了同样的结果。可见，受害者已遭不幸，但人们仍倾向于责难他们。

为什么会出现上述现象呢？心理学家指出，人们有一种对任何事情都力图加以控制的思想和意识。为了加强和维护这种思想和意识，人们就倾向于对遭受不幸的人加以责备，假如人们都对降临的不幸负责任的话，那么也许就能以适当的行动来避免灾难和不幸了。

从"公平世界"的信念出发，责难受害者，也是一种归因偏差。这种归因偏差在现实生活中是经常可以见到的。所以我们每一个人都应努力自觉地纠正这种偏差，对受害者之所以受害的原因加以认真的实事求是的分析，从而做出正确的合乎实际的归因判断。

三、认知失调与均衡

认知失调与均衡是费斯汀格在1957年的《认知失调论》一书中提出。认知失调论的基本要义为，当个体面对新情境，必须表示自身的态度时，个体在心理上将出现新认知（新的理解）与旧认知（旧的信念）相互冲突的状况，为了消除此种因为不一致而带来紧张的不适感，个体在心理上倾向于采用两种方式进行自我调适，其一为对于新认知予以否认；另一为寻求更多新认知的信息，提升新认知的可信度，借以彻底取代旧认知，从而获得心理平衡。该理论在性质上为解释个体内在动机的主要理论，故而被广泛用以解释个体态度的改变。

（一）什么是认知失调

费斯汀格假定，人有一种保持认知一致性的趋向。在现实社会中，不一致的、相互矛盾的事物处处可见，但外部的不一致并不一定导致内部的不一致，因为人可以把这些不一致的事物理性化，而达到心理或认知的一致。但是倘若人不能达到这一点，也就达不到认知的一致性，心理上就会产生痛苦的体验。

对费斯汀格来说，认知的不一致就意味着认知不协调或失调。关于认知失调的定义，费斯汀格认为，假如两个认知要素是相关的且是相互独立的，我们可由一个要素导出另一个要素的反面，那么，这两个认知要素就是失调关系。例如一个人有这样两种认知，“抽烟能导致肺癌”和“我抽烟”，这个人就会体验到认知失调。因为由“抽烟能导致肺癌”可以推出“我不应该抽烟”的结论。

为了正确理解失调论的含义，我们必须注意两点。

首先是有关“认知”的概念。在费斯汀格的原意中，认知在很大程度上被定义为认知结构中的“要素”，一个要素即一个认知。它们是一个人意识到的一切。它们可以是一个人对自己的行为、自己的心理状态、人格特征的认识，也可以是对外部客观事物的认识。总之，它可以是事实、信仰、见解或别的一切事物。若某种事实尽管存在，但个体并没有意识到，那就不能成为一个人的认知。任何两种认知或者是一致的，或者是不一致的，或者是不相关的。只有在两者既相关，又不一致的情况下，才能导致失调。

第二个注意之点在于“由……可以推出”的确切含义。在个体的认知结构中，要素之间的一致或不一致完全是由个体的心理意义决定的。换句话说，认知的一致与否并不决定于是否符合客观逻辑，而决定于个体的心理逻辑。就个体来说，如果由一个认知可以推出另一个对立的认知，那么两个认知就是不协调的。实际上，这两个认知在逻辑上并非一定不一致，只是因为个体依照自己的心理逻辑才体验到了两种认知的差异，从而产生了失调。

认知失调的方式有两种，最简单的方式是逻辑上的不一致。如果说所有的乌鸦都是黑的，那么如果见到某只乌鸦是白色的，则个体的认识就会产生不一致，失调就会随之产生。其次是态度与行为之间的不一致，或者同一个体的两种行为不一致。这种不一致最容易导致失调，一个人在态度上可能反对战争，这样“我反对战争”和“我参加战争”就是两种矛盾的认知，个体也就必然产生认知失调。这种范例同样可应用于两种不一致的行为。

在谈到失调对行为的影响时，费斯汀格做了两个假定：“当失调存在时，由于个体心理上的痛苦，个体试图减少失调，达到认知和谐，以减少心理上的不舒适体验。当失调存在时，除了努力减少失调外，个体还积极地避开可能导致增加失调的情景和信息”。减少失调可通过三种方式：①改变自己对行为的认知；②改变自己的行为；③改变自己对行为结果的认识。例如，倘若抽烟导致认知失调，个体减少失调的方式是：停止抽烟，或改变对抽烟消极后果的认识。

上帝因感动而失约？

基奇（Marion Keech）与阿姆斯特朗（Armstrong）都住在明尼亚波利斯的湖城，两人相识于某个研究飞碟的社团。有一天，基奇收到一封极为特殊的信，发信者自称沙纳达（Sananda）。基奇感应到了某种强烈的震动，不由自主地用颤抖的手，在笔记本上写下了这些字句：“大西洋海床不断上升，沿岸陆地将为海水淹没，法国沉入海底……俄罗斯变成汪洋大海，巨浪袭击落基山……这一切都是为了净化人间，重建世界新秩序。”这些信息如排山倒海般涌现，警告基奇1954年12月21日午夜将有洪水暴发，只有相信沙纳达的人才能得救。

基奇和阿姆斯特朗都相信沙纳达的警告，陆续有人加入他们的行列，着手迎接洪水来临。这些信徒通过媒体发表公开声明，但随即与外界断绝接触，因为只有少数人是沙纳达的选民，而且他们不忍心让越来越多的人陷入恐慌。

然而消息还是在美国中西部广为流传。31 岁的心理学家费斯汀格决定混迹其中。他想知道，要是预言失灵，这些人会有什么反应？他找了一些人伪装成信徒混入其中。他们发现这群信徒深信天谕即将成真，纷纷辞掉工作、卖掉房子、疏离亲友，准备工作做得细致周到。

洪水到来的前夕，信徒们聚集在基奇家的客厅，等候指示，其中也包括伪装成信徒的研究者。有些指示是信徒在纸上随意涂写的文字，有些信徒则声称接到了外星人的电话。在一般人看来，这简直就是在胡闹，但信徒却都能解读其中隐含的重要信息。

离午夜 12 点还有 10 分钟。这些辞去工作，卖掉房子，疏离亲友的信徒把希望全部寄托在今晚。但和大多数人预测的结果一样，过了 12 点，夜空没有落下一滴雨。有些信徒显然深受打击，其他人则呆坐在沙发上，还有人从窗帘缝隙向外看，他们没有等来接他们的太空船，却等到一群打算看笑话的记者。基奇感受到有股强烈的力量正传来紧急的信息，要尽快写下来，尽可能与所有媒体联络，并告知洪水不会降临，因为“信徒静坐整晚，人虽少但心意虔诚，上帝都感受到了，所以觉得拯救地球免于毁灭”。基奇打电话给各大媒体，表示愿意接受采访，她的态度发生了 180°的大转变。

凌晨 4 点，一名新闻节目主持人打电话来。他先前也曾来电，询问基奇是否愿意上节目，为世界末日而狂欢。显而易见的嘲讽口吻惹恼了基奇，随即拒绝了他的要求。此时再度来电，说等着看她预言失灵的笑话，基奇却说：“现在你马上过来吧！”信徒们打电话给各大媒体，一连好几天，接受数十场采访，目的都在说服世人，他们的信念并未落空，所做的事也非白忙一场。当他们得知 12 月 21 日意大利发生地震后，喜出望外地表示：地表确实在滑动。

于是我们看到信徒为了拉近信念与现实的落差，想尽各种方法自圆其说，把断层、地震都扯上了关系。他们满口都是牵强的解释，还固执己见，我们可以想象在场的费斯汀格会觉得有多荒谬和可悲。费斯汀格总结这些现象提出推论：一旦宗教团体秉持的信念与现实不符。此时信徒就会改变信仰。因为信徒已无计可施，只能采取这种防御机制。

（二）认知失调的程度

失调的程度是认知要素重要性的功能。对个体来说，要素的重要性或价值越大，由此要素引起的失调程度也越高。例如，损失一角钱所引起的失调就无法与损失 100 元所引起失调相比。如果某人不喜欢吃菠菜，但又多少吃了一些，这会产生失调，但程度却不会太高，因为不喜欢吃菠菜和吃了些菠菜在个体的认知结构中都不占重要地位。

在决定失调的程度时，必须考虑认知结构中所有与失调有关的认知要素。前面我们谈到的失调只包含两个认知，实际上，每一种失调都牵涉两个以上或更多的认知。除了两个主要的认知外，其他有关的认知也都对失调的程度产生或多或少的影响。例如，主张和平和参战是两个矛盾的认知，会导致认知失调，但个体参加战争可能与保卫祖国的认知一致，因而可以减少失调程度，或者根本不会产生失调。

失调的最高程度并非没有极限。“存在于两个认知要素之间的最大失调等值于对较少抵抗元素变化的总体抵抗力量”，如果失调程度超出这一最大极限，那么较少抵抗元素的变化就会发生困难，失调也就不能解决。通常，由于其他因素的限制，失调并不能达到它的最大值。个体往往会通过增加新的认知元素以减轻失调的强度。

（三）被迫顺从

费斯汀格曾与同事一道设计了一个关于撒谎的实验，以此分析撒谎的人如何自圆其说。

他们将被试分为两组，其中一组的成员，如果说谎，每人可得到20美元，另一组说谎者却只能得到1美元。研究发现，只能得到1美元的被试者，事后宣称相信自己所言属实的比例，明显高于说谎可得20美元的被试者。为什么会这样呢？

费斯汀格经过分析后认为，两组人都要为说谎行为提出合理解释，但区区1美元很难成为说谎的合理解释。你又善良又聪明，聪明善良的人做坏事，必定有更充分的理由。谎言无法收回，少得可怜的酬劳也落入口袋，你只能改变想法来配合行为，以此来解释这种和自我形象矛盾的行为，拉近两者的差距。至于说谎可得20美元的被试者，他们不必改变想法。他们表示："没错，我说谎了。我刚说的话都不是真的。不过我得到了很不错的报酬。"这些被试不会感受到强烈的矛盾冲突，因为他们撒谎有显而易见且强有力的解释：轻而易举就能得到丰厚的酬劳。

由此，费斯汀格得出结论说："如果某个人被诱惑去做或去说某件同他自己观点相矛盾的事，则个体会产生一种改变自己原来观点的倾向，以便于达到自己言行的一致……用于引发个体的这种行为的压力越小，态度改变的可能性越大；压力越大，态度改变的可能性越小。"这就是所谓的"被迫顺从。"

认知不协调理论能够圆满解释这种令人不解的被迫顺从行为。我们总认为，洗脑要能奏效，一定得借助酷刑威胁或重金利诱。但认知不协调理论认为，某人从事与其信念相抵触的行为，所得的奖赏越微薄，此人越有可能改变原先的信念。

费斯汀格将认知不协调分为若干型态。狂热教徒的反应属于信仰破灭型，为钱说谎者则是奖赏不足型；还有一种诱导服从型，这种类型以想加入大学兄弟会的新生为代表。依照惯例，想入会的新生需要先接受学长的一番恶整。费斯汀格让这些新生接受轻重不等的捉弄欺凌，结果发现遭严重欺辱的新生，对所属群体表现的服从度和忠诚度都高于其他新生。

费斯汀格的这些简单实验颠覆了整个心理学界，也让斯金纳为带代表的行为主义重重地摔了一跤。斯金纳认为，行为会因奖赏而增强，因处罚而削弱。但费斯汀格轻松地比划了几下，就指出，行为主义错了。人类的确受奖赏处罚所驱使，然而掌控人类的并非丰厚的奖励，而是某种更微妙的东西。人类受思想引导，想让自己心安理得。斯金纳宣传自由意志不存在，人类只有受条件影响的机械式反应。费斯汀格挺身而出，把复杂的大脑还给了我们。他说："人类行为不能单以奖赏理论解释。人会思考，为了解释虚伪行径，脑部反应会千变万化，令人叹为观止。"

第三节 社 会 动 机

社会动机（Social Motivation）是指引起、维持和推动个体活动以达到一定目标的内部动力。在相同活动中，不同个体的行为及其效果可能各不相同，导致这种差异的最直接和最基本的因素就是动机。个体的一切活动都由一定动机所驱使，动机是社会影响和个体行为的心理中介。

一、社会动机：人类特有的一种内部动力

社会动机又称精神性动机，是人的社会属性所引起的、经学习而获得的，它与人体的经验有关，与社会文化等因素有密切联系。

（一）社会动机的含义

动机同其他心理过程一样，都是人脑的机能，是人脑对客观现实的反映。人类的社会动

机经由后天学习获得，它是驱动人的社会行为的基本力量和直接原因。它不但与个体经验有关，还与社会文化等因素密切关联。它来源于两个方面，一是从生物性动机（包括觅食动机、性动机和探索动机）衍生的；二是在外部环境中形成和发展起来的。

（二）动机和行为

动机和行为（Behavior）相互依存，不存在没有动机的行为。动机产生和支配行为；行为是动机的外显表现，行为的结果可以增强或削弱动机，甚至使动机消失。动机研究是了解人们的社会行为的产生、变化和发展的关键问题。分析人类行为时必须揭示行为的动机，只有这样才能判断行为的出发点，预见一种行为重复出现的可能性，做出鼓励或禁止的信号，从而对行为进行控制。

（三）动机的产生

动机由机体的需要所激发。需要是指人的生理或心理状态由于某种不足或过剩而失去安定的不均衡状态。需要的产生取决于两个条件，一是个体感到缺少些什么，有不足感；二是个体期望得到什么，有求足感。需要是在这两种状态下形成的一种主观状态。当人们产生某种需要时，心理就会产生不安和紧张情绪，成为一种内在驱动力。随后发生选择或寻找目标（即目标导向行动）的心理趋向。当目标找到后，就开始进行满足需要的活动（即目标行动）。当行为告成，需要在不断满足过程中而削弱。行为结束，人的心理紧张消除，而后又有新的需要发生，再引起第二个行为。如此周而复始，直到生命终结。

严格意义上讲，需要和动机有区别。当需要处于原初状态或需要的目标尚未被个体发现时，需要不属于动机范畴，只能作为动机产生的前提条件。只有当外界条件能满足个体需要，使个体内存需要和外界事物建立一定联系，从而引起个体有方向、有选择的目标行为时，这种具有一定指向性的需要才能转化为动机。有时，有些需要未被个体自身所明确意识到，这是一种潜在需要。人的潜在需要在某种场合下，仍然可作为其行为的动机而发生作用。

动机由兴趣、信念、意图，以及其他对人、对事、对物模糊的或清晰的感知和意识等多种心理形式共同构成。这些心理形式相互作用，助长或减弱个体的需要，从而推动个体动机的产生、变化和消解，支配动机发展的全过程。个体动机也有无意识成分，例如对黑暗的焦虑和恐惧。

二、社会动机的类型

根据动机的不同表现形式，可以将社会动机分为交往动机、工作动机、权利动机和成就动机四种类型。

（一）交往动机

交往动机（Affiliation Motivation）是在交往需要基础上产生的社会性动机。交往需要表现为每个人都有团体归属感，喜欢与人交往，希望得到别人的关心、友谊、支持、合作与赞赏。交往动机是个体愿与他人接近、合作、互惠并发展友谊的内在需要。当这种动机促使人们满足了交往需要时，就会感到安全、有依靠和归属感；反之，就会感到孤独、寂寞、无助、痛苦和焦虑。交往动机既受先天倾向的影响，又是一种后天习得的行为。

（二）工作动机

工作动机（Work Motivation）是激起个体积极参与某项工作的动力，也即一种使个体努力完成好工作，高质量、有创新地工作，并在当中不断完善自己的动机。人为什么工作？一般来说，有以下方面：为了钱、为了尽责任、为了实现自身的价值观或为了达到自我实现。

尼科尔斯（Nicholls，1984 年）提出了工作投入论，其基本观点是，面对工作，人们大致有两种心态。一种是工作投入，指个人全心投入工作，目的是发展个人的潜力，而不太计较结果的成败。另一种心态是自我投入，指个人之所以工作，目的是在与别人竞争中获得成就借以炫耀自己的能力。尼科尔斯认为，持工作投入心态的人，工作动机较强，而持自我投入心态的人则时时想到成败，对工作多是避难就易。不管人的工作动机来自什么需要，它总是人们不辞辛苦地勤奋工作的强大动力。为了生存、为了证明自身的价值、为了使自己更成熟，甚至为了寻求一种乐趣而努力做着各种各样的工作。因此，工作是每个人一生的事业，只有工作着才是美丽的。

（三）权力动机

权力动机（Power Motivation）是指人们具有的某种支配和影响他人及周围环境的内在驱力，也是个体要在某些方面取得一定的支配地位的需要。大多数人都有权力动机，只是程度不同，表现的方式不同。从狭义上讲，它表现在政治上或组织上的权力欲望；而在广义上，它在上级对下级、长辈对晚辈、专业人员对非专业人员、教师对学生等方面的人际关系中体现出来。还有一种是道义上认可的权力，如身体有残疾者需要带路，老人和孩子需要保护等。

权力动机可分为个人化权力动机和社会化权力动机。具有个人化权力动机的人参与社会活动的目的主要是为了表现自己，满足个人的权力欲望，权力和地位被他们当成获利的手段；具有社会化权力动机的人，他们寻求权力的目的是为了他人，他们以个人的知识、智慧、才干、人格去影响他人。教师努力去教好学生，思想家、文学家以自己的思想和作品去影响社会和他人。

（四）成就动机

成就动机（Achievement Motivation）是指人们确定一个很高的目标，并力求使其获得成功的内在动力。若一个人对自己认为是重要的、有价值的目标会努力去克服各种困难，尽力去实现目标，则这个人具有成就动机趋力。

阿特金森（John W. Atkinson）认为个体的成就动机中含有两种成分，即追求成功的倾向和回避失败的倾向。当一个人面临成就任务或使命时，这两种动机一般同时影响着这个人，但是这两种动机的作用在不同的情况下有所不同。当一个特定任务主要与追求成功有关时，追求成功的倾向可用公式 $Ts=Ms\times Ps\times Is$ 说明。Ts 为追求成功的倾向，Ms 为成就动机，Ps 为成功的可能性，Is 为成功的诱惑力。

阿特金森认为，与成就有关的情景既能引起对成功的期望，也能引起对失败的担心。决定对失败担心的因素类似于对成功希望的因素，即避免失败的倾向 Taf 是以下三个因素的乘积的函数：$Taf=Maf\times Pf\times If$。Maf 是避免失败的动机，也就是因失败而体验到的羞愧感的能量，Pf 是失败的可能性，If 为失败的消极诱因值。

作为结果的成就动机由力求成功的倾向的强度减去避免失败的倾向的强度，$Ta=Ts-Taf$。如果一个人在一种特定的情境中获得成功的需要大于避免失败的需要，那么他就敢于冒风险去尝试并追求成功。

三、动机与成就

一些人动机很强，无论干什么类型的活，他们总是竭尽全力，而有些人宁愿选择一个舒适的工作方式，这看起来相当缺乏动机。在动机与成就这一领域中，存在两个关键问题：第一，为什么一些人比另一些人更容易受激发？第二，动机与成就之间究竟有什么关系？

（一）成就需要

许多因素共同决定着人的工作动机，包括个人特性和工作条件性质两方面。但是，有些关键因素根植于人格中。首先来考虑一个非常重要的人格维度：成就需要。莫瑞（Murray）确定了成就需要的人格维度，他将成就需要定义为“希望完成困难的事情；掌握、操纵或组织……克服障碍并达到高标准；超越自我”。莫瑞应用主题统觉测验评估了成就需要。实验者呈现一系列图片，让被试者对每一图片讲述一个故事。那些讲述的故事中包括有关成就和控制的人，他们的成就需要更高。

麦克里兰等人（Mclelland）进一步证明了成就需要的重要性。成就需要高的社会往往比成就需要低的社会具有更高的生产力。他们也讨论了一些研究：让被试者选择他们要完成的任务的难度水平。结果发现，成就需要高的人一般选择中等难度的任务，因为这些任务代表着挑战性；另一方面，成就需要低的人要么选择非常容易的任务，要么选择非常难的任务，可能是因为他们不想将自己置身于真正的挑战之中。

成就动机与工作效率之间存在什么样的关系呢？是不是个体的成就动机越高，其工作效率相对应的也越高呢？心理学家耶克斯和多德森（Yerkes&Dodson）的研究表明，各种活动都存在一个最佳的动机水平。动机不足或过分强烈，都会使工作效率下降。研究还发现，动机的最佳水平随任务性质的不同而不同。在比较容易的任务中，工作效率随动机的提高而上升；随着任务难度的增加，动机最佳水平有逐渐下降的趋势。也就是说，在难度较大的任务中，较低的动机水平有利于任务的完成。这就是著名的耶克斯—多德森定律如下图所示。

从下图可知，动机强度与工作效率之间的关系不是一种线性关系，而是倒U形曲线。中等强度的动机最有利于任务的完成。也就是说，动机强度处于中等水平时，工作效率最高，一旦动机强度超过了这个水平，对行为反而会产生一定的阻碍作用。如学习的动机太强、急于求成，会产生焦虑和紧张，干扰记忆和思维活动的顺利进行，使学习效率降低。考试中的“怯场”现象主要是由动机过强造成的。

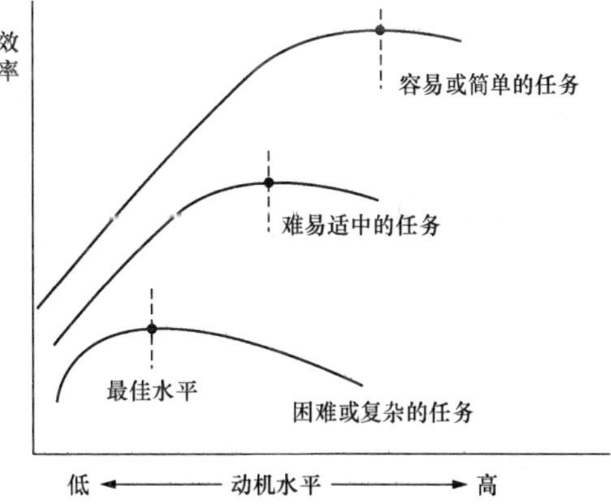

（二）成就目标

今天，成就动机的主要研究取向是强调目标而不是内驱力：你的成就取决于你为自己设定的目标和你为之努力的理由。然而，并不是任何目标都会促进个人实现成就。一个目标在满足以下三个条件时更可能促进人们的动机，提高人们的成绩。

（1）目标明确。把目标定义为“竭尽全力”与没有目标一样无效。你需要明确你打算做什么以及什么时候做，比如“我今天要写4页论文”。

（2）目标具有挑战性但可以实现。与没有挑战性容易实现的目标和不可能达到的不现实目标相比，你可能会为那些有一定困难但可以实现的目标而努力工作。当达到这些目标时，你会感到非常满足。

（3）确立目标的依据是你想要什么而不是避免不想要的东西。接近目标（Approach Goals）是指直接追求的目标，它伴随着积极的体验，比如“学习戴水肺潜水（使用水中配套的呼吸器潜水）”或者“努力获得一个较高的分数”；回避目标（Avoidance Goals）是指努力避免不愉快的体验，例如“试图不要虚度光阴”或者“力图避免依靠他人”。

能为自己制定明确、可实现的目标的人（例如，“我要通过一周 3 次慢跑来减肥”）与拥有同样目标仍采取回避方式的人（例如，“我要通过远离丰富的食物来减肥”）相比，前者常使人自我感觉良好，感觉更胜任、更乐观和较少的抑郁情绪，甚至很少有感冒和其他身体症状。你能猜出其中的原因吗？以积极的方式来确立目标能使一个人集中注意力。且能具体、主动地去做事，并成功地达到目的，而不是关注个体必须要放弃的事情。

确定你的目标只是通向成功的第一步，下一步你需要知道，如果不小心掉进一个深坑里你该怎么办。当目标变得困难或人们面临挫折时，有些人会选择放弃，而另一些人则更坚信自己会取得成功。单一的才能或抱负不能预测谁会继续前进、谁将轻言放弃。关键在于个人的主要动机是想在他人面前表现得好，还是想要掌握这项任务并从中获得满足感。

受表现目标（Performance Goals）激励的人主要关心自己的行为是否表现良好、是否可以获得满意评价、是否可以避免受到批评。当这类人开始表现得好，后来做得稍差时，他们往往认为那是自己的错误并放弃努力。因为他们的目标就是要证明自己的能力，暂时的失败会使他们产生挫败感，而事实上所有人在学习新东西时都会存在这种体验。相比之下，受掌握（学习）目标（Mastery Goals，Learning Goals）激励的人更注重能力和技巧的提高，因此他们把失败视为进步的有效资源。失败和批评不会令他们灰心，因为他们明白学习新东西是需要花费时间的。

掌握目标是强烈而有效的内部动机（Elliot&McGregor）。与那些只想获得学位和“饭票”的学生相比，欲在新领域里掌握知识的在校生会选择更具有挑战性的学科，更能在困难面前坚持不懈，更善于采用更深奥、更精细的学习策略，并能更多地体验到学习的乐趣。然而，对于拥有高成就动机的个体——那些有志于成为优秀的运动员、伟大的科学家或音乐家的人来说，表现目标和掌握目标会共同发挥作用。关注提高成绩的具体方法，会激发他们的内部动机，提高他们对自己行为的满意度（Barron&Harackiewicz）。

根据成人所表扬的行为和对自身周围环境的观察，儿童很早就习得表现目标或掌握目标。很多家长都相信，在孩子表现出良好的行为时，适时地赞美孩子的智力和能力是很重要的（“哇，你真聪明！”）。然而，这类表扬有时也会适得其反。表扬本身是件好事，但其效果则要取决于孩子受表扬的原因以及孩子对表扬的理解与解释（Henderlong&Lepper）。

（三）期待和自我效能

你做事的努力程度还取决于你的期待。如果你十分肯定自己能成功，与注定要失败相比，你会更加努力工作去实现自己的目标。有一个经典实验说明了经验对期待所产生的快速影响。实验要求年轻妇女们解决 15 个字谜游戏。在进行游戏之前，被测者必须估计能够成功解决的概率。一半妇女从非常容易的字谜开始，另一半妇女从难以解决的字谜开始。可以肯定，那些从容易字谜开始的人，在之后会增加其估计成功的概率；而那些从较难字谜开始的人，则会认为她们不可能解决所有的问题。反过来。期待也会影响年轻妇女实际解决后 10 个字谜的能力。实际上，对每个人而言，这些字谜都是相同的。对成功的期待越高，解决的字谜就越多（Feather）。一旦获得期待。它就会产生自我实现的预言（Self-fulfilling Prophecy）（Merton）：你的期待会使你以实现期待的方式去行动。你期待成功，于是你就会努力工作，结果你也就获得了成功；反之，你期待失败，因此你不会努力，结果你就会表现得更糟糕。

但期待又来自何处呢？其中一个来源是你对能力的自信程度。你觉得能应对挑战吗？班杜拉称这种感觉为自我效能感（Self-efficacy）。没有人天生就具有自我效能感，每个人都必须通过克服困难、从每次的失利中学习经验、掌握新技能之中来获得。自我效能感也来自于指导你成功地实现抱负的榜样角色、周围能为你提供建设性反馈意见和鼓励的人们（Bandura）。自我效能感高的人，能够迅速地处理问题，而不是总对问题感到焦虑和担心。来自北美、欧洲和俄罗斯的研究表明，自我效能感会影响个人生活的方方面面，包括如何做好一项任务，怎样坚持追求自己的目标，选择什么样的职业，解决复杂问题的能力，为政治和社会目的而工作的动机，人们的健康习惯，甚至还包括心脏病康复的概率。

多伊奇游戏

当发生冲突时，平息冲突的最有效办法是什么？不少人会认为，是威胁。只要发出威胁，就可使对方产生合作。例如，夫妻发生争吵时，妻子最有效的杀手锏就是以分居或离婚相威胁，以迫使丈夫改变其行为；国家之间发生冲突时，往往会发出战争威胁，或进行军事演习，以逼迫对方就范。威胁真的是灵丹妙药吗？

默顿·多伊奇和克劳斯研发出来一种阿克姆—波尔特汽车运输游戏，其中有两个玩家，双方都是“卡车司机”，一方是阿克姆公司，另一方是波尔特公司。通过操作这个游戏，我们可以体验当冲突发生时，如何最有效地解决冲突。在这个行动路线中，每个公司的卡车都有两条路可选，但其中一条路有一段公用路线。

在这个游戏中，两个玩家关心的根本问题就是时间、走较短的路线意味着盈利，走远路或绕道走则意味着亏损。两边同时以相同的速度开车，双方都可自主选择弯曲的路或走近路。走近路当然是一条捷径，可它涉及一段公用的单向车道，一次只能通过一辆卡车。如果双方同时选择这条路线，他们将形成撞车的局面，若双方互不相让，会极大地浪费时间，从而亏损无疑；若其中一方倒车或双方都倒车，同样会浪费时间，造成亏损。可见，最好的办法是，他们达成协议，轮流过单行道，从而赚取近乎相等的利润，实现双赢。为刺激威胁，多伊奇和克劳斯在游戏设计中让每个玩家在各自单行道的入口端取得控制权。谈判时，双方均可以此为砝码威胁对方，若对方不答应自己的条件，便封锁自己的关卡。整个实验分三种情况，每一种可玩 20 轮：双边威胁（双方均可控制路卡）；单边威胁（只有阿克姆一方控制路卡）；没有威胁（双方都不能控制路卡）。还有一个重要的变量是交流。在第一个实验中，玩家只通过所采取的步骤以传达意图；在第二种实验中，双方可彼此谈判；在第三种实验中，只能在每次尝试时谈判，由于双方的目的都是实现利润最大化，因而在总共 20 轮游戏中所挣钱的多少是衡量其解决冲突成功与否的主要标志。从游戏中得到的启示主要有以下几点。

（1）三种情况的不同结果：双方均不能威胁时，获得最大利润；单边威胁时稍差；玩家均能发出威胁时利润最少。这个结果与常识看法大相径庭，看来所谓“相互威胁”是避免冲突的办法值得推敲。

（2）当双方均能发出威胁时，最没有可能达成协议；只有一方能发出威胁时，仍存在交流可能，也尚有达成协议的余地。

（3）如果指点双方要加强相互交流，并由一方向对方提出合理的提议，则比完全放任的情况下能更快地达成协议。

（4）如果双方均可发出威胁，当发生僵局时的交流比发生僵局前的交流能更快地导致有用协议的达成。

（5）赌注越高，达成协议的难度也越高。

阿克姆—波尔特汽车运输游戏一经推出，立即引起了极大的轰动，并很快成为经典游戏。与此同时，它也立刻成为广受批评的目标，很多人甚至怀疑在现实生活中是否存在这些游戏的变量。但不管如何，这个游戏为世界上各种冲突的解决提供了全新的思路。

人从一个不知不识的生物个体，经过不断地学习知识、技能和社会规范，逐渐成为一个明了社会规则、社会技能完善的个体，这既是生命的奇迹，也是社会所具备的内在塑造功能的体现。从文化角度看，人的社会化是文化延续和传递的过程，个人社会化的实质是社会文化的内化。人的社会化过程告诉我们，作为一个社会人，必须不断向社会中的其他成员学习。要找准自己的社会角色，先要弄清楚自己和社会之间谁适应谁的问题。

像大学生这样的年轻人初涉世事，大都有一股“改造世界舍我其谁”的豪情，这当然有积极的一面。但是，社会的现实是多少年来经过多少人的参与，在历史的长河航行中、在民族文化积淀的基础上、在天下大环境影响的背景前慢慢形成的，加之伴随着社会的变革与进步，社会的“惯性”也会顽强地表现出来的，因此，一个人单枪匹马试图改造社会是很不现实的。

与其把自己纠缠于“谁适应谁”的窘境之中，还不如主动地去适应社会的主流、针砭社会的时弊、处理好奉献与索取的关系。任何一个社会都有其主流，但难免也有支流，甚至短时间局部的逆流，“青山遮不住，毕竟东流去”。

本章概要

（1）社会化是指在特定的社会与文化环境中，个体通过社会知识的学习和社会经验的获得，形成一定社会所认可的心理行为模式，成为合格的社会成员的过程。

（2）社会角色是在社会系统中与一定社会位置相关联的符合社会要求的一套个人行为模式，也可以理解为个体在社会群体中被赋予的身份及该身份应发挥的功能。

（3）角色冲突即两个或更多角色要求个体做出相互矛盾、冲突的行为。

（4）社会化过程是一个学习的过程，是个体反映社会现实的过程。

（5）自我设限，是指当个体担心自己没有能力完成某项任务时，故意为自己可能的失败找一些托词或理由的行为。

（6）非动机性偏差是指由于加工信息资料及认识上的原因而导致的归因的误差。

（7）动机性归因偏差是指由于某种特殊的动机或需要，如为了维护自己的自尊心而在加工信息资料时出现的归因误差。

（8）社会动机是指引起、维持和推动个体活动以达到一定目标的内部动力。

（9）交往动机是在交往需要基础上产生的社会性动机。

（10）工作动机是激起个体积极参与某项工作的动力，也即一种使个体努力完成好工作，高质量、有创新地工作，并在当中不断完善自己的动机。

（11）权力动机是指人们具有的某种支配和影响他人及周围环境的内在驱力，也是个体要在某些方面取得一定的支配地位的需要。

（12）成就动机是指人们确定一个很高的目标，并力求使其获得成功的内在动力。

心灵秘诀

（1）人有一种保持认知一致性的趋向。

（2）认知的不一致就意味着认知不协调或失调。

（3）期待源于你对能力的自信程度。

相关链接

内—外控量表

这个问卷是用来了解自己对某些事情的看法。全问卷 29 题，在每题之下陈述对某一事情的两种（A 与 B）不同的看法。作答时，请按照自己的意见，从两种看法中选取其一，并请注意以下几点。

（1）作答时，全凭自己的意见。不必考虑“对”与“错”或“应该”与“不应该”。只要它代表或接近自己的看法，那就是好的。

（2）假如对某事的两种看法都同意或都不同意，那就勉强选取接近自己意见者作答。

1．A．儿童陷于苦恼是因为父母动辄处罚他们的缘故。
　B．父母对儿童管教太松，使得今天大部分的儿童常惹来麻烦。

2．A．人生许多不愉快的事，部分归因于运气欠佳。
　B．人们的不幸是由他们所造成的错误而引起。

3．A．我们之所以会有战争，其中一个主要原因是人们对政治缺乏充分的兴趣。
　B．不管人们如何竭尽心力去设法防止战争，战争总是难免的。

4．A．在这世界上，人们终究能获得他们所应得到的尊重。
　B．很不幸地，不论个人如何努力，个人的价值时常不被认定。

5．A．认为老师对待学生不公平，这种想法是荒谬的。
　B．大多数的学生不明白他们的成绩受意外因素影响有多大。

6．A．一个人没有很好的运气，不能成为一位有力的领袖。
　B．有能力而不能成为领导者的人，是因为他们没有抓住机会。

7．A．不管你怎样用尽苦心，某些人也不会喜欢你。
　B．不能得到别人喜欢的人，是因为不知道如何和别人相处。

8．A．遗传乃是决定个人人格的主要因素。
　B．个人的生活经验才是决定他个人人格的因素。

9．A．我时常发觉命运支配着一切，该来的总会来。
　B．对我来说，相信命运总不如自己决定行动的正确方向来得好些。

10．A．假如学生有充分准备，便无所谓有不公平的考试。
　B．考试题目常与课程无关，用功也没用。

11．A．成功乃是努力的结果，运气对它很少甚至毫无作用。
　B．得到一份好的工作，主要靠有好机会。

12．A．一般公民对政府的决策是有影响力的。

B．这世界为少数有力人士所操纵，大众小民无能为力。

13．A．当我拟定计划时，我就确信能够实现。

B．拟定太过长远的计划，未必是明智之举，因为未来的事情要看运气 的好坏而定。

14．A．有一些人的确一无是处。

B．每个人都有一些优点。

15．A．在许多情况下，个人的成功绝少与运气有关。

B．许多时候我们实在能够用掷铜板的方法来决定我们应该做些什么。

16．A．能够成为领袖的人，经常是那种很幸运而先得了适当机会的人。

B．做事成功，要靠能力，运气是不会有太大关系的。

17．A．就世事而论，我们大多数成为强权的牺牲者。我们对强权不能了解，也无法控制。

B．人们主动参与政治与社会事务，便能控制世界大事。

18．A．大多数的人都不了解他们的生活被意外事件所操纵的程度。

B．严格说来，根本就没有所恋爱“运气”这回事。

19．A．每个人都应该勇于承认自己的过错。

B．一个人最好是掩饰自己的过错。

20．A．要知道一个人是否真正喜欢你，是件困难的事。

B．你有多少朋友，完全看你是怎样善待他人。

21．A．发生在人们身上的事情，总是好坏参半的。

B．大多数的不幸，是因为能力不够、无知或懒惰而引起。

22．A．只要我们有足够的努力，便能消除政治上的腐败。

B．人们要控制政府官员的所作所为，是相当困难的事。

23．A．有时候我实在不了解老师是凭什么给分数的。

B．我下多少功夫，便能得到多少分数。

24．A．贤明的领袖希望人民自己决定应该做些什么。

B．贤明的领袖会清楚地告诉人民他们应该做些什么。

25．A．我常常觉得对很多事情无能为力。

B．我不相信机会或者运气对我一生是重要的。

26．A．人们感到孤独，因为他们不会使自己变得友善些。

B．想办法取悦别人并没有多大用处，别人若喜欢你，自然就会喜欢你。

27．A．是学校太重视体育活动了。

B．团队运动是培养品格的好方法。

28．A．发生在我身上的事情，都是我自作自受的。

B．我有时觉得对自己生活的方向，没有足够的把握加以适当控制。

29．A．通常我不了解政府官员所作所为的真正原因。

B．人们对各级政府的好坏，毕竟都有责任。

内—外控量表答案统计：

1. A B	2. A(B)	3. A B	4. A B	5. A B	6. A(B)
7. A(B)	8. A(B)	9. A(B)	10.(A)B	11.(A)B	12.(A)B
13.(A)B	14. A(B)	15.(A)B	16. A(B)	17. A(B)	18. A(B)

19.(A)B　20. A(B)　21. A(B)　22.(A)B　23. A(B)　24.(A)B
25. A(B)　26.(A)B　27. A(B)　28.(A)B　29. A(B)

内—外控量表计分与解释：

（1）上列题目打括号为内控题项，其余为外控题项。

（2）将成员答案纸上内控题数相加，得到内控分数；外控题数相加，得到外控分数。

（3）分数解释：

A．内控型：内控分数高、外控分数低，且相差大于10分者，表示倾向于做内在归因，认为人定胜天，相信自己的努力能克服外在环境，但也因自我要求高而容易自责或焦虑。

B．外控型：外控分数高、内控分数低，且相差大于10分者，表示倾向于做外在归因，认为客观外在情境主宰自己的事情，比较乐观、听天由命，但也经常放弃努力，丧失自主能力。

C．平衡型：内控分数与外控分数相差小于10分者，表示有时内在归因，有时外在归因，没有特别明显的倾向。可检查题目，是否有某些情境倾向做内控（或外控），而另一些情境做外控（或内控）反应。

生　存　选　择

目的：澄清价值观。

道具准备：纸和笔。

操作规则：

（1）下列是一些“生存选择”的问题（小学教师、怀孕的妇女、足球运动员、12岁的小女孩、优秀的警察、著名的作家、外科医生、可以使粮食大幅增产的农业专家、著名的演员、一位生病的老人、一位有钱的富翁、公正的法官、一位慈善活动家、一位掌握核技术机密的军事专家、一个成功的画家），请看完后认真思考，做出自己的选择（最多选五项，并按重要顺序排列），并思考自己的理由；

（2）小组内部交流讨论，看看其他同学的选择；

（3）讨论后，每组派代表发言。

分享：上述每一个人物都有一定的象征意义，你的每一个选择都代表了你的价值观取向，与同学交流后，检验一下你的价值观与多数人的价值观的异同，并思考为什么你自己会选择那样的价值观。下面是每一个人物的象征意义。

小学教师——知识
怀孕的妇女——生命
足球运动员——运动
12岁的小女孩——未来
优秀的警察——秩序
著名的作家——文化
外科医生——健康
可以使粮食大幅增产的农业专家——生存的物质
著名的演员——娱乐
一位生病的老人——道德
一位有钱的富翁——财富
公正的法官——公平
一位慈善活动家——爱心
一位掌握核技术机密的军事专家——安全
一个成功的画家——艺术

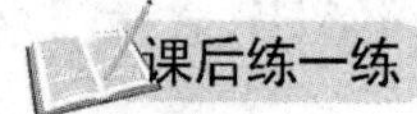
课后练一练

个 性 名 片

给自己设计一个能代表自己、凸显自己社会角色特征的个性名片。“个性名片”要求：

（1）不少于 5 条个人信息；

（2）除文字外可用图形等多种形式表示；

（3）可以使用多种颜色的笔。

“个性名片”上写的信息可以从以下几方面考虑。

（1）姓名—昵称—网名—外号。

（2）特长—爱好—兴趣—嗜好。

（3）崇拜的人—欣赏的人—敬重的人—厌恶的人—痛恨的人。

（4）理想—目标—经历—志向。

（5）对自己的比喻—体型—外貌—身高—体重—肤色。

（6）联系方式—家庭电话—手机号—QQ 号—班级—学号。

把自己最想让别人知道并想与他人交流的信息简洁明了地公布在小小的卡片上，可以用直白的语言，也可以诗句来表达；可以用单色的线条，也可以用彩色画面来展现。总之，一张小小的“个性名片”，就是你人际交往的“通行证”。

复习与思考题

一、单选题

1．以下不属于社会教化的是（　　）。

A．传授知识目标　　B．灌输行为规范

C．角色扮演　　D．学习职业技能

2．以下不属于社会角色中的自愿角色的是（　　）。

A．医生　　B．恋人　　C．教师　　D．青年

3．以下哪种情况不会产生角色冲突？（　　）

A．法官审判自己的亲儿子　　B．教师教自己的亲儿子

C．学生成了自己的爱人　　D．救命恩人是自己家庭的敌人

4．以下不属于内归因的是（　　）。

A．能力　　B．努力　　C．身心状况　　D．运气

5．个人成就不直接受哪种心理特质的影响？（　　）

A．成就需要　　B．个人愿望　　C．成就目标　　D．自我效能

6．当我们看到某人在看电影时发笑，在进行归因时，我们不需要了解的是（　　）。

A．这个人是不是在看电影的时候一直都喜欢笑

B．这个人是看这个电影时才发笑，还是看所有电影时都发笑

C．这个人是在看电影时才发笑，还是别的场合也爱笑

D．是在场看电影的所有人都在笑，还是只有这个人发笑

7．以下不属于维纳归因理论的核心观点的是（　　）。

A．人的个性差异和成败经验等影响着他的归因

B．人对前次成就的归因将会影响到他对下一次成就行为的期望、情绪和努力程度等

C．人的归因有积极和消极之分

D．个人的期望、情绪和努力程度对成就行为有很大的影响

8．以下不属于费斯汀格认知失调类型的是（　　）。

A．信仰破灭型　B．诱导服从型　C．奖赏不足型　D．威逼利诱型

9．受表现目标激励的人不关心的是（　　）。

A．行为是否表现良好　B．是否可以获得满意评价

C．是否可以避免受到批评　D．是否提升能力和技巧

10．根据耶克斯—多德森定律，下列表述错误的是（　　）。

A．各种活动都存在一个最佳的动机水平

B．动机的最佳水平随任务性质的不同而不同

C．在难度较大的任务中，较低的动机水平有利于任务的完成

D．动机水平与工作效率成正比

二、多选题

1．以下属于社会化的基本内容的是（　　）。

A．学习基本的生存常识　B．获得社会角色

C．内化社会的行为规范　D．掌握劳动技能

2．个体社会化的过程可以通过以下哪些方式实现？（　　）

A．社会教化　B．个体内化　C．自我模仿　D．文化熏陶

3．以下属于社会动机的是（　　）。

A．交往动机　B．工作动机　C．权利动机　D．成就动机

4．凯利认为个体解释自己或他人的行为时有三个标准，分别是（　　）。

A．区别性　B．一贯性　C．稳定性　D．一致性

5．成就目标在满足以下哪些条件时更可能促进人们的动机？（　　）

A．目标明确

B．目标具有挑战性但可以实现

C．目标固定不变

D．确立目标的依据是你想要什么而不是避免不想要的东西

6．认知失调与平衡理论认为，改变个体内在的失调可以通过以下哪些方式？（　　）

A．改变自己对行为的认知　B．改变自己的行为

C．改变自己对行为结果的认识　D．改变自己所处的环境

三、判断题

1．社会化与个性化是一对矛盾。（　　）

2．社会化过程的实质是个体反映社会现实的过程。（　　）

3．海德认为，内因（性格）和外因（情境）的界限通常是很模糊的，因为外部的环境会影响个体内部的改变。（　　）

4．社会角色能够使我们预期他人的行为，从而使我们能以适当的方式与周围他人相处。（　　）

5．个体失调的最高程度是没有极限的。（ ）

6．动机性归因偏差是指由于某种特殊的动机或需要，如为了维护自己的自尊心而在加工信息资料时出现的归因误差。（ ）

7．费斯汀格认为，引发个体行为的压力越小，其态度改变的可能性也越小。（ ）

8．认知协调理论认为，个体从事与其信念相抵触的行为，所得的奖赏越丰厚，此人越有可能改变原先的信念。（ ）

9．个体必须通过克服困难、从失利中学习经验、掌握新技能才能获得自我效能。（ ）

10．如果你十分肯定自己能成功，与注定要失败相比，你会更加努力工作去实现自己的目标。（ ）

参考答案

单选题：CDBDB ACDDD

多选题：ACD AB ABCD ABC ABD ABC

判断题：×√√√× √××√√

参 考 文 献

[1] 理查德·格里格，菲利普·津巴多. 心理学与生活 [M]. 王垒，等，译. 北京：人民邮电出版社，2003.
[2] S.E.Taylor，等. 社会心理学 [M]. 谢晓非，等，译. 北京：北京大学出版社，2004.
[3] 卡罗尔·韦德，卡罗尔·塔佛瑞斯. 心理学的邀请 [M]. 白学军，等，译. 北京：北京大学出版社，2006.
[4] 亚伯拉罕·哈罗德·马斯洛. 展现人格力量 [M]. 冯化平，译. 呼和浩特：内蒙古人民出版社，2003.
[5] Alan.Carr. 积极心理学——关于人类幸福和力量的科学 [M]. 郑雪，等，译. 北京：中国轻工业出版社，2008.
[6] 戴维·迈尔斯（David G. Myers）. 社会心理学 [M]. 侯玉波，乐国安，张智勇，等，译. 北京：人民邮电出版社，2006.
[7] M.艾森克. 心理学—— 一条整合的途径 [M]. 阎巩固，译. 上海：华东师范大学出版社，2000.
[8] 劳伦·斯莱特（Lauren Slter）. 20 世纪最伟大的心理学实验 [M]. 郑雅芳，译. 北京：中国人民大学出版社，2007.
[9] 黄希庭. 心理学导论 [M]. 北京：人民教育出版社，2007.
[10] 黄希庭. 心理学与人生 [M]. 广州：暨南大学出版社，2005.
[11] 黄希庭，等. 健全人格与心理和谐 [M]. 重庆：重庆出版社，2010.
[12] 郑雪，等. 幸福心理学 [M]. 广州：暨南大学出版社，2004.
[13] 郑雪. 人格心理学 [M]. 广州：暨南大学出版社，2006.
[14] 俞国良，戴荣斌. 基础心理学 [M]. 武汉：武汉大学出版社，2007.
[15] 原田玲仁. 每天懂一点好玩心理学 [M]. 西安：陕西师范大学出版社，2009.
[16] 冯林. 积极心理学（校园普及版）[M]. 北京：九州出版社，2009.
[17] 中共北京市委教育工作委员会. 心理素质：成功人生的基础 [M]. 北京：北京出版社，2005.
[18] 金盛华. 社会心理学 [M]. 北京：高等教育出版社，2005.
[19] 陆卫明，李红. 人际关系心理学 [M]. 西安：西安交通大学出版社，2006.
[20] 戴尔·卡耐基. 人性的弱点 [M]. 刘祜，译. 北京：中国城市出版社，2007.
[21] 王立科. 高职学生心理健康教育 [M]. 北京：科学出版社，2009.
[22] 吕燕青. 大学生朋辈心理咨询手册 [M]. 广州：中山大学出版社，2010.
[23] 匈牙利 YTL 项目组编写. 应对冲突 [M]. ZDLBOOKS，译. 北京：中国社会出版社，2006.
[24] 聂振伟. 人生五章——研究生心理自助指南 [M]. 北京：人民出版社，2006.
[25] 穆铭. 完全图解恋爱心理学 [M]. 上海：南海出版公司，2008.
[26] 袁红梅. 大学生爱情心理学 [M]. 长沙：中南大学出版社，2009.
[27] 斯腾伯格，韦斯. 爱情心理学 [M]. 北京：世界图书出版公司，2010.
[28] 陈玉焕. 大学生心理健康教育导论 [M]. 郑州：河南人民出版社，2009.
[29] 张德芬. 遇见未知的自己 [M]. 北京：华夏出版社，2008.
[30] 任俊. 积极心理学 [M]. 上海：上海教育出版社，2006.
[31] 许思安，严标宾. 大学生人格发展与辅导 [M]. 广州：暨南大学出版社，2009.

[32] 周晓虹. 社会心理学 [M]. 北京：高等教育出版社，2008.
[33] 郝宁. 积极心理学　阳光人生指南 [M]. 北京：北京大学出版社，2009.
[34] 孔令智，等. 社会心理学新编 [M]. 沈阳：辽宁人民出版社，1987.
[35] 刘薇琳. 社会心理学理论与实践 [M]. 昆明：云南大学出版社，2004.
[36] 肖永春. 幸福心理学 [M]. 上海：复旦大学出版社，2008.
[37] 王耀廷，王月瑞. 心理学史上的76个经典故事 [M]. 北京：世界出版集团，2005.
[38] 罗伯特·费尔德曼. 发展心理学——人的毕生发展 [M]. 苏彦捷，等，译. 北京：世界图书出版公司，2007.